重点大学计算机专业系列教材

C++语言程序设计教程

蒋光远 田琳琳 赵小薇 于红 编著

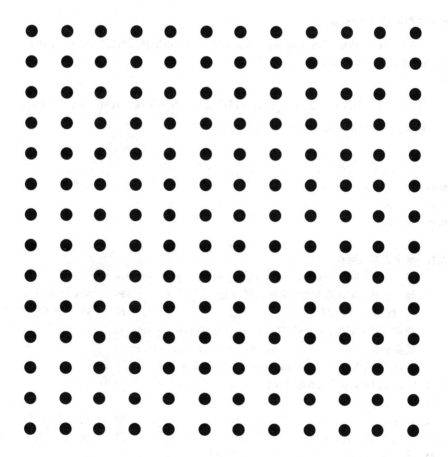

清华大学出版社

北京

内 容 简 介

C++是一种混合型的程序设计语言，支持面向过程与面向对象的程序设计方法。本书分别介绍面向过程的 C++基础、面向对象的 C++语言要素和应用 C++开发的其他机制。面向过程部分总结 C++面向过程的语法点，介绍数据类型、流程控制、函数、数组及指针，巩固基础知识的同时，对 C++中引进的流、重载、引用、动态空间管理进行较为详尽的讲解。面向对象部分重点阐述面向对象思想，分析类、运算符重载、继承、多态和流等语法要素，通过浅显的例子解释知识点的意义与用法，对重点与难点语法采用大量的实例和图表来帮助理解，使读者能"知其然"，并能做到"知其所以然"。应用基础部分介绍应用 C++编程的关键技术与高级机制，包括模板、STL、异常以及 Windows 编程，由于该部分涉及内容很多，采用向导式进行分析案例，使读者在简单应用中理解语法机制。本书注重案例设计的合理性，引导读者理解并应用面向对象程序设计的思想方法，从应用出发注重激发读者的学习兴趣。

图书在版编目(CIP)数据

C++语言程序设计教程/蒋光远编著.—北京：清华大学出版社，2012.1(2021.9重印)
（重点大学计算机专业系列教材）
ISBN 978-7-302-27500-8

Ⅰ. ①C… Ⅱ. ①蒋… Ⅲ. ①C语言－程序设计－高等学校－教材 Ⅳ. ①TP312

中国版本图书馆 CIP 数据核字(2011)第 260584 号

责任编辑：梁　颖　薛　阳
责任校对：白　蕾
责任印制：沈　露

出版发行：清华大学出版社
　　　　　网　　　址：http://www.tup.com.cn，http://www.wqbook.com
　　　　　地　　　址：北京清华大学学研大厦 A 座　　　　　邮　　编：100084
　　　　　社 总 机：010-62770175　　　　　　　　　　　邮　　购：010-62786544
　　　　　投稿与读者服务：010-62776969，c-service@tup.tsinghua.edu.cn
　　　　　质量反馈：010-62772015，zhiliang@tup.tsinghua.edu.cn
　　　　　课件下载：http://www.tup.com.cn，010-62795954
印 装 者：三河市科茂嘉荣印务有限公司
经　　销：全国新华书店
开　　本：185mm×260mm　　　印　　张：21.25　　　字　　数：518 千字
版　　次：2012 年 1 月第 1 版　　　　　　　　　　　印　　次：2021 年 9 月第 9 次印刷
印　　数：10501～11300
定　　价：59.80 元

产品编号：044810-02

出版说明

随着国家信息化步伐的加快和高等教育规模的扩大,社会对计算机专业人才的需求不仅体现在数量的增加上,而且体现在质量要求的提高上,培养具有研究和实践能力的高层次的计算机专业人才已成为许多重点大学计算机专业教育的主要目标。目前,我国共有 16 个国家重点学科、20 个博士点一级学科、28 个博士点二级学科集中在教育部部属重点大学,这些高校在计算机教学和科研方面具有一定优势,并且大多以国际著名大学计算机教育为参照系,具有系统完善的教学课程体系、教学实验体系、教学质量保证体系和人才培养评估体系等综合体系,形成了培养一流人才的教学和科研环境。

重点大学计算机学科的教学与科研氛围是培养一流计算机人才的基础,其中专业教材的使用和建设则是这种氛围的重要组成部分,一批具有学科方向特色优势的计算机专业教材作为各重点大学的重点建设项目成果得到肯定。为了展示和发扬各重点大学在计算机专业教育上的优势,特别是专业教材建设上的优势,同时配合各重点大学的计算机学科建设和专业课程教学需要,在教育部相关教学指导委员会专家的建议和各重点大学的大力支持下,清华大学出版社规划并出版本系列教材。本系列教材的建设旨在"汇聚学科精英、引领学科建设、培育专业英才",同时以教材示范各重点大学的优秀教学理念、教学方法、教学手段和教学内容等。

本系列教材在规划过程中体现了如下一些基本组织原则和特点。

(1) 面向学科发展的前沿,适应当前社会对计算机专业高级人才的培养需求。教材内容以基本理论为基础,反映基本理论和原理的综合应用,重视实践和应用环节。

(2) 反映教学需要,促进教学发展。教材要能适应多样化的教学需要,正确把握教学内容和课程体系的改革方向。在选择教材内容和编写体系时注意体现素质教育、创新能力与实践能力的培养,为学生知识、能力、素质协调发展创造条件。

(3) 实施精品战略,突出重点,保证质量。规划教材建设的重点依然是专业基础课和专业主干课;特别注意选择并安排了一部分原来基础比较好的优秀教材或讲义修订再版,逐步形成精品教材;提倡并鼓励编写体现重点大学计算机专业教学内容和课程体系改革成果的教材。

（4）主张一纲多本，合理配套。专业基础课和专业主干课教材要配套，同一门课程可以有多本具有不同内容特点的教材。处理好教材统一性与多样化的关系；基本教材与辅助教材以及教学参考书的关系；文字教材与软件教材的关系，实现教材系列资源配套。

（5）依靠专家，择优落实。在制订教材规划时要依靠各课程专家在调查研究本课程教材建设现状的基础上提出规划选题。在落实主编人选时，要引入竞争机制，通过申报、评审确定主编。书稿完成后要认真实行审稿程序，确保出书质量。

繁荣教材出版事业，提高教材质量的关键是教师。建立一支高水平的以老带新的教材编写队伍才能保证教材的编写质量，希望有志于教材建设的教师能够加入到我们的编写队伍中来。

教材编委会

前言

C++语言是一种典型的面向对象的程序设计语言,学习C++程序设计语言既要掌握其语法规则,更要理解面向对象(Object-Oriented,OO)的程序设计思想。只有在理解OO思想的基础上运用这些语法才能编写出真正的C++程序,才能够为后续专业课程(如"数据结构"、"编译原理"、"操作系统"和"软件工程"等)的学习提供支持,从而为软件开发工作奠定扎实的基础。

在笔者多年教学实践过程中发现,学生对C++面向对象程序设计的学习往往偏重于基本语法,忽略理解和掌握面向对象的程序设计思想。主要表现是:设计程序以完成基本功能为出发点,仍然采用结构化思想设计程序;尽管程序中定义了类,但没有体现封装、继承、多态的作用,构造的是基于对象而不是面向对象的程序。

C++是一个非常全面的程序设计语言,不仅具备面向对象的常规语言要素,如类、继承、多态、流、异常机制等,还包括诸多C++特有的语言要素,如多继承、复制构造、运算符重载、指针、引用、模板等。由于涉及的语法规则繁多且晦涩难懂,学生很难完全掌握,因此容易导致其畏难情绪。此外,C++教学往往与具体应用脱节,学习语法知识后学生不了解其应用方法,对应用程序开发无所适从。

基于以上问题,本书本着"理解与应用并重"的原则,强调案例设计的合理性,引导读者理解并应用面向对象程序设计的思想和方法,从应用出发培养学生的学习兴趣。在讲解基本语法规则之前,先通过浅显的例子帮助读者理解该知识点的本质,正所谓"知其然更需知其所以然",进而使读者能够合理地规划程序结构并运用知识点。对重要的、难懂的知识点采用实用案例进行循序渐进的剖析,并引入大量简洁易懂的图表来帮助理解。将基础知识与标准模板库等相结合,使学生懂得利用已有的模板库和算法,能够提高程序的开发效率和可靠性,为实际研发打下基础。同时,为了培养学生学习兴趣,引入Windows编程部分,采用向导式介绍,让学生能够了解Windows程序设计的思路和应用,进一步增强对面向对象程序设计的理解。

本书由大连理工大学软件学院软件基础教研室组织编写,在总结各位教师多年教学经验的基础上,倾注了C++教学团队教师大量的心血。其中,由蒋光远完成第 1 章、第 2 章、第 3 章的编写；田琳琳完成第 4 章、第 9 章以及附录的编写；赵小薇完成第 5 章、第 6 章、第 8 章的编写；于红完成第 7 章、第 10 章的编写。

这是一本主要面向研究型和教学型大学，针对计算机及相关专业的"C++程序设计语言"课程的教材，建议读者最好有一定的 C 语言程序设计基础。希望读者在学习 C++语言语法的同时，能够真正理解和掌握面向对象程序设计的思想，并运用 OO 的分析与设计方法开发应用程序。

鉴于时间仓促，笔者水平有限，书中难免有纰漏，欢迎广大读者多提宝贵意见。

编　者

2011 年 12 月于大连理工大学

CONTENTS

目录

概　　述　　第1章

1.1　面向对象的由来

　　20世纪70年代流行的面向过程的程序设计方法,其目的主要是解决面向过程语言系统所存在的一些问题。它主要强调程序的模块化和自顶向下的功能分解。在涉及大量计算的算法类问题上,从算法的角度揭示事物的特点,面向过程对问题的分割是合理的。随着计算机硬件技术的飞速发展,计算机的容量、速度迅速提高,计算机取得了越来越广泛的应用,涉及社会生活的方方面面。面对变动的现实世界,面向过程的程序设计方法暴露出越来越多的不足,这就对软件开发提出了更高的要求。然而软件技术的发展却远远落后于硬件技术的进步,人们常常无法控制软件开发的周期和成本,软件的质量总是不尽如人意,经常是用之不灵、弃之可惜,有的软件甚至无法交付。

　　在面向过程的程序设计方法中存在以下问题。

　　(1) 基于模块的设计方式,导致软件修改困难。

　　(2) 功能与数据分离,不符合人们对现实世界的认识。要保持功能与数据的相容也十分困难。

　　(3) 自顶向下的设计方法,限制了软件的可重用性,降低了开发效率,也导致最后开发出来的系统难以维护。

　　为了解决结构化程序设计的这些问题,面向对象的技术应运而生。它是一种非常强有力的软件开发方法。它将数据和对数据的操作作为一个相互依赖、不可分割的整体,采用数据抽象和信息隐蔽技术,力图使对现实世界问题的求解简单化。它符合人们的思维习惯,同时有助于控制软件的复杂性,提高软件的生产效率,从而得到了广泛的应用,已成为目前最流行的一种软件开发方法。

　　面向对象技术产生的背景与结构化程序设计方法产生的背景类似,面向对象程序设计方法(OOP)是在结构化程序设计方法的基础上发展而来的。

　　20世纪60年代开发的Simula 67,是面向对象语言的鼻祖,它第一次提出了对象的概念。20 世纪 60 年代中后期,Simula 语言在 ALGOL 基础上研制开发,它将 ALGOL 的块结构概念向前发展了一步,提出了对象的概念,并使用了类,也支持类继承。 20 世纪 70 年代,Smalltalk 语言诞生,它吸取 Simula 的类为核心概念,它的很多内容借鉴于 Lisp 语言。由 Xerox 公司经过对 Smalltalk-72、Smalltalk-76 持续不断地研究和改进之后, 于 1980 年推出商品化的版本,它在系统设计中强调对象概念,引入对象、对象类、方法、实例 等概念和术语,采用动态联编和单继承机制。Smalltalk 语言是最有代表性、最有影响的面 向对象语言,它丰富了面向对象的概念,实现了面向对象技术的机制。

从 20 世纪 80 年代起,基于以往已经提出的有关信息隐蔽和抽象数据类型等概念,以及 由 Modula2、Ada 和 Smalltalk 等语言所奠定的基础,再加上客观需求的推动,人们进行了大 量的理论研究和实践探索,不同类型的面向对象语言(如 Object-C、Eiffel、C++、Java、 Object-Pascal 等)、面向对象程序设计方法广泛应用于程序设计,全新的面向对象的程序设 计语言被开发出来。由此逐步地发展和建立起较完整的 OO 方法概念理论体系和实用的软 件系统。

C++就是一个支持面向对象的程序设计语言,C++是 C 语言的超集,C++对 C 语言的最 大改进是引进面向对象机制,同时 C++依然支持所有 C 语言特性,保留对 C 语言的兼容,这 种兼容性使得 C++不是一种纯正的面向对象的程序设计语言。

1.2　面向对象的思想

结构化方法的本质是功能分解,从代表目标系统整体功能着手,自顶向下将一个大的问 题按功能划分为一些小的功能模块,直到仅剩下若干个容易实现的子功能为止,然后用相应 的工具来描述各个最低层的功能模块。在很长一段时间,结构化程序设计方法备受程序员 的欢迎,尤其是在中小型问题的处理上。但随着问题复杂性的变化,用户需求的变化,基于 过程设计的结构化程序设计方法就面临着灾难性的打击。其问题主要在于:软件重用性 差,软件可维护性差,开发出的软件渐渐不能满足用户的需要。

面向对象的设计思想从现实世界中客观存在的事物(即对象)出发来构造软件系统,并 在系统构造中尽可能运用人类的自然思维方式,强调直接以问题域(现实世界)中的事物为 中心来思考问题,认识问题,并根据这些事物的本质特点,把它们抽象地表示为系统中的对 象,作为系统的基本构成单位(而不是用一些与现实世界中的事物相去甚远,并且没有对应 关系的其他概念来构造系统)。这可以使系统直接地映射问题域,保持问题域中事物及其相 互关系的本来面貌。

从世界观的角度可以认为:面向对象的基本哲学是认为世界是由各种各样具有自己的 运动规律和内部状态的对象所组成的;不同对象之间的相互作用和通信构成了完整的现实 世界。因此,人们应当按照现实世界的本来面貌来理解世界,直接通过对象及其相互关系来 反映世界。这样建立起来的系统才能符合现实世界的本来面目。

从方法学的角度可以认为:面向对象的方法是面向对象的世界观在开发方法中的直接 运用。它强调系统的结构应该直接与现实世界的结构相对应,应该围绕现实世界中的对象 来构造系统,而不是围绕功能来构造系统。

面向对象(Object Oriented,OO)是当前计算机界关注的重点,它从 20 世纪 90 年代开始成为软件开发的主流方法。面向对象的概念和应用已超越了程序设计和软件开发,扩展到很宽的范围,如数据库系统、交互式界面、应用结构、应用平台、分布式系统、网络管理结构、CAD 技术、人工智能等领域。

面向对象方法的定义有很多说法,常用的定义有以下两种。

定义一:面向对象方法是一种运用对象、类、封装、继承、多态和消息等概念来构造、测试、重构软件的方法。

定义二:面向对象方法是以认识论为基础,用对象来理解和分析问题空间,并设计和开发出由对象构成的软件系统(解空间)的方法。由于问题空间和解空间都是由对象组成的,这样可以消除由于问题空间和求解空间结构的不一致带来的问题。简言之,面向对象就是面向事情本身,面向对象的分析过程就是认识客观世界的过程。

1.3　面向对象的特征

基于面向对象的思想,面向对象方法具有以下几个特征。

1. 封装

封装是一种信息隐蔽技术,它体现于类的说明,是对象的重要特性。封装把数据和加工该数据的方法(函数)封装为一个整体,以实现独立性很强的模块,使得用户只能见到对象的外特性(对象能接受哪些消息,具有哪些处理能力),而对象的内特性(保存内部状态的私有数据和实现加工能力的算法)对用户是隐蔽的。封装的目的在于把对象的设计和对象的使用分开,使用者不必知晓行为实现的细节,只需用设计者提供的消息来访问该对象。

封装有两层含义:一是把对象的全部属性和行为结合在一起,形成一个不可分割的独立单位,对象的属性值(除了公有的属性值)只能由这个对象的行为来读取和修改;二是尽可能隐蔽对象的内部属性和实现细节,对外形成一道屏障,与外部的联系只能通过公共接口实现。如某些类对外提供了调整时间、显示时间、库存查询、入库、出库等方法,而隐藏了时、分、秒及库存数据,同时隐藏了公共接口调整时间、显示时间、库存查询、入库、出库等方法的实现细节,也就是类的用户见不到其具体实现。

封装的信息隐蔽作用反映了事物的相对独立性,使用者可以只关心它对外所提供的接口,即能做什么,而不注意其内部细节,即怎么提供这些服务,如一台封装好的电视机,用户只需知道怎么使用换频道、调音量等操作,而不需要了解其怎么接收信号、处理信号等。

封装的结果使对象以外的部分不能随意存取对象的内部属性,从而有效地避免了外部错误对它的影响,大大减小了查错和排错的难度。另一方面,当对象内部进行修改时,由于它只通过少量的外部接口对外提供服务,因此同样减小了内部的修改对外部的影响。

封装机制将对象的使用者与设计者分开,使用者不必知道对象行为实现的细节,只需要用设计者提供的外部接口让对象去做即可。封装的结果实际上隐蔽了复杂性,并提供了代码重用性,从而降低了软件开发的难度。

在 C++ 中,最基本的封装单元是类,一个类定义着由一组对象所共享的行为(数据和代码)。一个类的每个对象均包含它所定义的结构与行为,这些对象就好像是一个模子铸造出来的,所以对象也叫做类的实例。

2．继承

继承(Inheritance)是一种联结类与类的层次模型。有了继承,类与类之间不再是彼此孤立的,一些特殊的类可以自动地拥有一些一般的属性与行为,而这些属性与行为并不是重新定义的,而是通过继承的关系得来的。

在传统的程序设计中,人们往往要为每一项应用单独进行全新的程序开发。继承允许和鼓励类的重用,提供了一种明确表述共性的方法。一个特殊类既有自己新定义的属性和行为,又有继承下来的属性和行为,而这个类被它更下层的特殊类继承时,它继承来的和自己定义的属性和行为又被下一层的特殊类继承下去。因此,继承是传递的,体现了大自然中特殊与一般的关系。

继承性是子类自动共享父类数据和方法的机制,它由类的派生体现。一个子类直接继承父类的全部描述,同时可对其修改和扩充,继承是对父类的重用机制。

3．多态

多态是指一个方法只有一个名字,但可以有许多形态,也就是程序中可以定义多个同名的方法,用"一个接口,多个方法"来描述。多态意味着同一类对象有着多重特征,可以在特定的情况下,表现不同的状态,从而对应着不同的方法。

多态的实现是在继承体系结构中,同一消息为不同的对象接受时可产生完全不同的行动,这种现象称为多态性。利用多态性用户可发送一个通用的信息,而将所有的实现细节都留给接受消息的对象自行决定,好像同一消息即可调用不同的方法。

基于以上特征,面向对象技术有以下几个基本概念。

对象:对象是要研究的任何事物。对象由数据(描述事物的属性)和作用于数据的操作(体现事物的行为)构成一个独立整体。从程序设计者来看,对象是一个程序模块,从用户来看,对象为他们提供所期望的行为。

类:类是对象的模板。即类是对一组有相同数据和相同操作的对象的定义,一个类所包含的方法和数据描述一组对象的共同属性和行为。类是在对象之上的抽象,对象则是类的具体化,是类的实例。类可有其子类,也可有其父类,形成类层次结构。

消息:消息是对象之间进行通信的一种规格说明,通过消息多个对象协作完成具体的功能。一般它由三部分组成:接收消息的对象、消息名及实际变元。

综上可知,在OO方法中,对象和传递消息分别表现事物及事物间相互联系的概念。类和继承是适应人们一般思维方式的描述范式。方法是允许作用于该类对象上的各种操作。这种对象、类、消息和方法的程序设计范式的基本点在于对象的封装性和类的继承性。通过封装能将类的定义和类的实现分开,通过继承能体现类与类之间的关系,以及由此带来的动态联编和实体的多态性,从而构成了面向对象的基本特征。

1.4　C++概述

C++是 Bjarne Stroustrup 在 20 世纪 80 年代早期开发的,是一种基于 C 的面向对象的语言。顾名思义,C++表示 C 的累加。由于 C++基于 C,所以这两种语言有许多共同的语法和功能,C 中所有低级编程的功能都在 C++中保留下来。但是,C++比其前身丰富得多,用途也广泛得多。C++对内存管理功能进行了非常大的改进,C++还具有面向对象的功能,所以 C 在功能上只是 C++的一个很小的子集。C++在适用范围、性能和功能上也增强很多。因此,目前大多数高性能的应用程序和系统都是使用 C++编写的。

C++在几乎所有的计算环境中都非常普及,涉及个人电脑、UNIX 工作站和大型计算机。如果考察一下编程语言的发展史,就可以看出 C++的普及率是非常高的。除此以外,大多数专业程序员总是愿意使用他们已熟知的、使用起来得心应手的语言,而不是转而使用新的、不熟悉的语言,花大量的时间来研究其特性。当然,C++是建立在 C 的基础之上(在C++出现之前,许多环境都使用 C 语言),这对于 C++的普及有很大的帮助。C++有许多优点:

(1) C++适用的应用程序范围极广。C++可以用于几乎所有的应用程序,从字处理应用程序到科学计算应用程序,从操作系统组件到计算机游戏等。

(2) C++可以用于硬件级别的编程,例如实现设备驱动程序。

(3) C++从 C 中继承了过程化编程的高效性,并集成了面向对象编程方式的功能。

(4) C++在其标准库中提供了大量的功能。

(5) 有许多商业 C++库,支持数量众多的操作系统环境和专门的应用程序。

(6) C++的可移植性非常强,因为几乎所有的计算机都可以使用 C++编程,所以 C++语言普及到几乎所有的计算机平台上。也就是说,把用 C++编写的程序从一台机器迁移到另一台机器上不需要费什么力气。

C++的国际标准由 ISO/IEC 14882 文档定义,该文档由美国国家标准协会 ANSI 发表。读者可以获得该标准的副本,但要记住,该标准主要由编译器编写人员使用,而不是学习该语言的人使用。

标准化是把所编写的程序从一种类型的计算机迁移到另一种类型的计算机上的基础。标准的建立使语言在各种机器上的实现保持一致。在所有相容编程系统上都可用的一组标准功能意味着,用户总是能确定下一步会获得什么结果。C++的 ANSI 标准不仅定义了语言,还定义了标准库。使用 ANSI 标准后,C++使应用程序可以轻松地在不同的机器之间迁移,缓解了在多个环境上运行的应用程序的维护问题。

C++的 ANSI 标准还有另一个优点:它对用 C++编程所需要学习的部分进行了标准化。这个标准将使后续的程序具有一致性,因为它只为 C++编译器和库提供了一个定义参考。在编写编译器时,该标准的存在也使编写人员不再需要许可。读者在购买遵循 ANSI 标准的 C++编译器时,就知道会得到什么语言和标准库功能。

C++程序都是由若干个源文件组成的,C++是一种编译语言。在执行 C++程序之前,必须用另一个程序(即编译器)把它转换为机器语言。编译器会检查并分析 C++程序,然后生成机器指令,以执行源代码指定的动作。

1.5 C++程序开发步骤

开发一个 C++程序,需要按照以下 4 步顺序执行。

(1) 编辑:程序员用任一编辑软件(编辑器)将编写好的 C++程序输入计算机,并以文本文件的形式保存在计算机的磁盘上。编辑的结果是建立 C++程序源文件,扩展名为.cpp(如

welcome.cpp)。

(2)编译：编译是指将编辑好的源文件翻译成二进制目标代码的过程。编译过程是使用特定环境的编译程序(编译器)完成的。不同操作系统下的各种编译器所使用的命令不完全相同，使用时应注意计算机环境。编译时，编译器首先要对源程序中的每一个语句检查语法错误，当发现错误时，就提示错误的位置和错误类型的信息。此时，要再次调用编辑器对源程序进行查错修改。然后，再进行编译，直至排除所有语法错误。正确的源程序文件经过编译后在磁盘上生成目标文件，如(welcome.obj)。

(3)连接：程序编译后产生的目标文件是可重定位的程序模块，不能直接运行。连接就是把目标文件和其他分别进行编译生成的目标程序模块(如果有的话)及系统提供的标准库函数(如 printf)连接在一起，生成可以运行的可执行文件的过程。连接过程使用特定环境的连接程序(连接器)完成，生成的可执行文件存在磁盘中(如 welcome.exe，连接的文件名不一定和源文件同名)。

(4)运行：生成可执行文件后，就可以在操作系统控制下运行该文件。若执行程序后达到预期目的，则 C++程序的开发工作到此完成；否则，要进一步检查修改源程序，重复编辑-编译-连接-运行的过程，直到取得预期结果为止。

为了编译、连接 C++程序，需要有相应的 C++语言编译器与连接器。目前大多数 C++环境都是集成的开发环境(IDE)，把程序的编辑、编译、连接、运行都集成在一个环境中，界面友好、简单易用。

目前 C++语言的主流集成环境有 Visual C++ 6.0、DEV-C++、Turbo C++等。Visual C++ 6.0 是 Windows 下的图形界面的集成环境，编辑、编译、调试等都可以可视化地进行，对 C++语言的学习者而言非常容易上手。Visual C++6.0 是微软的产品(微软有时不太遵守标准)，对 C99 支持不是很好。但是从易用性角度考虑，本书采用 Visual C++ 6.0 环境进行介绍，所有例子都在 Visual C++ 6.0 中调试通过。

Visual C++ 6.0 为用户开发 C 和 C++程序提供了一个集成环境，这个集成环境包括：源程序的输入和编辑，源程序的编译和连接，程序运行时的调试和跟踪，项目的自动管理。它为程序的开发提供各种工具，并具有窗口管理和联机帮助等功能。

习题

1. 面向对象程序设计的基本特征是什么？
2. 结构化程序设计与面向对象程序设计的区别是什么？
3. 阐述 C 语言与 C++语言的关系。
4. 介绍 C++程序的开发步骤。

## CHAPTER 2

C++基础

面向对象编程除了封装、继承、多态等部分,也同样需要输入输出、数据类型、流程控制、数据结构等的支持,为此 C++ 保留了 C 的全部功能,并改进和扩充了一些功能,以便能够更适应面向对象编程的思想和安全、高效的需要。

本章主要内容

- 数据类型与运算符
- 输入输出
- 流程控制
- 函数
- 数组
- 指针与引用
- 动态空间管理

2.1　C++ 程序结构

任何一种程序设计语言都具有特定的语法规则和规定的表达方法。一个程序只有严格按照语言规定的语法和表达方式编写,才能保证编写的程序能在计算机中正确地执行。为了了解 C++ 语言的基本程序结构,先看一个简单的 C++ 程序。

例 2.1　Welcome 程序。

```cpp
//ch2_1.cpp：源程序文件名
// my first program in C++
# include < iostream >
using namespace std;
int main() {
    cout << "Welcome to C++World!";
    return 0;
}
```

C++语言程序设计教程

运行结果如下：

Welcome to C++World!

下面简单分析一下 C++ 程序的基本结构。

1. // my first program in C++

程序代码的注释是为了便于程序的阅读，编译器会忽略注释的内容，也就是说注释内容只是给程序员看的，并不参与编译。在 C++ 中注释有两种形式：单行注释和多行注释（注释可以放在几行上）。

单行注释以双斜杠开头（//）。例如：

// my first program in C++

编译器会忽略双斜杠后面的所有内容，但这并不表示注释要占满一整行。可以使用这种类型的注释来解释一个语句：

float pi;   //数学中的 π

多行注释经常用于编写较烦琐的、一般描述性的材料，例如解释函数中使用的算法。这种注释以 / * 开始到 * /结束，/ * 和 * /之间的所有内容编译时都被忽略。多行注释如下：

```
/ * 注释开始
项目功能：贪吃蛇
作者：张三
完成日期：2011.4.5
修改记录：无
注释结束 * /
```

2. # include <iostream>

头文件包含指令：头文件包含的代码定义了一组可以在需要时包含在程序源文件中的标准功能。C++ 标准库中提供的功能存储在头文件中，程序开发人员也可以创建自己的头文件，包含自己的代码。在这个程序中，名称 cout 在头文件 iostream 中定义，iostream 是一个标准的头文件，它提供了在 C++ 中使用标准输入和输出功能所需要的定义。

如果程序不包含代码行"# include <iostream>"，程序编译就会出现错误，因为 iostream 头文件包含了 cout 的定义，没有它，编译器就不知道 cout 是什么。# include 是一个预处理指令，# include 的作用是把 iostream 头文件的内容插入程序源文件中该指令所在的位置，这是在程序编译之前完成的，所以称做预处理，预处理指令在附录 B 中有较为全面的介绍。

3. using namespace std

命名空间：程序中的元素可以选择使用任何合乎规范的名称，甚至可能是标准库中已经用于其他元素的一个名称。同样，如果两个或多个程序员为同一个大型工程的不同部分工作，也会有潜在的名称冲突。显然，两个或多个不同的元素使用相同的名称会导致冲突，命名空间就解决了这个问题。

网址就是一个命名空间的例子。比如新浪和网易都有体育（sports）栏目，新浪体育的网址是 sports. sina. com. cn；网易体育的网址是 sports. 163. com。二者虽然都是体育栏目但是分别位于新浪(sina. com. cn)和网易(163. com)的限定下，这里的新浪(sina. com. cn)和网易(163. com)就起到命名空间的作用，两个(sports)栏目位于不同命名空间约束下，因此不会冲突。

在命名空间内部，可以使用其实体成员的名字。在命名空间的外部，就只能把某个实体的名字和命名空间的名称组合起来，表示该命名空间中的实体。命名空间的目的是提供一种机制，使大程序的各个部分中因出现重名而导致冲突的问题得到解决。一般情况下，一个程序中可以包含几个不同的命名空间。

C++标准库中的实体都是在命名空间 std 中定义的，所以标准库中的所有实体名都用 std 来限定。cout 的全名就是 std::cout，其中的两个冒号称做范围解析运算符，std 为命名空间，cout 为对象名，std::cout 表示命名空间 std 中的对象名 cout。在这个 C++程序中，开头的 using 希望在每次引用命名空间 std 中的元素时，不指定命名空间的名称，使程序文件使用 std 成员时，就可以只用名字来引用每个成员，这样程序代码就更简单。如果省略 using 指令，就必须把输出语句写为：

```
std::cout <<" Welcome to C++World!";
```

命名空间在附录 C 中有较为全面的介绍。

4. main() 函数

```
int main() {
    cout << "Welcome to C++World!";
    return 0;
}
```

本例中并没有用到的 C++中面向对象的编程元素，会在后面介绍，但每个 C++程序必须要包含 main()函数，且只能有一个 main()函数。C++程序的执行总是从 main()中的第一条语句开始。

int main()：这行语句指出，这是函数 main 的开始。开头的 int 表示这个函数在执行完后返回一个整型值。因为这是函数 main()，所以最初调用它的操作系统指令会接收这个值。

函数 main()包含两个可执行语句，每个语句以分号结束。

```
cout << "Welcome to C++World!";
return 0;
```

这两个语句会按顺序执行。通常情况下，函数中的语句总是按顺序执行，除非有一个语句改变了执行顺序，后面会介绍什么类型的语句可以改变执行顺序。

在 C++中，输入和输出是使用流来执行的。如果要从程序中输出消息，可以把该消息放在输出流中，如果要输入消息，则把它放在输入流中。因此，流是数据池的一种抽象表示，在程序执行时，每个流都关联着某个设备，关联着数据源的流就是输入流，关联着数据目的地的就是输出流。用抽象流表示的优点是无论流代表什么，编程是相同的，它屏蔽了设备的不一致性，例如，从磁盘文件中读取数据的方式与从键盘上读取完全相同。在 C++中，标准的输出流和输入流称为 cout(可以与显示器、打印机、磁盘文件等输出设备关联)和 cin(可以与键盘、磁盘文件等输入设备关联),在默认情况下,它们分别对应计算机显示器和键盘。

main()中的第一行代码利用插入运算符＜＜把字符串"Welcome to C++ World!"放在输出流中,从而把它输出到屏幕上。在编写涉及输入的程序时,应使用提取运算符＞＞。

```
return 0;
```

这个语句结束了该程序,把控制权返回给操作系统。它还把值 0 返回给操作系统。它也可以返回其他值来表示程序的不同结束条件,操作系统还可以利用该值来判断程序是否执行成功。一般情况下,0 表示程序正常结束,非 0 值表示程序不正常结束。但是,非 0 返回值是否起作用取决于调用该程序的系统。

2.2 基本数据类型及操作

程序设计的主要任务是处理各种数据,数据处理是通过执行一系列程序指令来完成的,而这些指令由特定字符按照严格的规则组成。掌握一门外语要按照以下步骤学习:首先要了解字母和音标,再学习用字母构成的单词,然后按照语法规则构成句子,最后才能用外语进行交流和读写文章。与学外语类似,程序设计语言也有自己的词法规则和语法规则、句子等。本节介绍构成 C++ 程序的字符集、数据类型、标识符和关键字、运算符,以及基本的输入输出方法。

2.2.1 字符集

字符用于组成标识符、字符串和表达式,C++语言能够识别的字符包括以下几类。

1. 字母

包括 26 个大写字母 A~Z 和 26 个小写字母 a~z,注意 C++程序区别大小写字母。

2. 数字

包括 10 个十进制数字 0~9。

3. 特殊字符

包括 29 个特殊字符,如下所示:

+ - * / % < = > ! & | ∧ ~ _ . ( ) [ ] { } ? : ; , " ' # \

4. 空白符

包括不可打印的 5 个空白符号:空格符、回车符、换页符、横向制表符和纵向制表符。空白符只在字符常量和字符串常量中起作用。在其他地方出现时,只起间隔作用,编译程序时对它们忽略不计。在程序中适当的地方使用空白符将增加程序的可读性。

2.2.2 标识符和关键字

1. 标识符

标识符是一系列由字母、数字和下划线组成的字符序列,它是对实体标识的一种定义符，用来标记用户定义的常量、变量、函数和数组等。定义标识符的规则如下。

（1）只能由字母、数字和下划线构成。

（2）第一个字符必须是字母或者下划线。

（3）只有前 31 个字符有效。

（4）不能使用关键字。

以下标识符是合法的：

i、x3、name、my_car、sum5、_max

以下标识符是非法的：

3x、s * T、- 3x、bowy - 1、my car、int

在使用标识符时还必须注意以下几点。

（1）标识符虽然可由程序员随意定义，但标识符是代表某个实体的符号，最好能够"见名知意"，便于阅读理解。

（2）在标识符中，大小写是有区别的。例如，Max 和 max 是两个不同的标识符。

（3）标准 C++ 不限制标识符的长度，但是只有前 31 个字符是有效的。此外，标识符长度受 C++ 语言编译系统的限制。例如，在某版本 C++ 编译器规定标识符前 8 位有效，当两个标识符前 8 位字符相同时，则被认为是同一个标识符。

（4）用户自定义的标识符最好不使用系统定义的标识符，如 main、sqrt 等，以及预处理指令中涉及的 include 和 define 等。虽然允许给这些标识符定义新的意义，但会使其失去原来的作用，从而产生歧义。

2. 关键字

C++ 的关键字是具有特定意义的字符串，也称为保留字。所有关键字都有固定的含义，不能改变其含义，而且必须是小写。注意，用户定义的标识符不能与关键字相同。

C++ 关键字如下所示。

asm	do	if	return	typedef
auto	double	inline	short	typeid
bool	dynamic_cast	int	signed	typename
break	else	long	sizeof	union
case	enum	mutable	static	unsigned
catch	explicit	namespace	static_cast	using
char	export	new	struct	virtual
class	extern	operator	switch	void
const	false	private	template	volatile
const_cast	float	protected	this	wchar_t
continue	for	public	throw	while
default	friend	register	true	
delete	goto	reinterpret_cast	try	

2.2.3　运算符和表达式

丰富的运算符和表达式使 C++ 程序简洁且功能完善，这也是 C++ 的主要特点之一，可以说 C++ 是一种表达式语言,C++ 运算符见表 2.1 所示。

C++ 语言的运算符按功能分为算术运算符、关系运算符、逻辑运算符等几类。也可按运算符连接操作数的个数分为以下 3 类。

1. 单目运算符

也称一元运算符,即只有一个操作数的运算符。包括负号(-)、正号(+)、自增(++)、自减(--)、非(!)、sizeof、指针运算符和部分位操作运算符等。

2. 双目运算符

也称二元运算符,连接两个操作数,大部分运算符属于此类。

3. 三目运算符

连接 3 个操作数,C 语言中唯一的三元运算符为条件运算符(?:)。

表达式按照一定的规则进行数值计算,每类运算符具有特定的优先级和结合性。操作数参与运算的先后顺序不仅要遵守运算符优先级别的规定,还受运算符结合性的制约,以便确定是自左向右进行运算还是自右向左进行运算。这种结合性是其他高级语言的运算符所没有的,因此也增加了 C++ 语言的复杂性。C++ 运算符的优先级和结合性见表 2.1。

表达式是由常量、变量、函数和运算符组合起来的式子。每个表达式有一个值及其类型,即计算结果的值和类型。单个的常量、变量、函数调用形式可以看做是表达式的特例,称为初等表达式。一般将位于运算符左边的操作数称为左操作数,而右边的称为右操作数。

表 2.1 C++ 运算符优先级与结合性

优先级	运算符	描 述	例 子	结合性
1	( )	括号	(a + b) / 4;	从左到右
	[ ]	数组下标	array[4] = 2;	
	->	通过指针访问成员	ptr->age = 34;	
	.	通过对象访问成员	obj. age = 34;	
	::	域	Class::age = 2;	
	++	后置自增	for(i = 0; i < 10; i++)...	
	--	后置自减	for(i = 10; i > 0; i--)...	
2	!	逻辑非	if(! done)...	从右到左
	~	按位取反	flags = ~flags;	
	++	前置自增	for(i = 0; i < 10; ++i)...	
	--	前置自减	for(i = 10; i > 0; --i)...	
	-	负号	int i = -1;	
	+	正号	int i = +1;	
	*	间接访问	data = * ptr;	
	&	取地址	address = &obj;	
	(type)	类型转换	int i = (int) floatNum;	
	sizeof	计算字节数	int size = sizeof(floatNum);	
3	->*	指向成员指针选择符	ptr-> * var = 24;	从左到右
	.*	成员指针选择符	obj. * var = 24;	

续表

优先级	运算符	描　述	例　子	结合性

4	*
	/
	%
		乘
		除
		余数(求模)
			int i = 2 * 4;
			float f = 10 / 3;
			int rem = 4 % 3;
				从左到右

5	+ -	加 减	int i = 2 + 3; int i = 5 - 1;	从左到右
6	<< >>	左移 右移	int flags = 33 << 1; int flags = 33 >> 1;	从左到右

7	<
	<=
	>
	>=
		小于
		小于等于
		大于
		大于等于
			if(i < 42)...
			if(i <= 42)...
			if(i > 42)...
			if(i >= 42)...
				从左到右

8	== !=	等于 不等于	if(i == 42)... if(i != 42)...	从左到右
9	&	按位与	flags = flags & 42;	从左到右
10	^	按位异或	flags = flags ^ 42;	从左到右
11	|	按位或	flags = flags | 42;	从左到右
12	&&	逻辑与	if(conditionA && conditionB)...	从左到右
13	||	逻辑或	if(conditionA || conditionB)...	从左到右
14	? :	条件	int i = (a > b) ? a : b;	从右到左

15	=
	+=
	-=
	*=
	/=
	%=
	&=
	^=
	|=
	<<=
	>>=
		赋值
		加后赋值
		减后赋值
		乘后赋值
		除后赋值
		取模后赋值
		按位与后赋值
		按位异或后赋值
		按位或后赋值
		左移后赋值
		右移后赋值
			int a = b;
			a += 3;
			b -= 4;
			a *= 5;
			a /= 2;
			a %= 3;
			flags &= new_flags;
			flags ^= new_flags;
			flags |= new_flags;
			flags <<= 2;
			flags >>= 2;
				从右到左

16	,	顺序(逗号)	for(i = 0, j = 0; i < 10; i++, j++)...	从左到右

2.2.4　数据类型

数据类型是一个值的集合以及定义在这个值集上的一组操作,C++语言中常用变量和常量存储和表示数据。常量是在程序运行过程不改变的数据,如常用的圆周率 3.14、重力加速度 9.8。程序运行过程中某些数据的值可能发生改变,此类数据称为变量。

在 C++中数据类型可分为基本数据类型和非基本数据类型,见图 2.1。

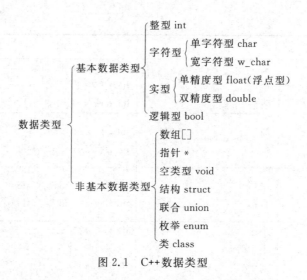

图 2.1　C++数据类型

非基本数据类型将在后面章节中逐步介绍,本节讨论基本数据类型。因为数据必须通过变量或常量表示,所以讨论数据类型前需要先了解变量和常量。

1. 变量

变量用于存储程序中的数据和运算结果,变量的 3 个要素为:类型、名字和值。每个变量有名字和类型,编译器会在内存中开辟相应的空间存放变量的值。使用变量前要先进行定义,变量定义的语法形式为:

类型 变量名列表;

例如:

```
int age;                   //年龄变量
float height , weight ;    //身高和体重
```

定义变量后可对其进行赋值,变量的值也可在定义时获得,这称为变量的初始化,例如:

```
int counter = 0;                          //计数器变量
double pi = 3.1415926 ,g = 9.80 ;         //圆周率,重力加速度
```

这些数据存放在变量所对应的内存空间里,内部存储器(简称内存)是存放数据和代码的硬件,其作用好比存放烹饪原料的冰箱。为了提高存储空间的利用率,最好将冰箱分成小格子和大格子,厨师取放食物时候要记住摆放在哪个格子中,以便下次再取放。将存储大量数据的内存分为若干单元,按照数据的类型分配不同大小的存储单元。

计算机中存储的数据都为二进制形式,例如用 1010 代表十进制整数 10。二进制数据最小的单位为位,每一个二进制数据 1 或 0 的存储单位为 1 比特(b)。将 8 个比特组合起来构成字节(B),例如 01111111 可以存储在 1 个字节中,表示十进制数值 127。若将多个字节组合起来,可以构成更大的单位字(word),对于 16 位的编译器而言,1 个字包括两个字节;而对于目前常用的 32 位编译器而言,1 个字包括 4 个字节。

2. 常量

在程序执行过程中,常量的值始终不改变。按照不同的表示形式,将常量分为字面常

量、符号常量和常值变量。

（1）字面常量。也称直接常量，如整数 1998、0、−3；小数 3.14、−1.23；字符'a'、'+'和'0'等。通常这些常量出现在表达式中，和变量一起参与运算。和变量一样直接常量也分为不同的类型，但是它们不存储在变量内存中。

（2）符号常量。在 C++中，可以用一个标识符来表示一个常量，称之为符号常量。符号常量在使用之前必须先定义，其一般形式为：

＃define 标识符 常量

其中＃define 也是一条预处理命令（预处理命令都以"＃"开头），称为宏定义命令，功能是将该标识符定义为其后的常量值。编译器将程序中所有出现该标识符的地方均用该常量值代替。习惯上符号常量的标识符用大写字母，变量标识符用小写字母，以示两者的区别。

＃define PI 3.1415926

这样的语法就定义了一个叫做 PI 的符号常量，它的值指定为 3.1415926。

因为它其实不是 C++语法，所以它不需要（也不能）用分号结束。

例 2.2　符号常量的使用。

```
//ch2_2.cpp
# include < iostream >
# define PI 3.1415926
using namespace std;
int main( ){
    double area(int radius);//声明方法
    cout << area(2)<< endl;
    return 0;
}
double area( int radius){
    return PI * radius * radius;
}
```

（3）常值变量是与符号常量相对的，常值变量需要通过 const 关键字定义。相对来说，const 更加符合现代编程理念，它是 C++的一个关键字，其一般形式为：

const 标识符 = 常量；

常量只能读不能修改，并且定义时必须初始化。

const double PI＝3.1415926；

例 2.3　常值变量的使用。

```
//ch2_3.cpp
# include < iostream >
using namespace std;
const double PI = 3.1415926;
int main(){
    double area(int radius);            //声明方法
    cout << area(2)<< endl;
    return 0;
```

```
}
double area(int radius){
    return PI * radius * radius;
}
```

推荐用 const,而不是♯define 预处理指令,原因如下。

(1) 用 const 可以定义数据类型,以提高类型安全性。例如,可以指定 PI 这个常量是 double 类型。

(2) const 既然是变量(这里有点别扭,它其实是不变的,但名称叫做常值变量),那么就有地址,适用面更加广。

(3) const 语法上也更好理解一些。

3. 整型

1) 整型常量

整型常量是由数字构成的常整数。C++语言常用八进制、十进制和十六进制 3 种整数,它们的基数分别为 8、10 和 16。

十进制由数字 0~9 组成,前面可以加+或者-区分符号;八进制常整数必须以前缀 0 开头,数字取值为 0~7,八进制数通常是无符号数;十六进制常整数的前缀为 0X 或 0x,其数码包括 16 个:数字为 0~9,以及字母 A~F 或 a~f,其中 A~F(a~f)分别表示 10~15。

2) 整型变量

整型变量一般用关键字 int 说明,其数值的取值范围取决于特定的计算机与编译器。通常整型数占用一个字的存储空间,由于不同的计算机字长和编译器的位数不同(一般为 16 位或 32 位),因此所能保存的最大和最小整数与计算机相关。如果是 16 位的字长,整型数的取值范围为$-32\,768$~$32\,767$(-2^{15}~$(2^{15}-1)$),有符号数用 1 位代表符号,用 15 位表示数据。而对于 32 位的字长,整型数的取值范围为-2^{31}~$(2^{31}-1)$。

为了控制整数的范围和存储空间,C++语言定义了 3 种整数类型:short int、int、long int。

(1) 基本类型:一般整数默认为 int 类型,整型变量占 4 个字节(在 32 位机中)。

(2) 短整量:类型说明符为 short int 或 short,整型变量占两个字节(在 32 位机中)。

(3) 长整型:类型说明符为 long int 或 long,一般在内存中占 4 个字节。

为了扩大数据的表示范围,也可以将整数声明为无符号型,类型说明符为 unsigned。各种无符号类型变量所占的内存空间字节数与相应的有符号类型变量相同。但由于省去了符号位,不能表示负数,因此将正数的范围扩大了一倍。如 unsigned int 整型变量值的范围为 0~$2^{16}-1$,unsigned long 整型变量值的范围为 0~$2^{32}-1$。表 2.2 和表 2.3 分别列出了 Turbo C 和 Visual C++ 6.0 中各类整型变量所分配的内存字节数及数的表示范围。

表 2.2　整型数据的取值范围（16 位字长）

类型说明符	数　的　范　围		字节数
short int	$-32\,768$~$32\,767$	即-2^{15}~$(2^{15}-1)$	2
unsigned short int	0~$65\,535$	即0~$(2^{16}-1)$	2
int	$-32\,768$~$32\,767$	即-2^{15}~$(2^{15}-1)$	2
unsigned int	0~$65\,535$	即0~$(2^{16}-1)$	2
long int	$-2\,147\,483\,648$~$2\,147\,483\,647$	即-2^{31}~$(2^{31}-1)$	4
unsigned long	0~$4\,294\,967\,295$	即0~$(2^{32}-1)$	4

如果厨师想盛放某种食物,要根据食物的形态和大小选择容器。例如,用小盒子装 1 打鸡蛋放不进去,选择大盒子放 1 个鸡蛋太浪费;又如,瓶子可以盛放油盐酱醋,但不适合盛放鸡蛋。同理,程序员应根据数据值的范围选择合适的数据类型。

表 2.3　整型数据的取值范围（32 位字长）

类型说明符	数 的 范 围		字节数
short int	$-32\,768 \sim 32\,767$	即 $-2^{15} \sim (2^{15}-1)$	2
unsigned short int	$0 \sim 65\,535$	即 $0 \sim (2^{16}-1)$	2
int	$-2\,147\,483\,648 \sim 2\,147\,483\,647$	即 $-2^{31} \sim (2^{31}-1)$	4
unsigned int	$0 \sim 4\,294\,967\,295$	即 $0 \sim (2^{32}-1)$	4
long int	$-2\,147\,483\,648 \sim 2\,147\,483\,647$	即 $-2^{31} \sim (2^{31}-1)$	4
unsigned long	$0 \sim 4\,294\,967\,295$	即 $0 \sim (2^{32}-1)$	4

例 2.4　输入一个整数值,计算并输出其平方值,验证整型数据的溢出情况。

程序 2.4 的功能是计算平方数,当选择基本类型的变量 square_int 存储 1200 的平方数时,可以输出正确的结果,而选择短整型变量 square_short 存储平方数时,发现得到不同的结果。请思考,为什么会产生这种奇怪的现象?

```cpp
//ch2_4.cpp
# include< iostream >
using namespace std;
int main(){
    int num = 1200, square_int = num * num;
    short int square_short = square_int;
    cout <<"square_int = "<< square_int << endl;
    cout <<"square_short = "<< square_short << endl;
    return 0;
}
```

运行结果如下(int 4 字节、short 2 字节):

```
square_int = 1440000
square_short = -1792
```

仔细分析程序,整型变量 num 的平方数超过了短整型的数据表示范围,即 square_short 存储不下这么大的数据,产生了数据的溢出,为了避免溢出可选用 int 或 long 类型的变量存储。分析 short 型的值为 -1792 的原因是整数是按照补码方式存储的,本书不再介绍。

4. 浮点型

1) 浮点数的类型

浮点类型也称实型,是用来描述小数的数据类型。包括单精度(float 型)、双精度(double 型)和扩展的双精度(long double 型)3 类。

标准 C++并未规定每种类型数据的长度、精度和数值范围。在一般 C++编译系统中,单精度型占 4 个字节(32 位)内存空间,双精度型占 8 个字节(64 位)内存空间。对于扩展的双精度型(long double),不同系统有所差别,有的分配 8 个字节,有的分配 16 个字节,也有分配 80 位的。由于占用空间的差异,3 种实型表示数据的能力是依次递增的,即单精度的数

C++语言程序设计教程

据范围和精度都低于双精度型。浮点数表示的取值范围见表 2.4。

表 2.4 浮点数表示的取值范围

类型说明符	字节数	精度	数 的 范 围
float	4	6～7	$1.2 \times 10^{-38} \sim 3.4 \times 10^{38}$
double	8	15～16	$2.2 \times 10^{-308} \sim 1.8 \times 10^{308}$
long double	16	18～19	$3.3 \times 10^{-4932} \sim 1.2 \times 10^{4932}$

浮点型数据与整数的存储方式不同,比整数具有更大的数据范围。要注意其精度有限,float 型只能提供 6 位有效数字,double 型只能保证 15 位有效数字,因此小数有时不能被精确表示。

2) 浮点型常量

浮点型常量也称为实数或浮点数。在 C++语言中,实数用十进制表示,它有以下两种形式。

小数形式:

由十进制数 0～9、小数点和正负号组成。例如:

```
0.0、25.0、5.789、0.13、5.、.300、- 267.8230、- .1
```

这些数均为合法的浮点数。注意,若小数点前面或者后面的数为 0,可以省略一个 0,但不能同时省略,而且必须有小数点。

指数形式:

由十进制数 0～9、阶码标志"e"或"E"以及阶码组成。其一般形式为:

a E n(a 为十进制实数,n 为十进制整数)

其中,a 为小数形式,E 表示以 10 为底数,n 为指数(只能为整数,可以带符号)。

标准 C++允许浮点数使用后缀(f、F、l、L)。后缀为 f 或 F 表示该数为 float 型浮点数,后缀为 l 或 L 表示该数为 long double 型浮点数,没有后缀的实数默认为 double 型浮点数。例如,下面为不同类型的浮点数:

```
3.14159、3.14159F、3.1415926L
```

3) 浮点型变量

浮点型变量与整型的定义规则相同,但需要用 float、double 或 long double 声明其类型,例如:

```
double a, b, c = 8.9;
float f1 = 0.123456F,
      f2 = - 789.012F,
      f3 = - 123.456E - 2F;
```

由于浮点型变量是由有限的存储单元组成的,因此能提供的有效数字总是有限的,浮点数有时会产生舍入误差。若 f2 = - 789.0126f,则 f2 实际获得的值为-789.013。

例 2.5　验证浮点数的舍入误差。

```
//ch2_5.cpp
# include< iostream >
using namespace std;
int main(){
    float f;
    double d;
    f = 0.123456789f;              // f 实际值为 0.123457
    d = 123456789.123456789;
    cout <<"f = "<< f <<" d = "<< d << endl;
    return 0;
}
```

运行结果如下：

```
f = 0.123457 d = 1.23457e + 008
```

5. 字符型

1）字符常量

字符常量是用单引号括起来的一个字符。如'a'、'b'、'='、'+'、'?'都是合法字符常量。在C++语言中,字符常量有以下特点。

(1) 字符常量只能用单引号括起来,不能用双引号或其他括号。

(2) 字符常量只能是单个字符,不能是字符串。

(3) 字符常量可以是字符集中任意字符,还包括转义字符。

转义字符是一种特殊的字符常量,以反斜线\开头,后跟一个或几个字符。不同于字符原有的意义,转义字符具有特定的含义,故称"转义"字符。例如,在前面各例题 printf 函数的格式串中用到的"\n"就是一个转义字符,其意义是"回车换行"。转义字符主要用来表示那些用一般字符不便表示的控制代码,常用的转义字符见表 2.5。各种转义符的含义请读者自己通过实验理解。

表 2.5　常用的转义字符及其含义

转义字符	转义字符的意义	ASCII 代码
\n	回车换行	10
\t	横向跳到下一制表位置	9
\b	退格	8
\r	回车	13
\f	走纸换页	12
\\	反斜线符"\"	92
\'	单引号符	39
\"	双引号符	34
\a	鸣铃	7

计算机通常使用某种编码形式来表示字符,ASCII 码(美国国家信息交换标准字符码)为常用的西文字符编码。每个字符在 ASCII 码表中对应一个码值,例如,n 的 ASCII 值为

十进制数 110,转义符"\n"的 ASCII 值为十进制数 10(八进制数 12)。

广义地讲,C++语言字符集中的任何一个字符均可用转义字符来表示。用\ddd 的形式表示反斜杠后为 1～3 位八进制数所代表的字符,用\xhh 的形式表示反斜杠后为 1～2 位十六进制数所代表的字符,ddd 和 hh 分别为八进制和十六进制的 ASCII 代码。如\101 表示字母'A',\134 表示反斜线,\xoA 表示换行等。

2) 字符变量

字符变量用来存储字符常量,类型说明符是 char,定义形式为:

```
char c1, c2 = 'A';
```

每个字符变量被分配一个字节的内存空间,因此只能存放一个字符。字符值是以 ASCII 码的形式存放在变量的内存单元之中的。如字符 A 的 ASCII 码为 65,字符 a 的 ASCII 码为 97。如 x 的十进制 ASCII 码是 120,y 的十进制 ASCII 码是 121。对字符变量 c1,c2 赋值:

```
c1 = 'x'; c2 = 'y';
```

实际上 c1 和 c2 两个单元内存放的是 120 和 121 的二进制代码:

因此也可以把字符变量看成是整型量。C++语言允许对整型变量赋以字符值,也允许对字符变量赋以整型值。在输出时,允许把字符变量按整型量输出,也允许把整型量按字符量输出。

例 2.6 定义并输出字符变量和常量。

```cpp
// ch2 _6.cpp
# include< iostream >
using namespace std;
int main(){
    char c1, c2;
    c1 = 'x';
    c2 = 121;
    cout <<"c1 = "<< c1 <<" c2 = "<< c2 << endl;
    /* 输出大写字符: X Y */
    cout <<"c1 = "<<(char)(c1 - 32)<<" c2 = "<<(char)(c2 - 32)<< endl;
    /* 以整数输出 X、Y,因为表达式为整数 */
    cout <<"c1 = "<< c1 - 32 <<" c2 = "<< c2 - 32 << endl;
    return 0;
}
```

运行结果如下:

```
c1 = x c2 = y
c1 = X c2 = Y
c1 = 88 c2 = 89
```

本程序中定义 c1 和 c2 为字符型,可以直接用字符常量赋值,也可以赋以字符 ASCII 码对应的整型值。此外,C++语言允许字符变量参与数值运算,即用字符的 ASCII 码参与运算。注意'3'和 3 的意义和值都不同,'3'+3 的值为字符'6'对应的 ASCII 码值。由于大小写字母的 ASCII 码相差 32,因此可以通过运算'A'+32 把大写字母'A'换成小写字母'a'。

虽然整型数据和字符数据可以一起参与运算,但两者不能完全等同。有些系统将字符定义为 unsigned char 型,字符变量的数值范围为 0～255。Visual C++中将字符型变量定义成有符号型,char 型数据的数据范围一般为－128～127,即字符变量中存放一个 ASCII 码值为 0～127 的字符。

　　3) 字符串常量

字符串常量是由一对双引号括起的字符序列。例如,"C Language"、"student"、"123"等都是合法的字符串常量。

字符串常量和字符常量是不同的。它们之间主要有以下区别。

(1) 字符常量由单引号括起来,字符串常量由双引号括起来。

(2) 字符常量只能是单个字符,字符串常量则可以含零个或多个字符。

(3) 字符常量占一个字节的内存空间。字符串不像其他数据类型具有固定的长度,不同字符串是不等长的,因此,字符串的存储不光需要存储其起始位置,还应该标记其结束位置。字符串常量占的内存字节数等于字符串中有效字符所占字节数加 1,增加的一个字节中存放字符'\0'(ASCII 码为 0),这是字符串结束的标志。例如:

字符串 "C++Language"在内存中所占的字节如图 2.2 所示。

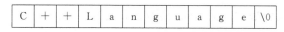

| C | + | + | L | a | n | g | u | a | g | e | \0 |

图 2.2　字符串存储内存示意图

字符常量'A'和字符串常量"A"虽然都只有一个字符,但在内存中的情况是不同的。

2.2.5　输入与输出

C++语言中的输入输出操作是由它所提供的一个 I/O 流类的类库提供的。C++程序中,输入输出操作是由"流"来处理的。所谓流是指数据的流动,即指数据从一个位置流向另一个位置。程序中的数据可以从键盘流入,也可以流向屏幕或者流向磁盘。数据流实际上一种对象,它在使用前要被建立,使用后要被删除,而输入输出操作实际上就是从流中获取数据或者向流中添加数据。通常称从流中获取数据的操作为提取操作,即为读操作或输入操作;向流中添加数据的操作称为插入操作,即为写操作或输出操作。

在 iostream.h 头文件中定义了 I/O 标准流的设备名,即提供了 4 个流对象供用户使用,如表 2.6 所示。关于流的详细设计将在第 9 章详细介绍。

表 2.6　常用流对象及设备名称

C++名字	设　　备	默 认 含 义
cin	键盘	标准输入
cout	屏幕	标准输出
cerr	屏幕	标准错误
clog	打印机	打印机输出

2.3 流程控制

结构化程序设计是一种程序设计的基本方法,其观点主要包括:以模块化设计为中心;采用自顶向下、逐步求精的程序设计方法;使用 3 种基本控制结构构造程序。这种设计方式可使程序层次清晰,便于使用、维护以及调试,是软件科学和产业发展重要的里程碑。

C++语言以函数为基本功能模块,并且任何算法都可以通过顺序结构、选择结构和循环结构的组合来实现,从而使程序具有结构化的特点。

2.3.1 分支结构

计算机不仅能够进行复杂的数学计算,还能如人一样进行逻辑分析和判断,这些都是通过程序实现的。C++语言是语句的集合,在前面的程序中,这些语句都是按照它们出现的顺序逐条执行的。但在实际应用中,常需要根据特定条件来选择执行哪些语句,或者改变语句的执行顺序。这样就需要一种判断机制来确定条件是否成立,并指示计算机执行相应的语句。C++语言提供如下语句,使程序具有这种判断能力。

分支语句包括:if 语句以及 if-else 语句、switch 语句、条件表达式语句、goto 语句。这些语句具有控制程序流程的作用,即能够操作程序执行的顺序,因此称为控制语句。

1. if 语句

if 语句是选择结构中最常用的语句,其语法形式为:

```
if( 表达式 )
    语句块 1;
[ else
    语句块 2 ;
]
```

其执行顺序为:先计算条件表达式的值,如果表达式值为逻辑真(true,值为 1),则执行语句块 1,否则执行语句块 2。双分支 if-else 语句的执行流程如图 2.3 所示。

例 2.7 计算 a ＋｜b｜的值。

求解此问题的算法比较简单,在此不做深入分析,其流程见图 2.4。

图 2.3 if-else 语句的执行流程

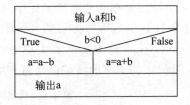

图 2.4 计算 a＋｜b｜算法流程图

```
//ch2_7.cpp
# include < iostream >
using namespace std;
int main( ){
    int a, b;
```

```
cout <<" please input 2 numbers :\n ";
cin >> a >> b;
/ * if - else 语句 * /
if ( b < 0 )    {    a - = b ; }
else            {    a += b;}
cout <<"a +  | b | = "<< a ;
return 0;
}
```

使用 if-else 语句应注意如下问题。

(1) 分支选择结构中 else 要与 if 配对使用,else 不能单独使用,但是可以省略 else,单独使用 if。

(2) 语句块 1 和语句块 2 可以包含一条或多条语句,如果多于一条语句,则用"{}"括起来构成复合语句。

(3) 使用条件运算符(?:)也可以实现这种选择结构,形式更为简洁。例如:

```
sum = (b < 0)? a - b : a + b;
```

(4) 实现选择结构的前提是构造合适的条件。通常使用逻辑表达式实现复杂的判断条件。例如,判断闰年的问题:

```
if( year % 4 == 0 && year % 100! = 0 || year % 400 == 0 )
    leap = 1;
else
    leap = 0;
```

如何设计判断条件是学习 if 语句的难点。在实现选择结构时,经常由于判断条件构造不合理造成逻辑错误,在调试程序的时候可以采用单步调试的方法跟踪程序的流程,或者在各个分支中添加输出语句来判断程序的执行情况。

2. 嵌套 if 语句

当 if 语句中又包含另一个 if 语句时,就构成了 if 语句的嵌套形式。其一般可表示如下:

```
if(表达式)
{
    if 语句;
}
```

同理,在 if-else 的 else 分支中,也可以嵌套其他 if 语句,构成多重选择关系。一般形式可表示如下:

```
if(表达式)
    if 语句;
else
    if 语句;
```

完整的嵌套 if-else 语句表述成如下形式:

```
if (表达式 1)
```

```
{
    if (表达式 2)
    { 语句 1 }
    else
    { 语句 2 }
}
else
{
    if (表达式 3)
    { 语句 3 }
    else
    { 语句 4 }
}
```

例 2.8 求解一元二次方程 $ax^2+bx+c=0$ 的根。

按照数学中方程根的解法,根据方程的系数及根判别式,分为如下几种情况。

(1) 当 $a=0$ 时,方程不是二次方程。

(2) 当 $b^2-4ac=0$ 时,有两个等实根 $x_1=x_2=-\dfrac{b}{2a}$。

(3) 当 $b^2-4ac>0$ 时,有两个不同的实根:$x_1=\dfrac{-b+\sqrt{b^2-4ac}}{2a}$,$x_2=\dfrac{-b-\sqrt{b^2-4ac}}{2a}$。

(4) 当 $b^2-4ac<0$ 时,无实根。

算法由图 2.5 描述,实现代码如下:

```cpp
//ch2_8.cpp
# include < iostream >
# include < cmath >
using namespace std;
int main(){
    int a,b,c ,disc;              //方程系数和根的判别式
    double x1,x2;
    cout <<"Input coefficients of the equation:"<< endl;
    cin >> a >> b >> c;
    if(a == 0)                    //非一元二次方程
        cout <<"Not a quadratic";
    else                          //一元二次方程
    {
        disc = b * b - 4 * a * c;
        if(disc == 0) //有两等实根
            cout <<"Two equal roots:"<< - b/(2 * a)<< endl;
        else
        {
            if(disc > 0) //有不等实根
            {
                x1 = ( - b + sqrt(disc))/(2 * a);
                x2 = ( - b - sqrt(disc))/(2 * a);
                cout <<"Distinct real roots:"<< x1 <<" and "<< x2 << endl;
            }
            else                  //无实根
```

```
            cout <<"No real roots"<< endl;
        }
    }
    return 0;
}
```

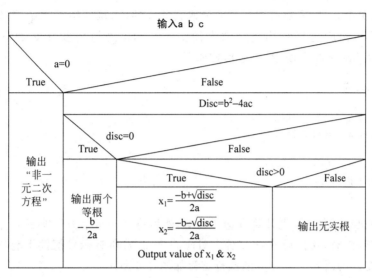

图 2.5　求一元二次方程根算法

if 语句中可能嵌套另一个 if-else 语句,就会出现多个 if 和多个 else 的情况,此时要特别注意 if 和 else 的配对问题。例如,有如下语句:

```
if(表达式 1)
  if(表达式 2)
      语句 1;
else
    语句 2;
```

其中的 else 究竟是与哪一个 if 配对呢? 是应理解为如下形式:

```
if(表达式 1)
  {
    if(表达式 2)
        语句 1;
    else
        语句 2;
}
```

还是应理解为如下形式:

```
if(表达式 1)
{
    if(表达式 2)
        语句 1;
}
else
    语句 2;
```

为了避免这种匹配的二义性,C++语言规定,else 总是跟与它最接近且未配对的 if 语句配对,因此对上述例子应按前一种情况理解。当嵌套结构较复杂时,为增强代码的可读性,应使用花括号和适当的缩进形式来明确各个语句的层次关系。

3. switch 语句

在某些情况下,程序需要根据整数变量或表达式的值,从一组动作中选择一个执行,此时用 switch 语句构成选择结构更为清晰简洁。switch 语句是多分支语句,常和关键字 case,default 及 break 配合使用,一般形式如下:

```
switch ( 表达式 )
{
    case 标号 1 : 语句 1; break;
    case 标号 2 : 语句 2; break;
     ⋮
    case 标号 n : 语句 n; break;
    default : 语句 n+1;
}
```

该语句的执行过程为:先计算表达式的值,然后将其与每个 case 后的标号进行比较,当和某个标号相匹配时,就执行该 case 分支对应的语句,若所有标号值都不能与其匹配,则执行 default 分支后的语句。switch 的执行流程如图 2.6 所示。

Expression				
Constant 1	Constant 2	...	Constant n	Default
Statement 1	Statement 2	...	Statement n	Statement n+1

图 2.6 switch 语句执行流程

下面举一个简单的例子来说明 switch 的语法结构和执行特点。人们一般根据天气情况选择穿什么衣服,假设天气包括"晴"、"阴"或"雨"3 种,如果晴天要穿 T 恤戴遮阳帽,如果阴天则在 T 恤外加件薄外套,如果雨天则要穿风雨衣带雨伞。下面的代码中用到枚举类型,可以使用关键字 enum 来定义一种新的类型,并用标识常量表示该类型变量的值。例如,定义天气类型:

```
enum Weather { Sunny, Cloudy, Rainy};        //枚举类型的天气
enum Weather today = Cloudy;                  //枚举类型的变量 today,值为 1
```

today 为枚举类型 Weather 的变量,其值只能为 Sunny、Cloudy 和 Rainy 中的一个,分别代表数值 0、1 和 2。使用枚举类型可用标识符表示整数值,使程序有较好的可读性。用 switch 语句实现天气和穿衣关系:

```
switch (today)
{
    case 0:
        printf("T-shirt + cap\n");
        break;
    case 1:
        printf("T-shirt + outer wear\n");
```

```
            break;
        case 2:
            printf("Raincoat + umbrella\n");
            break;
        default:
            printf("whatever\n");
    }
```

switch 的圆括号中为用于判断的表达式,这里为枚举类型的变量 today,其值为枚举类型常量 Cloudy,具有整型值 1。将 today 的值和 case 后的标号依次匹配,当发现和标号 1 相等,则执行 case 1 分支中的语句,应输出如下信息:

```
T-shirt + outer wear
```

break 是改变程序流程的关键字,其作用是跳出当前的选择结构,即忽略 switch 中的其他语句,转而执行 switch 语句后的程序。若没有 break 语句,则程序的输出结果为:

```
T-shirt + outer wear
T-shirt + raincoat
whatever
```

此时不是多选一的单选结构,而是多选多的选择结构。

在使用 switch 语句时,应注意以下几点。

(1) 判断表达式括号应具有整型值,一般为整型、字符型或枚举类型的变量或者表达式。case 后面的标号为常量表达式,其值必须是整型、字符型或枚举常量。

(2) 每个分支须保证唯一性,即 case 后的标号值必须互异,否则在与 switch 的表达式值进行匹配时出现歧义。

(3) 如果希望在执行完相应分支的语句后跳出 switch 结构,必须在各个分支中使用 break 语句。

(4) 各个分支的顺序不影响执行结果,并且多个 case 子句可公用同一操作语句。

例 2.9　输入一个字符,判断是否为元音字符。

```
//ch2_9.cpp
#include<iostream>
#include<cmath>
using namespace std;
int main(){
    char c;
    cout <<"输入一个字符: ";
    cin >> c;
    switch(c)
    {
      case 'a': case 'o': case 'e':
      case 'u': case 'i':
          cout <<"小写元音字母"<< endl;
          break;
      case 'A': case 'O': case 'E':
      case 'U': case 'I':
          cout <<"大写元音字母"<< endl;
```

```
            break;
        default:
            cout <<"其他字符"<< endl;
        }
        return 0;
    }
```

2.3.2　循环结构

程序设计中的"循环",是为解决某一问题或计算某一结果,在满足特定条件的情况下,重复执行一组操作。在 C++语言中,循环结构一般由 while 语句、do…while 语句和 for 语句来实现,3 种形式可以实现同样的功能。

1. while 语句

while 语句用来实现当型循环,其一般形式为:

while(表达式)
{
**   循环体语句**
}

执行该语句时先求解表达式,根据其值判断是否执行循环体。若表达式的值为逻辑真(非 0 值),表示循环条件成立,则执行花括号中的语句;结束一轮循环后,再次计算表达式,若值为真则再次执行循环体;重复以上过程,直到表达式的值为逻辑假(值为 0),则结束循环,执行花括号外的语句。

通常一个使用 while 语句实现的循环结构,其算法包括以下几个步骤。

(1) 在循环结构外设置条件变量,即为与循环条件相关的变量赋值。

(2) 测试循环条件,以决定是否执行循环体,若其值为假则跳到步骤(5)以后。

(3) 执行循环体中的语句。

(4) 更新条件变量的值。

(5) 重复步骤(2)~(4)。

例 2.10　用 while 语句实现求 1~100 的和。

分析:循环体算法是循环结构的核心。经归纳法分析,本例中循环的第 i 步为计算(1+2+…+i−1)+i 的值,需定义存放累加和的变量 sum 以及每次累加的加数 i。

设计循环结构的前提是合理设置循环条件。本例的循环条件为 i≤100,循环终止条件为 i>100。使用计数器 i 记录循环执行的次数,使循环体执行 100 次。

循环体中应该有使循环趋近结束的语句。为保证循环能够结束,本例在循环体中修改循环控制变量,对 i 进行自增操作(i++),使循环趋近终止条件。算法流程图如图 2.7 所示。

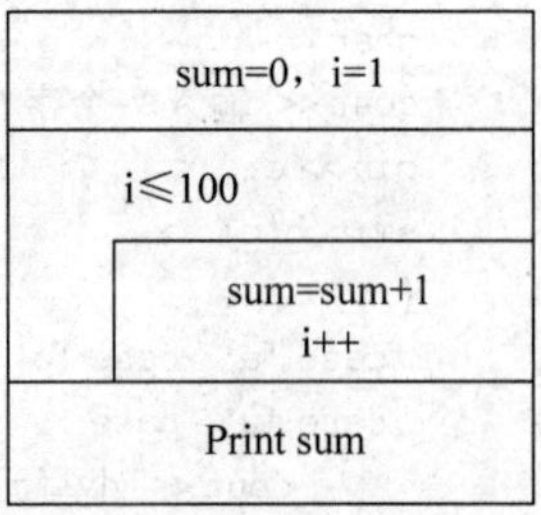

| sum=0, i=1 |
| i≤100 |
| sum=sum+1
i++ |
| Print sum |

图 2.7　while 语句实现求和

```
//ch1_10.cpp
# include < iostream >
```

```
using namespace std;
int main ( ){
    int sum = 0 ,            //累加和
    i = 1;                   //循环计数器
    while( i <= 100)         //循环条件
    {
        sum += i ;
        i++;                 //修改循环控制变量
    }
    cout <<"sum = "<< sum;
    return 0;
}
```

循环开始前需对相关变量作合理的初始化,其值和循环条件的设计紧密相关。请思考,若设置 sum=1 或者 i=0,循环条件应如何修改?

2. do-while 语句

do-while 语句用来实现直到型循环,其一般形式为:

do{
　　循环体语句
}while(表达式);

执行该语句时,先执行一次循环体语句,然后判断表达式是否成立。若表达式的值为逻辑真(非 0 值),表示循环条件成立,则再次执行花括号中的语句;重复以上过程,直到表达式的值为逻辑假(值为 0),则结束循环,执行花括号外的语句。

在大多数情况下,算法中的循环结构,用 while 语句和 do-while 语句都可以实现。

例 2.11　用 do-while 语句实现求 1~100 的和。

将其与例 2.10 进行对比,算法流程图如图 2.8 所示。

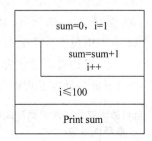

图 2.8　do-while 语句实现求和

```
//ch2_11.cpp
# include < iostream >
using namespace std;
int main ( ){
    int sum = 0 ,            //累加和
    i = 1;                   //循环计数器
    do{                      //循环体
      sum += i ;
      i++;
    }while(i <= 100);        //循环条件
    cout <<"sum = "<< sum;
    return 0;
}
```

对于同一个问题可以用 while 语句处理,也可以用 do-while 语句处理,一般两种语句可以相互转换。但要注意两点:

(1) do-while 语句的圆括号后用分号结束,而 while 语句的圆括号后不能有分号。例如:

```
while( i <= 100);
```

C++语言程序设计教程

这种逻辑错误导致循环体为空,并且为无限循环。

(2) while 语句的循环体若为 1 条语句,则可以省略花括号,但是好的习惯是不缺省{},防止造成逻辑错误。例如:

```
while ( i <= 100)
    sum += i ;   i++;
```

循环体中只有 sum ＋= i;语句 i++;为循环体外的语句,因此造成无限循环。而对于 do-while 语句,若循环体包含多条语句,省略花括号为语法错误。

3. for 语句

for 语句为 C++程序中使用最广泛和灵活的循环语句,常用来实现当型循环,一般形式为:

```
for( 表达式 1; 表达式 2; 表达式 3 )
{
    循环体语句 ;
}
```

for 语句的执行过程如图 2.9 所示,步骤如下。

(1) 求解表达式 1。

(2) 求解表达式 2。

若其值为逻辑真,则执行循环体中的语句;若其值为假则结束循环,转到第(5)步。

(3) 求解表达式 3。

(4) 重复执行步骤(2)和步骤(3)中的操作。

(5) 循环结束,执行 for 语句后的语句。

for 语句中包含 3 个表达式,表式达 1 一般用来初始化循

图 2.9　for 语句流程

环控制变量,表达式 2 通常为循环条件,表达式 3 的作用是修改循环控制变量。for 语句最简单的应用也是最容易理解的形式如下:

```
for(循环变量赋值 ; 循环条件 ; 修改循环变量)
    循环体语句;
```

例如:

```
int sum = 0, i;
for (i = 0; i <= 100; i++)
    sum += i;
```

for 语句中 3 个表达式起到不同的作用,用分号将其分开,有几点说明如下。

(1) 表达式 1 一般为赋值语句,常用来给循环控制变量赋初值,也可以设置循环体中其他变量的值。如果为多个变量赋值,用逗号分开,例如:

```
for ( sum = 0 , i = 0 ; i <= 100 ; i++)
    sum += i;
```

该表达式可以缺省,和 while 语句和 do-while 语句相似,在循环体外实现赋值。例如:

```
int sum = 0, i = 0;
for ( ; i <= 100; i++)
    sum += i;
```

（2）表达式 2 提供循环条件，逻辑表达式、关系表达式及算术表达式等所有具有逻辑或算术值的表达式，均可作为循环的判断条件。缺省该表达式时，若不做其他处理便成为死循环，必须在循环体中用跳转语句结束循环。例如：

```
for ( i = 1; ; i++)
{
    sum += i;
    if(i == 100) break;
}
```

（3）循环体中的语句执行后计算表达式 3，该表达式用来修改循环变量，定义该变量在每次循环后的变化方式，使循环条件趋近于 0。该表达式也可以缺省，例如：

```
for(i = 1;i <= 100;)
    sum += i++;
```

与 while 语句和 do-while 语句形式很相似，可在循环体中加入修改循环控制变量的语句。该表达式可以为简单的表达式，也可以为逗号分隔的多个表达式。例如：

```
for(i = 0, j = 100; i <= 50; i++, j-- )
    sum += i + j;
```

甚至可以将循环体语句放在表达式 2 中，从而省略循环体。例如：

```
for(i = 0, j = 100; sum += i + j,i < 50; i++, j-- );
```

这种形式虽然会使程序更加简洁，但降低了代码的可读性。

（4）三个表达式可以缺省其中的一个或几个，但是";"不能省略。例如：

```
int sum = 0, i = 0;
for( ;i < 100; )
    sum + = ++i;
```

该形式与 while 语句等价。for 语句比其他循环语句的功能强大灵活，因此最好不要随意缺省其中某个表达式，以提高代码的可读性和简洁性。

2.3.3　几种循环语句比较

3 种循环都可以用来处理同一个问题，一般可以互相代替，它们的区别如下。

（1）用 while 和 do-while 循环时，循环变量初始化的操作应在 while 和 do-while 语句之前完成，而 for 语句可以在表达式 1 中实现循环变量的初始化。

（2）while 和 do-while 循环，循环体中应包括使循环趋于结束的语句。而 for 语句可以在表达式 3 中实现该操作。

（3）for 语句和 while 语句一般用来实现当型循环，此类循环中，循环体可能一次也不执行；而 do-while 语句构成的直到型循环，循环体至少执行一次。

例 2.12 求 2 的 n 次幂,分别用 3 种语句实现。

```cpp
//ch2_12.cpp
#include <iostream>
using namespace std;
int main ( ){
    int power = 1,
    n = 3,                     //指数
    i = 1;                     //计数器
    while(i <= n)
    {
        power * = 2;
        i++;
    }
    cout <<"2^"<< n <<" = "<< power << endl;
    power = 1, i = 1;
    do
    {
        power * = 2;
        i++;
    }while ( i <= n);
    cout <<"2^"<< n <<" = "<< power << endl;
    for( i = 0, power = 1; i < n; i++)
        power * = 2;
    cout <<"2^"<< n <<" = "<< power << endl;
    return 0;
}
```

2.4 程序结构

一个 C++ 程序可以由多个模块构成,每个模块可由若个小模块构成,以此类推,不断分解,直到分解到不可分割的最小模块单元为止,而这个最小的模块单元即为一个函数,由此可以看出,C++ 程序是由多个函数构成的。每个函数可以单独放在一个文件中,也可以把若个功能相关的函数放在一个文件中,从中可以看出,C++ 程序可以由多个文件组成,文件负责组织存放若干个函数。

源程序文件为 C++ 程序的编译单位,每个文件单独编译,便于调试,也给团队开发提供了方便。

main 函数是程序执行的入口,main 函数可以调用其他函数,其他函数调用结束后,还要返回 main 函数,main 函数执行完毕,整个程序就结束了。

main 函数可以出现在任何位置,其他所有函数的位置也不是强制的,但每个程序有且仅有一个 main 函数,和每个家庭必须有且只能有一个一家之主是同样的道理。

C++ 程序的所有函数都是平行定义的,在一个函数内部不允许定义另外的函数。函数可以互相调用,甚至可以调用自己,但是不能调用 main 函数。

2.4.1 函数定义

函数定义的一般形式:

类型说明符 函数名([形式参数表])
{
　　声明部分
　　执行语句部分
}

形式参数可以为空,这时为无参函数;若有形式参数,则参数表的格式为:

类型1 形参变量1,类型2 形式变量2,…,类型n 形参变量n

在形参表中给出的参数变量称为形式参数,它们可以是各种类型的变量,各参数之间用逗号间隔。在进行函数调用时,主调函数将赋予这些形式参数实际的值。形参既然是变量,当然必须给予类型说明。

例 2.13　函数定义。

```cpp
//ch2_13.cpp
#include<iostream>
#include<ctime>
using namespace std;
//计算两个浮点数的最大值
float max(float x,float y){
    float z;
    z= x>y?x:y;
    return z;
}
//showTime 函数返回 1970 年 1 月 1 日 0 时 0 分 0 秒到当前的秒数
void showTime( ){
    long lct;
    lct=time(0);        //time(0)返回 1970 年 1 月 1 日 0 时 0 分 0 秒到当前的秒数
    cout<<lct<<endl;    //输出 1970 年 1 月 1 日 0 时 0 分 0 秒到当前的秒数
}
int main(){
    float a=3.5,b=5.2,c;
    showTime();
    c=max(a,b);
    cout<<"max = "<<c<<endl;
    return 0;
}
```

函数由函数首部和函数体两部分构成,说明如下。

(1) 函数首部

函数首部包括类型说明符和函数名称。类型说明符指明了本函数的类型,函数的类型实际上是函数返回值的类型,如例 2.13 中 max 函数的 float 说明函数将会返回一个 float 类型的数据。函数名 max 是由用户自定义的标识符。

(2) 函数体

{}中的内容称为函数体。函数体包括声明部分和执行语句部分。声明部分对函数体内部所用到的变量和函数的类型进行说明,如例 2.13 中的"float z;"。执行语句部分是函数对数据进行加工完成函数功能的部分,如例 2.13 中的"z= x>y?x:y;"。

2.4.2 函数分类

在 C++语言中可从不同的角度对函数分类。

(1) 从函数定义的角度看,函数可分为库函数和用户定义函数两种。

① 库函数

由 C++系统提供,无须用户定义,也不必在程序中作类型说明,只需在程序前部包含有该函数原型的头文件即可在程序中直接调用。在前面各节的例题中用到的 sqrt 等函数均属此类。

② 用户定义函数

由用户按需要写的函数,如例 2.13 中的 max 函数。对于用户自定义函数,不仅要在程序中定义函数本身,而且通常在主调函数模块中还必须对该被调函数进行类型说明,然后才能使用,被调函数与主调函数在同一文件中且被调函数在主调函数之前定义可以不进行类型声明。

(2) C++语言的函数兼有其他语言中的函数和过程两种功能,从这个角度看,又可把函数分为有返回值函数和无返回值函数两种。

① 有返回值函数

此类函数被调用执行完后将向调用者返回一个执行结果,称为函数返回值。如例 2.13 中的 max 函数属于此类函数,max 返回值为 int 型的最大值。由用户定义的这种要返回函数值的函数,必须在函数定义和函数说明中明确返回值的类型。

② 无返回值函数

此类函数用于完成某项特定的处理任务,执行完成后不向调用者返回函数值。这类函数类似于其他语言的过程。由于函数无须返回值,用户在定义此类函数时可指定它的类型说明符为"空类型",空类型的说明符为"void",如例 2.13 中的 showTime 函数。

(3) 从主调函数和被调函数之间数据传送的角度看又可把函数分为无参函数和有参函数两种。

① 无参函数

函数的定义中没有形式参数,如例 2.13 中的 showTime 函数。

② 有参函数

函数的定义中定义了一个以上的形式参数,如例 2.13 中的 max 函数。

2.4.3 函数调用和声明

C++语言中,函数调用的一般形式为:

函数名(实际参数表)

对无参函数调用时则无实际参数表。实际参数表中的参数可以是常数,变量或其他构造类型数据及表达式,各实参之间用逗号分隔。

在 C++语言中,可以用以下几种方式调用函数。

(1) 函数表达式:函数作为表达式中的一项出现在表达式中,以函数返回值参与表达式的运算。这种方式要求函数有返回值。如例 2.13 中的"c=max(a,b);"是一个赋值表达式,把 max(a,b)的返回值赋予变量 c。

(2) 函数语句:函数调用的一般形式加上分号即构成函数语句。

例如:showTime();

该语句是以函数语句的方式调用函数。

(3) 函数实参:函数作为另一个函数调用的实际参数出现。这种情况是把该函数的返回值作为实参进行传送,因此要求该函数必须有返回值。

例如:cout<<max(max(4.1,6.2),3.4);

该语句把 max(4.1,6.2)调用的返回值又作为 max 函数的实参来使用的。

与变量一样,函数也遵循先定义后使用的原则。若被调用函数在主调函数之前定义,需要在主调函数中对被调函数在调用之前进行声明,以便使编译系统知道被调函数返回值的类型,在主调函数中按此种类型对返回值作相应的处理。

其一般形式为:

类型说明符 被调函数名(类型 形参, 类型 形参,…);

或为:

类型说明符 被调函数名(类型, 类型,…);

括号内给出了形参的类型和形参名,或只给出形参类型。这便于编译系统进行检错,以防止可能出现的错误。最后的分号必须有,因为声明是一条语句。

例如对例 2.13 中函数 max,若定义在 main 函数之后,则需要在调用语句之前进行如下声明:

```
float max(float x,float y);
```

注意函数声明与调用的区别:调用时没有返回值类型,调用时要提供实参(有参函数);声明时有返回值类型;声明时提供形参类型(形参变量名可以不提供)。

C++语言中又规定在以下几种情况时可以省去主调函数中对被调函数的函数声明。

(1) 如果被调函数的返回值是整型或字符型时,可以不对被调函数作声明,而直接调用。这时系统将自动对被调函数返回值按整型处理。

(2) 当被调函数的函数定义出现在主调函数之前时,在主调函数中也可以不对被调函数再作声明而直接调用。

(3) 如在所有函数定义之前,在函数外预先声明了各个函数的类型,则在以后的各主调函数中,可不再对被调函数作声明。

(4) 对库函数的调用不需要再作声明,但必须把该函数的头文件用 include 命令包含在源文件前部。

2.4.4 形式参数与实际参数

函数的参数分为形式参数(简称形参)和实际参数(简称实参)。形参是指函数定义时的参数,实参是指函数调用时的参数。

形参和实参的关系为:形参出现在函数定义中,在整个函数体内都可以使用,离开该函数则不能使用。实参出现在主调函数中,进入被调函数后,实参变量也不能使用。形参和实

C++语言程序设计教程

参的功能是数据传送。发生函数调用时,主调函数把实参的值传送给被调函数的形参,从而实现主调函数向被调函数的数据传送。

例 2.14 通过函数调用试图交换两个整数。

```
//ch2_14.cpp
# include < iostream >
using namespace std;
int main(){
    int a = 3, b = 4;
    void swap( int a1, int b1);          //函数声明
    swap( a, b);                         //函数调用
    cout <<"a = "<< a <<", b = "<< b << endl;
    return 0;
}
void swap( int a1, int b1)               //函数定义
{
    int c;
    c = a1;
    a1 = b1;
    b1 = c;
}
```

main 函数开始运行时分配变量空间,包括 a 和 b 的空间并且分别赋初值 3 和 4;当函数调用语句"swap(a,b);"执行时,main 函数暂停(记住中断点和保存当前数据),程序控制权交给 swap 函数,swap 函数分配包括 a1、b1、c 的变量空间,并用实参按顺序传值给 a1 和 b1,使得 a1 为 3,b1 为 4;swap 函数开始运行,a1 和 b1 通过 c 进行交换,main 函数的变量 a 和 b 不受影响;swap 函数运行结束后,swap 所占用空间被释放,程序控制权交还给 main 函数,而 main 函数的变量 a 和 b 依然维持原来的值。可以看出,形参变量 a1 和 b1 改变,main 函数的实参变量 a 和 b 不受影响。

函数的形参和实参具有以下特点。

(1)形参变量只有在被调用时才分配内存单元,在调用结束时,即刻释放所分配的内存单元。因此,形参只有在函数内部有效。函数调用结束返回主调函数后则不能再使用该形参变量。

(2)实参可以是常量、变量、表达式、函数等。在进行函数调用时,它们都必须具有确定的值,以便把这些值传送给形参。

(3)实参和形参在数量、类型、顺序上应一致,实参的数据类型应该可以赋值给形参,否则会发生"类型不匹配"的错误。

(4)函数调用中发生的数据传送是单向的。即只能把实参的值传送给形参,而不能把形参的值反向地传送给实参。因此在函数调用过程中,形参的值发生改变,而实参中的值不会变化。后面讲的引用参数则不是这种情形。

2.4.5 函数返回值

函数的值是指函数被调用之后,执行函数体中的程序段所取得的并返回给主调函数的值。

例 2.13 中的语句"return z;"即为函数返回语句。

对函数的值(或称函数返回值)有以下一些说明。

(1) 函数的值只能通过 return 语句返回主调函数。return 语句的一般形式为:

return 表达式;

或者为:

return (表达式);

该语句的功能是计算表达式的值,并返回给主调函数。在函数中允许有多个 return 语句(通常在条件语句中),但每次调用只能有一个 return 语句被执行,当 return 语句执行时,函数也就结束了,返回到主调函数,其他 return 语句就不会被执行了。见下面语句:

```
if(a > b)
    return a;
else
    return b;
```

同时也说明一个函数只能返回一个函数值,以后会讨论返回多值的方法。

(2) 函数值的类型和函数定义中函数的类型应保持一致。如果两者不一致,则以函数类型为准,自动进行类型转换。

(3) 如函数值为整型,在函数定义时可以省去类型说明。

(4) 不返回函数值的函数,可以明确定义为"空类型",类型说明符为"void"。如例 2.14 中函数 swap 并不向主函数返回函数值,函数中不需要 return。

一旦函数被定义为空类型后,就不能在主调函数中使用被调函数的函数值了。通常调用语句只是一个函数语句,例如,调用函数"void swap(int a1,int b1);"的形式为:

```
swap(a,b);
```

2.4.6　函数重载

在 C 语言中,为计算不同情形的最大值,需要定义多个不同名称的函数,如:
对于计算两个整数的最大值需要定义函数:

```
int maxTwoInt(int a, int b) { … }
调用格式: maxTwoInt(5,3);
```

对于计算两个浮点数的最大值需要定义函数:

```
float maxTwoFloat(float a, float b) { … }
调用格式: maxTwoFloat(5.4,3.6);
```

对于计算 3 个整数的最大值需要定义函数:

```
int maxThreeInt (int a, int b, int c) { … }
调用格式: maxThreeInt(4,5,3);
```

用户需要记住多个计算最大值的函数名,非常不方便,为便于函数使用的方便与人性化,C++语言引进函数重载。在同一作用范围中为多个函数(其功能通常是相近的)指定一个共同的函数名,委托编译器根据每一个单独函数的形参个数、类型和位置的差别进行名称区分,并选择合适的函数调用匹配称为函数重载。

有了函数重载以后,以上函数定义名称都可以改为 max,调用时根据实参即可区别调用不同的函数。

注意:函数调用过程中实际参数与形式参数匹配,首先精确匹配实参与形参的数据类型,若不能精确匹配,则按照由低精度到高精度转换规则匹配(实际参数类型转换到形式参数类型),如重载函数定义:

```
int max( int a, int b) { … }
double max( double a, double b) { … }
调用 max(1.2f, 3.4f);
```

该语句会调用参数为 double 类型的函数,float 类型会向 double 类型转换。

重载函数定义:

```
int max( int a, int b) { … }
float max( float a, float b) { … }
调用 max(1.2, 3.4);
```

该语句出现二义性错误,因为 1.2 和 3.4 均为 double 类型,不能明确匹配哪一个函数。因此,函数重载时尽量避免类型转换,最好定义不同函数准确匹配参数类型。

另外,函数重载不能靠函数返回值类型来区别,因为调用时体现不出函数返回值类型。

2.4.7　函数默认参数

默认参数也称为缺省参量,函数定义中的每一个参数都可以拥有一个默认值,如果在函数调用中没有为对应默认值的参量提供实参数据,系统就直接使用默认值。

如函数定义:

```
int f ( int x, long x = 10, double y = 20) { … }
```

这样就可以采用几种等价地调用形式:

```
f (3); f (3,10); f (3,10,20);
```

默认参数的语法与使用如下:

(1) 在函数定义时,给参数赋初始值,即默认值。

(2) 在函数调用时,省略部分或全部参数,这时可以用默认参数值来代替。

(3) 默认参数定义的顺序为自右到左,即如果一个参数设定了缺省值时,其右边的参数都要有缺省值。如:

```
int mal( int a, int b = 3, int c = 6, int d = 8) { … }
```

正确,按从右到左顺序设定默认值。

```
int mal( int a = 6, int b = 3, int c = 5, int d) { … }
```

错误,未按照从右到左设定默认值。c 设定了缺省值,而其右边的 d 没有缺省值。

（4）默认参数函数调用时，遵循参数调用顺序，自左到右逐个匹配，如函数定义：

```
void mal( int a, int b = 3, int c = 5) { … }        //默认参数
```

以下调用：

```
mal(3, 8, 9);          //调用时有指定参数,则不使用默认参数
mal(3, 5);             //调用时只指定两个参数,按从左到右顺序调用,相当于 mal(3,5,5);
mal(3);                //调用时只指定 1 个参数,按从左到右顺序调用,相当于 mal(3,3,5);
mal( );                //错误,因为 a 没有默认值
mal(3, , 9);           //错误,应按从左到右顺序逐个调用
```

注意：当函数重载与默认参数同时使用也容易出现二义性问题。
如重载函数定义：

```
int max( int a, int b) { … }
int max( int a, int b, int c = 5) { … }
调用: max(4,5);
```

该语句是调用两个参数的，还是调用 3 个参数的 max 函数，两种情形都符合规则，编译系统无法确定，因此出现二义性错误。因此，默认参数与重载函数尽量不要同时采用。

2.4.8　函数递归调用

递归调用是指一个函数在其函数体中又直接或间接调用自身的一种方法。它通常把一个大型复杂的问题层层转化成为一个与原问题相似的规模较小的问题来求解，递归策略只需少量的程序就可描述出解题过程所需要的多次重复计算，大大地减少了程序的代码量。一般来说，递归需包括递归结束条件和简化过程。

问题：计算 n 的阶乘
解：

当 n > 1 时　n! = n * (n − 1)!
当 n = 1 时　n! = 1

简化过程：

n! = n * (n − 1)!

把计算 n! 的问题简化为计算 (n − 1)! 的问题，规模变小了。
递归结束条件：

当 n = 1 时　n! = 1
当 n = 1 时，已经知道结果，不需要再简化，递归结束

例 2.15　计算 n 的阶乘的实现代码。

```cpp
//ch2_15.cpp
# include < iostream >
using namespace std;
int main( )
```

C++语言程序设计教程

```
{
    int n = 3;
    int fact_value;
    int fact( int n1);
    fact_value = fact(n);           //调用 fact 函数
    cout << fact_value << endl;
    return 0;
}
int fact( int n1)
{
    int f1;
    if(n1 > 1)
        f1 = fact(n1 - 1) * n1;     //递归调用 fact 函数
    else
        f1 = 1;
    return f1;
}
```

递归是从复杂推到简单(递归调用),再由简单返回到复杂(返回值)的一个过程,这个过程中需要记录大量数据,因此,递归占用较多的内存空间。

2.5 数据结构与数据访问

数据管理是计算机程序核心任务之一,数据结构及其数据访问方式是计算机程序设计的基础。

2.5.1 数组

C++语言数组是一个由若干同类型数据组成的集合,数组由连续的存储单元组成,最低地址对应于数组的第一个元素的地址。数组是一种构造类型,同样需要先定义后使用。

1. 数组定义

一维数组的定义形式为:

类型说明符 数组名 [常量表达式];

其中:

类型说明符是任一种基本数据类型或构造数据类型。

数组名是用户定义的数组标识符。

方括号中的常量表达式表示数据元素的个数,也称为数组的长度。

数组中的每个成员称为数组元素。

例如:

```
int a[5];            //说明整型数组 a,有 5 个整型元素
float b[5];          //说明浮点型数组 b,有 5 个浮点型元素
```

对于数组类型说明应注意以下几点。

(1) 类型说明符实际上是指数组元素的取值类型。对于同一个数组,其所有元素的数据类型都是相同的。

(2) 数组名实际上就是第一个元素的地址,不代表变量值,这一点和一般变量是不同的,而且数组名是一个常量,不能更改。

例如:

```
int a[5],b[5];
a = b;
```

b 给 a 赋值是错误的,因为 a 和 b 是代表两块内存空间的常量地址,编译系统是不允许更改的,若改掉将无法正常访问对应空间的数据。

(3) 方括号中整型常量表达式表示数组元素的个数,如 a[5]表示定义的数组 a 有 5 个整型元素。方括号中必须是常量表达式来表示定义的元素的个数,不可以是变量,但是可以是符号常量。

因为数组和一般变量的空间在编译阶段分配。而变量的值在运行时才获得,所以编译时,并不知道变量的值,所以不能用变量定义数组空间的大小。

(4) 数组占用空间的大小的计算,可以用 sizeof 运算符实现。一维数组的总字节数可按下式计算:

数组总字节数＝sizeof(类型说明符)＊数组长度

例如:

```
int a[5];
sizeof(a) = sizeof(int) * 5          //值为 20(假定一个 int 类型占 4 个字节)
```

2. 数组元素引用

数组由若干个数组元素组成,数组元素是组成数组的基本单元。每个数组元素相当于一个普通变量,其标识方法为数组名后跟一个下标。下标表示了数组元素在数组中的序号。

数组元素的一般形式为:

数组名[下标]

其中下标只能为整型常量或整型表达式。

例如:

```
a[5]
a[i1 + j1] /＊ i1、j1 均为整型变量 ＊/
```

它们是合法的数组元素。

每个数组元素和一般定义的变量一样,可以进行读、写、输入、输出等操作。

引用下标和数组定义在形式中有些相似,但这两者具有完全不同的含义。数组定义的方括号中给出的是数组的长度,而数组元素引用中的下标是该元素在数组中的位置标识。前者只能是常量,后者可以是常量、变量或表达式。

引用数组元素要注意以下几点。

(1) 具有 N 个元素的数组 a 使用时,引用下标从 0 到 N−1,即 a[0]、a[1]、…、a[N−1],共 N 个元素。数组名代表起始地址,下标代表从起始地址开始偏移几个元素。因此,第一个元素偏移为 0,所以下标为 0;第二个元素偏移为 1,所以下标为 1;第 N 个元素偏移为 N−1,所以下标为 N−1。如下所示。

(2) 引用数组下标越界时,运行时并不报错(C++语言为了提高效率,因为检查是否越界要占用系统时间),但是,越界使用有可能会破坏其他数据。

例如:

```
int a[5];
a[5] = 100;
```

a[5]代表从 a 起的第 6 个整型数据,而这个空间并不是数组 a 开辟的空间,可能是其他变量的空间,这样就把其他变量空间的数据破坏了,进而影响了程序的运行结果。

(3) 在 C++语言中只能单个地使用下标表示每个数组元素,而不能一次引用整个数组(包括输入、输出、复制)。

(4) 对于局部变量的数组,数组元素定义后,若不赋值,则值为由编译器指定的无意义的值。

3. 数组初始化

给数组赋值的方法除了用赋值语句对数组元素逐个赋值外,还可采用初始化赋值的方法。数组初始化赋值是指在数组定义时给数组元素赋予初值。数组初始化是在编译阶段进行的。这样将减少运行时间,提高效率。

初始化赋值的一般形式为:

类型说明符 数组名[常量表达式] = {值,值,…,值};

其中在{ }中的各数据值即为各元素的初值,各值之间用逗号间隔。

例如:

```
int a[5] = {1,2,3,4,5};
```

相当于 a[0]=1,a[1]=2,…,a[4]=5;

注意:

```
int a[5] = {1,2,3,4,5};
```

和

```
int a[5];
a[5] = {1,2,3,4,5};
```

两种是不同的,前者是赋初值;后者先定义后赋值,而数组是不允许整体赋值,所以是错误的。

C++语言对数组的初始化赋值还有以下几点规定。

(1) 可以只给部分元素赋初值。

当{ }中值的个数少于元素个数时,只给前面部分元素赋值,未赋值的部分会置为与类型相关的特定值,整型为 0,浮点型为 0.0,字符型为'\0'。

例如:

```
int a[5] = {1,2,3};
```

表示只给 a[0]到 a[2] 3 个元素赋值,而后 2 个元素自动赋 0 值。

(2) 只能给元素逐个赋值,不能给数组整体赋值。

例如,给 5 个元素全部赋 1 值,只能写为:

```
int a [5] = {1,1,1,1,1};
```

而不能写为:

```
int a [5] = 1;
```

(3) 如给全部元素赋值,则在数组说明中,可以不给出数组元素的个数,由初始值的个数决定数组的大小。

例如:

```
int a [5] = {1,2,3,4,5};
```

可写为:

```
int a [] = {1,2,3,4,5};
```

例 2.16　冒泡排序的算法实现。

冒泡排序(BubbleSort)算法的基本思想:依次比较相邻的两个数,将小数放在前面,大数放在后面,即首先比较第 1 个和第 2 个数,将小数放前,大数放后。然后比较第 2 个数和第 3 个数,将小数放前,大数放后,如此继续,直至比较最后两个数,将小数放前,大数放后,这样最后一个数是最大的数。重复以上过程做第 2 趟,仍从第一对数开始比较,将小数放前,大数放后,一直比较到最大数前的一对相邻数,将小数放前,大数放后,第二趟结束,在倒数第二个数中得到一个新的次最大数,这次考查的范围比上次少了一个。如此下去,若 n 个排序数,共需要做 n−1 趟就完成排序了,因为剩一个数肯定就是最小的了,而且是在最前面。

由于在排序过程中总是小数往前放,大数往后放,相当于气泡往上升,所以称做冒泡排序。

对以下数据:

```
8    4    3    9    6    2
```

排序过程如下:

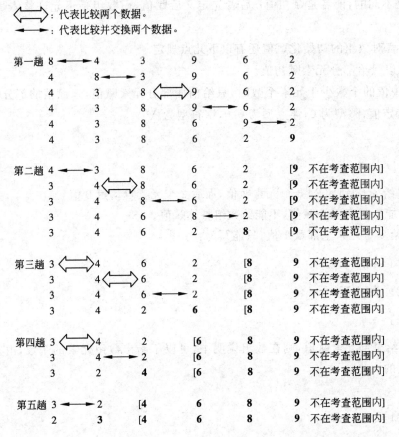

C++语言程序设计教程

⟺ : 代表比较两个数据。
⟶ : 代表比较并交换两个数据。

```
第一趟 8 ⟷ 4      3      9      6      2
        4     8 ⟷ 3      9      6      2
        4     3      8 ⟺ 9      6      2
        4     3      8      9 ⟷ 6      2
        4     3      8      6      9 ⟷ 2
        4     3      8      6      2      9

第二趟 4 ⟷ 3      8      6      2      [9 不在考查范围内]
        3     4 ⟺ 8      6      2      [9 不在考查范围内]
        3     4      8 ⟷ 6      2      [9 不在考查范围内]
        3     4      6      8 ⟷ 2      [9 不在考查范围内]
        3     4      6      2      8      [9 不在考查范围内]

第三趟 3 ⟺ 4      6      2      [8     9 不在考查范围内]
        3     4 ⟺ 6      2      [8     9 不在考查范围内]
        3     4      6 ⟷ 2      [8     9 不在考查范围内]
        3     4      2      6      [8     9 不在考查范围内]

第四趟 3 ⟺ 4      2      [6     8     9 不在考查范围内]
        3     4 ⟷ 2      [6     8     9 不在考查范围内]
        3     4      2      [6     8     9 不在考查范围内]

第五趟 3 ⟷ 2      [4     6     8     9 不在考查范围内]
        2     3      [4     6     8     9 不在考查范围内]
```

观察以上过程,对于 6 个整数排序,第一趟共需要 5 次比较,第二趟共需要 4 次比较,以此类推,第 5 趟共需要 1 次比较。经过 5 趟比较,就剩一个最小的数在最前面。推广到一般情况,对给定 n 个整数排序,共需要进行 n−1 趟排序,对于第 i 趟排序,共需要进行 n−i 次比较。因此可以用二重循环来进行排序,外层循环控制排序的趟数,内重循环用来处理每趟排序内的多次比较。详细的冒泡排序算法 NS 盒图见图 2.10。

完整代码:

```cpp
//ch2_16.cpp
# include < iostream >
using namespace std;
# define N 6
int main()
{
    int array[N] = {8,4,3,9,6,2};
    int i,j;
    int temp;                        // 交换数据的临时空间
    for(i = 0;i < N − 1;i++)         // i 从 0 到 N - 2,共 N - 1 趟
        for(j = 0;j < N − i − 1;j++) // j 从 0 到 N - i - 1,共 N - i 次
            if(array[j]> array[j + 1])
            {
                temp = array[j];
                array[j] = array[j + 1];
```

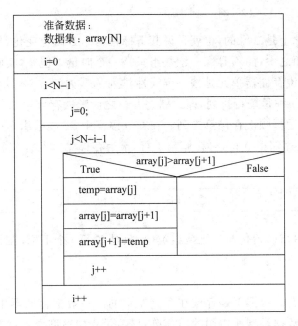

图 2.10　冒泡排序算法 NS 盒图

```
        array[j + 1] = temp;
    }
  for(i = 0;i < N;i++)
   cout << array[i]<<" ";
}
```

4. 二维数组

实际应用中很多情况下数据的逻辑结构是二维的。如一个班级的成绩表（假定每个同学 5 门课，共 30 个学生）、一个二维矩阵等。虽然可以用一维数组管理逻辑上是二维的数据，但使用不方便，为此 C++语言引入了二维数组（两个下标）的概念。事实上 C++语言的二维数组也是一个逻辑的概念，只是引入两个下标，真正物理结构还是一维的。在此基础上还可以引入多维数组（多个下标）。

二维数组定义的一般形式是：

类型说明符 数组名[常量表达式 1][常量表达式 2];

其中常量表达式 1 表示第一维下标的长度，常量表达式 2 表示第二维下标的长度。在二维数组中，第一维也称为行，第二维称为列。

例如：

```
int iA[3][4];
```

说明了一个三行四列的数组，数组名为 iA，其数组元素的类型为整型。该数组的元素共有 3×4 个，即：

```
iA [0][0], iA [0][1], iA [0][2], iA [0][3]
iA [1][0], iA [1][1], iA [1][2], iA [1][3]
```

iA [2][0], iA [2][1], iA [2][2], iA [2][3]

二维数组在概念上是二维的,也就是说其下标在两个方向上变化,数组元素在数组中的位置也处于一个平面之中,而不是像一维数组只是一个向量。但是,实际的硬件存储器却是连续编址的,也就是说存储器单元是按一维线性排列的。如何在一维存储器中存放二维数组,可有两种方式:一种是按行排列,即存储完一行之后顺次存储第二行。另一种是按列排列,即存储完一列之后再顺次存储第二列。在 C++语言中,二维数组是按行排列的。

C++二维数组先存储第 0 行,再存储第 1 行,最后存储第 2 行。每行中有 4 个元素也是依次存储。如下所示。

[0][0]	[0][1]	[0][2]	[0][3]	[1][0]	[1][1]	[1][2]	[1][3]	[2][0]	[2][1]	[2][2]	[2][3]

二维数组的引用与初始化与一维数组类似,只是多了一个下标,在此不再详述。

2.5.2　指针

在计算机中,所有的数据都是存放在存储器中的。一般把存储器中的一个字节称为一个内存单元,不同的数据类型所占用的内存单元数不等,如整型变量占 2 个单元(VC++ 6.0 占 4 个单元),字符变量占 1 个单元等。为了正确地访问这些内存单元,必须为每个内存单元编上号。根据一个内存单元的编号即可准确地找到该内存单元,内存单元的编号也叫做地址。既然根据内存单元的编号或地址就可以找到所需的内存单元,所以通常也把这个地址称为指针。

前面介绍的数据都是通过变量名称进行访问,有了指针,还可以通过地址对该单元的数据进行访问。

1. 指针变量定义

指针变量是用来存放地址的,指针变量定义的一般形式为:

类型说明符 * 变量名;

例如:

int * p1;

对指针变量的定义包括以下 3 个内容。

(1) 指针类型说明符,* 表示这是一个指针变量。

(2) 指针变量名,p1 为指针变量名。

(3) 指针所指向的变量的数据类型,int 为指针变量所指向的变量的数据类型,说明 p1 只能储存整型变量的地址。

2. 指针变量引用

指针变量同普通变量一样,使用之前不仅要定义,而且必须赋予具体的值。未经赋值的指针变量不能使用,否则将造成系统混乱,甚至死机。指针变量的赋值只能赋予地址,决不能赋予任何其他数据,否则将引起错误。在 C++语言中,变量的地址是由编译系统分配的,用户不知道变量的具体地址。

和指针相关的有两个运算符 & 和 * 。

1）& ：取地址运算符

其一般形式为：

& 变量名

取一个内存变量的地址。

2）* ：指针运算符（或称"间接访问"运算符）

其一般形式为：

* 指针变量名

通过指针变量间接访问指针变量所指向变量的数据。

```
int i;
int * p1 = &i;            / * 指针变量初始化（定义同时赋值）* /
```

注意：此处 * 是类型说明符，表示其后的变量 p1 是指针类型，并非间接访问运算符，本语句含义为取变量 i 的地址赋值给指针变量 p1。

```
int i2 = * p1 + 1;
```

此处 * 代表间接访问运算符，本语句含义为取指针变量 p1 所指向的变量 i 的值（对 i 间接访问）加 1 赋值给变量 i2。此语句结果完全等价于：

```
int i2 = i + 1;
```

此时是对 i 的直接访问（用变量名）。

3．指针相关的运算符

C++语言与指针相关的运算符包括如下几个。

（1）取地址运算符 & ：取地址运算符 & 是单目运算符（注意其优先级），其结合性为自右至左，其功能是取变量的地址。

（2）间接访问运算符 * ：间接访问运算符 * 是单目运算符，其结合性为自右至左，用来表示指针变量所指的变量。

（3）赋值运算符＝：可以给指针变量赋值，前面介绍指针变量时已经介绍过。

（4）算术运算符＋、－、＋＋、－－。

各个算术运算符对指针的具体用法如下。

＋：地址表达式（pi）＋ 整型表达式（in），结果为在 pi 地址值位置跳过 in×（pi 所指类型字节数）个字节后的地址。

－：地址表达式（pi）－ 整型表达式（in），结果为在 pi 地址值位置跳回 in×（pi 所指类型字节数）个字节后的地址。

－：地址表达式（pi1）－地址表达式（pi2），结果为在 pi2 和 pi1 相差的字节数÷（pi1 所指类型字节数）。pi1 与 pi2 必须指向相同的数据类型。

＋＋：地址变量（pi）＋＋ 或者 ＋＋地址变量（pi），结果为在 pi 地址值位置跳过 pi 所指类型字节数个字节后的地址。分前＋＋和后＋＋。

——：地址变量(pi)—— 或者 ——地址变量(pi)，结果为在 pi 地址值位置跳回 pi 所指类型字节数个字节后的地址。分前——和后——。

(5) 关系运算。支持 6 种关系运算符，用来比较地址的大小。

4．指针类型

1) 指向一维数组的指针

指针指向的元素类型为一维数组，指向一维数组的指针变量定义的一般形式为：

类型说明符（＊指针变量名）[数组长度]；

其中"类型说明符"为所指数组的数组元素类型，"＊"表示其后的变量是指针类型，"数组长度"表示所指一维数组的长度。应注意"（＊指针变量名）"两边的括号不可少，如缺少括号则表示是指针数组(后面介绍)，意义就完全不同了。

可以这样理解：先看小括号内，有＊号表示是在定义指针变量；然后是中括号，表示指针变量指向该长度的一维数组；最后看类型说明符，表示该数组的每个元素为类型说明符说明的类型。

2) 指针数组

一个数组的元素值为指针，则该数组称为指针数组。指针数组的所有元素都必须是指向相同数据类型的指针，指针数组定义的一般形式为：

类型说明符　＊数组名[数组长度]；

可以这样理解：先看"数组名[数组长度]"，表示定义一个该长度的一维数组；然后看"类型说明符　＊"，表示该数组的每个元素为指向该类型说明符类型的指针。

3) 指向指针的指针

指向指针的指针用来存储指针变量的地址，指向指针的指针定义的一般形式为：

类型说明符　＊＊变量名；

可以这样理解：先看"＊变量名"，表示定义一个指针变量；然后看"类型说明符　＊"，表示该指针变量为指向"类型说明符　＊"类型的指针。

4) 指向函数的指针

每个函数在内存中也有其存储地址，指向函数的指针即用来存储函数的地址，函数指针变量定义的一般形式为：

类型说明符（＊指针变量名）(参数表)；

可以这样理解：首先是"（＊指针变量名）"，说明是在定义指针变量；其次是"(参数表)"，说明指针指向函数；最后是"类型说明符"，表示被指函数的返回值的类型。

例 2.17 分数化简的算法实现。

```
//ch2_17.cpp
# include<iostream>
using namespace std;
//辗转相除法求最大公约数
int gcd(int n1,int n2)
{
```

```
        int temp = n2;
        while(temp! = 0)
        {
            temp = n1 % n2;
            n1 = n2;
            n2 = temp;
        }
        return n1;
    }
void simplify( int * numeratorCopy, int * denominatorCopy)
{
    //计算最小公倍数,实参为 numeratorCopy 和 denominatorCopy 所指向的变量
    int iGcd = gcd( * numeratorCopy, * denominatorCopy);
    /* numeratorCopy 所指向变量 numerator 和 iGcd 整除后赋值给 numeratorCopy 所指向变量
numerator */
    * numeratorCopy = * numeratorCopy/iGcd;
    * denominatorCopy = * denominatorCopy/iGcd;
}
int main()
{
    int numerator,denominator;          //两个正整数分子和分母
    cout <<"Input Numerator & Denominator:"<< endl;
    cin >> numerator >> denominator;
    //输出未化简的分数
    cout <<"化简前: "<< endl;
    cout <<"Numerator = "<< numerator << endl <<" Denominator = "<< denominator << endl;
    //调用化简分数函数,实参为分子和分母的地址
    simplify(&numerator,&denominator);
    //输出化简后的分数
    cout <<"化简后: "<< endl;
    cout <<"Numerator = "<< numerator << endl <<" Denominator = "<< denominator << endl;
    return 0;
}
```

main 函数调用 simplify 函数,实参 &numerator 和 &denominator 为分子 numerator 和分母 denominator 的地址。simplify 函数中形参指针变量 numeratorCopy 和 denominatorCopy 获得变量 numerator 和 denominator 的地址,然后调用 gcd 函数,实参 * numeratorCopy 和 * denominatorCopy 就是分子 numerator 和分母 denominator。gcd 函数中的形参变量 n1 和 n2 获得分子 numerator 和分母 denominator 的值,然后,利用 n1 和 n2 计算最小公倍数,计算过程中 n1 和 n2 的改变不影响分子 numerator 和分母 denominator,最后返回最小公倍数给 simplify 函数。在 simplify 函数中,通过改变形参变量 numeratorCopy 和 denominatorCopy 所指向数据 * numeratorCopy(即 numerator)和 * denominatorCopy(即 denominator),改变了 main 函数中的 numerator 和 denominator,注意,并不是改变形参,回到 main 函数后 numerator 和 denominator 就改变了。

2.5.3　引用

引用是 C++引入的新语言特性,是 C++常用的重要内容之一,正确、灵活地使用引用,可

以使程序简洁、高效。引用就是某一变量(或目标)的一个别名,对引用的操作与对变量直接操作完全一样。

1. 引用声明

引用的声明格式:

类型标识符 & 引用名 = 目标变量名;
int a;
int &ra = a; //定义引用 ra,它是变量 a 的引用,即别名

说明:

(1) & 在此不是求地址运算,而是起标识作用。

(2) 类型标识符是指目标变量的类型。

(3) 声明引用时,必须同时对其进行初始化。

(4) 引用声明完毕后,相当于目标变量名有两个名称,即该目标原名称和引用名,且不能再把该引用名作为其他变量名的别名。

(5) 声明一个引用,不是新定义了一个变量,它只表示该引用名是目标变量名的一个别名,它本身不是一种数据类型,因此引用本身不占存储单元,系统也不给引用分配存储单元。故对引用求地址,就是对目标变量求地址,如 &ra 与 &a 相等。

使用引用变量的时候有一些限制,说明如下。

(1) 不能引用一个引用变量。

(2) 不能创建一个指向引用的指针。

(3) 不能建立数组的引用,因为数组是一个由若干个元素所组成的集合,所以无法建立一个数组的别名。

2. 引用作为参数

引用的一个重要作用就是作为函数的参数。以前的 C++语言中函数参数传递是值传递,如果有大块数据作为参数传递,采用的方案往往是指针,因为这样可以避免将整块数据全部压栈,可以提高程序的效率。现在(C++中)又增加了一种同样有效率的选择(在某些特殊情况下又是必需的选择),就是引用。

例 2.18 交换数据的实现。

```cpp
//ch2_8.cpp
# include < iostream >
using namespace std;
void swap(int &p1, int &p2)        //此处函数的形参 p1, p2 都是引用
{ int p; p = p1; p1 = p2; p2 = p; }
int main( )
{
    int a,b;
    cin >> a >> b;                 //输入 a,b 两变量的值
    swap(a,b);                     //直接以变量 a 和 b 作为实参调用 swap 函数
    cout << a <<' '<< b;           //输出结果
     return 0;
}
```

上述程序运行时,如果输入数据"3 5"并回车后,则输出结果为"5 3"。

(1)传递引用给函数与传递指针的效果是相似的。这时,被调函数的形参就被当做原来主调函数中的实参变量或对象的一个别名来使用,所以在被调函数中对形参变量的操作就是对其相应的目标对象(在主调函数中)的操作。

(2)使用引用传递函数的参数,在内存中并没有产生实参的副本,它是直接对实参操作的;而使用一般变量传递函数的参数,当发生函数调用时,需要给形参分配存储单元,形参变量是实参变量的副本;如果传递的是对象,还将调用拷贝构造函数。因此,当参数传递的数据较大时,用引用比用一般变量传递参数的效率和所占空间都更具优势。

(3)使用指针作为函数的参数虽然也能达到与使用引用的效果,但是,在被调函数中同样要给形参分配存储单元,且需要重复使用"﹡指针变量名"的形式进行运算,这很容易产生错误且程序的阅读性较差;另一方面,指针在主调函数的调用点处必须用变量的地址作为实参,而引用更容易使用、更清晰。

3. 常引用

常引用声明一般形式:

const 类型标识符 & 引用名 = 目标变量名;

用这种方式声明的引用,不能通过引用对目标变量的值进行修改,从而使引用的目标成为 const,保证了引用的安全性。

```
int a ;
const int &ra = a;
ra = 1;          //错误
a = 1;           //正确
```

同一个数据采用不同的访问方式会有不同的权限,这让代码更加健壮。

```
void f ( int & n );
```

那么,下面的函数调用是非法的:

```
const int i = 5; f(i);
```

原因在于 5 是常数,i 是 const 的。因此上面的表达式就是试图将一个 const 类型的对象转换为非 const 类型,这是非法的,应该把 f 定义为:

```
void f ( const int & n );
```

此时 f(i)调用就可以了。若是函数 f 中不需要改变形参数据的情形,引用参数应该尽量定义为 const 类型。如果既要利用引用提高程序的效率,又要保护传递给函数的数据不在函数中被改变,就应使用常引用,这也符合软件工程的最小权限原则。

4. 引用作为返回值

要以引用返回函数值,则函数定义时要按以下格式:

类型标识符 & 函数名(形参列表及类型说明)
{函数体}

C++语言程序设计教程

说明：

（1）以引用返回函数值，定义函数时需要在函数名前加 &。

（2）用引用返回一个函数值的最大好处是，在内存中不产生被返回值的副本。

引用作为返回值，不能返回局部变量的引用。主要原因是局部变量会在函数返回后被销毁，因此被返回的引用就成为了"无所指"的引用，程序会进入未知状态。

例 2.19 测试用返回引用的函数值作为赋值表达式的左值。

```
//ch2_19.cpp
#include<iostream>
using namespace std;
int &put(int n);
int vals[10];
int error=-1;
void main(){
    put(0) = 10;        //以 put(0)函数值作为左值,等价于 vals[0] = 10;
    put(9) = 20;        //以 put(9)函数值作为左值,等价于 vals[9] = 10;
    cout << vals[0];
    cout << vals[9];
}
int & put(int n){
    if (n>=0 && n<=9 )
        return vals[n];
    else
    {
        cout <<"subscript error";
        return error;
    }
}
```

5. 引用总结

（1）在引用的使用中，单纯给某个变量取个别名是毫无意义的，引用的目的主要是用在函数参数传递中，解决大块数据或对象传递效率低和空间开销大的问题。

（2）用引用传递函数的参数，能保证参数传递时不产生副本，提高传递的效率，且通过 const 的使用，保证了引用传递的安全性。

（3）引用与指针的区别是，指针通过某个指针变量指向一个对象后，对它所指向的变量间接操作，程序中使用指针，程序的可读性差；而引用本身就是目标变量的别名，对引用的操作就是对目标变量的操作。

（4）通过引用，会让函数的返回值成为左值，在运算符重载部分会经常使用。

2.5.4 动态空间管理

用来存放函数的形参和函数内的局部变量，在编译时指定空间，函数调用时分配空间，在函数执行完后分配的空间由编译器自动释放。然而很多时候只有运行时才知道数据空间的需求量，这就需要动态地分配与释放内存空间，这部分空间称做堆区。

堆区由 new 来申请分配空间，使用 delete 释放空间，如果忘记用 delete 释放空间，会导致所分配的空间一直占着不放，导致内存泄露。

在动态存储区和静态存储区申请的空间都是先声明定义,后使用,也就是都有名称、类型,然后通过名称按照该类型引用。而在堆区申请空间没有名称,所以只能够通过其地址访问。

（1）new 运算符：开辟指定大小的存储空间,并返回该存储区的起始地址。

new 的一般格式：

类型说明符 ＊指针变量名 ＝ new 类型说明符;

申请一个类型说明符大小的空间赋值给指针变量。

类型说明符 ＊指针变量名 ＝ new 类型说明符[整型表达式];

申请整型表达式乘以类型说明符大小的空间赋值给指针变量。

例如：

```
float ＊ p1 = new float;
```

在堆空间中开辟一个 float 类型空间,并把其地址赋值给 p1。

```
float ＊ p2 = new float[10];
```

在堆空间中开辟 10 个 float 类型空间,并把其地址赋值给 p2。

（2）delete 运算符：释放 new 开辟的存储空间。

delete 的一般格式：

delete 指针变量名;

释放指针变量名所指向的空间,但该空间必须是 new 申请来的。

delete [] 指针变量名;

释放指针变量名所指向的**数组**空间,但该空间必须是 new 申请来的。

例如：

```
delete p1;
```

释放 p1 所指向的 float 型变量的空间。

```
delete [] p2;
```

释放 p2 所指向的 10 个 float 型变量组成的数组的空间。

数组需要在编译时指定大小,不能够在运行中根据变量的值确定数组的大小,这样当一个数组一般情况下需要较少元素,偶尔需要很多元素,为了能够让该程序适应所有情况,必须把数组大小定义得很大,但是大部分时候只是用到少量元素,这就造成了空间的大量浪费。如对一个班级的学生成绩排序,大部分班级 30 人,极少班级 200 人,为了让所有班级都能够使用该排序程序,只好把成绩数组大小定义为 200,在很多时候浪费了大量的空间。有了动态空间的管理,就能够做到按照需要定义大小。

例如：

```
int num, i;
int ＊ p;
cin >> num;
```

```
p = new int[num];
for(i = 0;i < inum;i++)
    cin >> p[i];
…
delete [ ] p;
```

申请来的空间完全可以像数组一样使用,而且它的大小取决于用户输入的 num 值。

习题

1. C++中 define 与 const 定义常量有什么区别?

2. C++引入了 I/O 流运算符,与 C 语言的输入输出有什么区别?

3. 简易计算器,从键盘输入两个整数和一个字符(+、−、*、/),分别对两个数进行加、减、乘和除的运算。如输入:23 123 +;输出计算结果:23+123=146。要求利用 I/O 流运算符进行输入和输出。

4. 解决换钱问题:将 1 元人民币兑换成 1 分、2 分、5 分的人民币,有多少种换法?

5. 分别用穷举法和迭代法计算两个整数的最大公约数。

6. 输入一个整型数组,数组元素有正数有负数。数组中连续的一个或多个整数构成一个子数组。求所有子数组中元素和值最大的子数组。

例如:3,2,−6,4,7,−3,5,−2;和值最大的子数组为 4,7,−3,5

7. 函数重载设计不当会产生二义性问题,二义性主要体现在参数隐式类型转换和默认参数两个方面,举例说明这两方面的问题,你认为该如何解决?

8. 在主函数中定义两个整型元素 a、b,用引用作函数参数,在函数 void swap(int & x, int & y)中实现将数据 a 和 b 交换存放,并在主函数中输出交换后的结果。

9. 假设一个班级有 50 名同学,每个同学都报出自己的生日,每个同学的生日都不相重的概率只有 0.0296,如果有 100 个同学,不相重的概率为 3.0725×10^{-7}。相重复的概率如此之大与我们主观想象不同。写一个程序,输入同学的人数 n,利用统计方法计算出其生日不重复的概率。然后再用仿真的方法,利用随机数产生每个同学的生日,计算出生日不重复的概率并与前面的结果进行比较。

学生的生日可以用随机函数 rand()产生,调用 rand()前首先调用 srand(long int *)函数设置种子,以上函数需要包含头文件 stdlib.h。

10. 编写程序用 new 和 delete 运算符实现动态内存空间管理的方法。从键盘输入 3×3 整型数组的数据,计算并输出所有元素之和、最大值和最小值。

提示:申请空间可以采用两种方法:

(1) 一次性申请二维数组。

(2) 对二维数组一行一行申请。

类 与 对 象　　第3章

类是面向对象技术的核心机制,是面向对象设计中对具有相同或相似性质的对象的抽象,是对数据和操作进行封装的载体,进而保证了对数据的安全、高效、合理的访问;对象是类的实例,是类的具体个体,对应现实世界中的实体。

本章主要内容

- 类的定义与实现
- 构造函数与析构函数
- 复制构造函数
- this 指针
- static 成员
- const 对象与 const 成员
- friend 友元

3.1　理解类

软件研发就是要把现实世界中需要人们手工完成的各项工作利用计算机软件和硬件来完成。现实世界是由各式各样的事物组成的,每一项工作都需要若干事物协同工作,如一个教学任务,需要教师、教室、学生、试卷等协同工作。面向过程的软件开发把现实世界的各种工作映射成软件世界中的若干种功能,这种映射看似简单、直接,但是实际上现实世界的各项工作间关系复杂,并且经常变动(由于各工作间关系复杂,一项工作变动将会引起若干个工作的变动),这样映射的软件也需要随着现实的变动而变更,这种变更对软件研发来说,工作量是非常巨大的,事实上,由于各项工作间的复杂关系(多对多、层次、包含等各种关系),最初建立映射关系也非常困难。由于现实问题领域中的事物是有限的,为此,可以考虑另外一种映射方式,根据现实世界中的每个事物,在软件世界中建立相应的对象。现实世界每个事物有自己的数据和功能,那么对应软件世界中的对象也有相应的属性和操作,这种映射

C++语言程序设计教程

使初始的建立和后续的变更都变得很容易。

现实事物和软件中的对象怎样映射呢？具体的映射过程就是抽象与封装的过程，来看看下面的例子。

观察各种各样的钟表，发现它们都是用时针、分针、秒针记录时间，并且时针、分针、秒针是被表的外壳保护（封装）起来，用户是不可以打开表盖直接拨动指针调整时间的，为此，钟表需要提供一个可以调整时间的旋钮（用户不需要知道内部时间是怎样调整的）和可以观察时间的界面。可以把所有的钟表归为一个类 Clock，Clock 包括时、分、秒属性，并且设置为私有的，不允许外部直接访问；Clock 对外提供可以设置时间、显示时间的方法。

观察各种各样的仓库，发现它们都有库存货品，但是为了安全起见，一般不允许用户直接进入仓库查询、存取货品，为此需要填写查询单、出库单、入库单交给仓库管理员处理，用户不需要了解仓库管理员具体的查询、出入库操作过程。假如仓库里面优化了流程、改进了服务，用户进行同样查询、出入库请求的方式不变，但是，实际上已经享用了升级的服务。可以把所有的仓库归为一个类 Storehouse，Storehouse 包括货物清单属性，并且设置为私有的，不允许外部直接访问；Storehouse 对外提供可以使用的查询、出库、入库方法。

通过上面两个例子发现：类是具有相同或相似性质的对象的抽象。抽象是从众多的事物中抽取出共同的、本质性的特征，而舍弃其非本质的特征的过程。

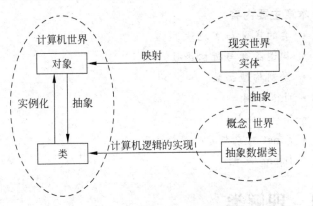

图 3.1　实体对象关系映射图

图 3.1 表示了类、对象、实体的相互关系和面向对象的分析思维方式。在用面向对象的软件设计方法解决现实世界的问题时，首先将物理存在的实体抽象成概念世界的抽象数据类型，这个抽象数据类型里面包括了实体中与问题域相关的数据和操作；然后再用面向对象的工具，如 C++语言，将这个抽象数据类型用计算机逻辑表达出来，即构造计算机能够理解和处理的类；最后将类实例化就得到了现实世界实体的面向对象的映射——对象。在程序中对对象进行操作，就可以模拟现实世界中实体上的问题并解决之。

类还起到封装的作用，封装有两个含义：**一是把对象的全部属性和行为结合在一起，形成一个不可分割的独立单位。对象的属性值（除了公有的属性值）只能由这个对象的行为来读取和修改；二是尽可能隐蔽对象的内部属性和实现细节，对外形成一道屏障，与外部的联系只能通过公共接口实现。**如某些类提供了调整时间、显示时间、库存查询、入库、出库等方法，而隐藏了时、分、秒及库存数据，同时隐藏了公共接口调整时间、显示时间、库存查询、入库、出库等方法的实现细节，也就是类的用户见不到其具体实现。

封装信息的隐藏作用反映了事物的相对独立性,使用者可以只关心它对外所提供的接口,即能做什么,而不注意其内部细节,即怎么提供这些服务。

封装的结果使对象以外的部分不能随意存取对象的内部属性,从而有效地避免了外部错误对它的影响,大大减小了查错和排错的难度。另一方面,当对象内部进行修改时,由于它只通过少量的外部接口对外提供服务,因此同样减小了内部的修改对外部的影响。

封装机制将对象的使用者与设计者分开,使用者不必知道对象行为实现的细节,只需要用设计者提供的外部接口让对象去做即可。封装的结果实际上屏蔽了复杂性、耦合性,从而降低了软件开发的难度。

3.2 类的定义与实现

在面向对象程序设计中,程序模块是由类构成的,类是对象的属性、功能的抽象描述。C++中的类是数据及相关函数的封装体,类是一种用户自定义数据类型,称为类(class)类型,类的概念从结构体扩展而来,类保留了结构体的成员变量,扩展了表示行为功能的方法,用与数据相关联的函数表示。类的成员由成员变量(数据)和成员函数(方法)共同构成。C++为达到数据封装和信息隐藏的目的,采用访问限定的控制方法,用成员访问限定符private(私有的成员)、public(公有的成员)和 protected(保护的成员)控制访问对象,保障成员数据和成员函数的使用安全。

3.2.1 类的定义

类定义的语法格式为:

```
class 类名
{
private:
    私有的成员数据和成员函数声明;
public:
    公有的成员数据和成员函数声明;
protected:
    保护的成员数据和成员函数声明;
};
```

关键字 class 定义数据类型是一个类 class 类型;类名由用户命名,是类的标识;一对花括号表示类的边界,"{"表示类的开始,"}"表示类的结束,注意,"}"后必须以";"结尾。成员访问限定符 private 声明私有的成员,只能被本类中的成员函数引用,不能被本类以外(除了友元类)的其他函数引用,缺省了所有的成员访问限定符的成员,默认为私有的成员;成员访问限定符 public 声明公有的成员,既可以被本类中的函数引用,也可以被本类作用域内的其他函数引用;成员访问限定符 protected 声明受保护的成员,可以被本类中的成员函数引用,可以被派生类的成员函数引用,不能被本类外其他函数引用,见 5.5.3 节。

成员数据的声明格式为:

类型 成员数据名;

成员函数的声明格式为：

类型 成员函数名(形参列表);

如 Clock 类定义如下：

```
class Clock
{
private :
    int hour, minute, second;          //关于时间的数据
public :
    void setClock( int h, int m, int s);    //调整时间值
    void showClock ( );                //显示时间值
};
```

成员数据的声明方法与一般变量的声明方法相同,数据类型可以是 C++中任意合法的数据类型,包括类类型,如定时炸弹 TimeBomb 定义如下：

```
class TimeBomb
{
private :
    Clock timer;            //关于定时器的数据
    int explosive;          //炸药量
      ⋮
public :
    avoid setTime();        //设置爆炸时间
      ⋮
};
```

其中定时器就是一个类 Clock 类型。

类 class 的定义应注意以下几点：

(1) 类 class 是定义面向对象程序模块的数据类型,类是生成对象的"模板",但不是对象,不能接收也不能存储数据,系统不为类分配存储空间。只有给类定义了对象以后,对象才接收并存储具体的值,系统只给对象分配空间。

(2) 类的定义是声明一个数据结构,而不是定义一个函数,定义的最后要有分号结束。

(3) 说明类成员访问权限的关键字 private、protected 和 public 可以按任意顺序排列、出现任意多次,但一个成员只能有一种访问权限。为使程序更加清晰,应将私有成员和公有成员归类放在一起。

(4) 不能在类内部给数据成员赋初值,只有在类的对象定义以后才能给数据成员赋初值。

(5) 成员函数可以重载,如在 Clock 中可以定义多个名为 setClock 的函数：

```
void setClock(int h, int m, int s);     //用来设置时、分、秒
void setClock (int h, int m);           //用来设置时、分
void setClock (int h);                  //用来设置时
```

3.2.2　类的实现

成员函数用于描述类的行为、处理数据成员,可以在类内声明并实现定义,如：

```
class Clock
{
private :
    int hour, minute, second;              //关于时间的数据
public :
    void setClock (int h, int m, int s){
        hour = ( h >= 0 && h <= 23) ?h : 0 ;
        minute = ( m >= 0 && m <= 59) ?m : 0 ;
        second = ( s >= 0 && s <= 23) ?s : 0 ;
    }
    void showClock ( ){
        cout << hour << minute << second;
    }
};
```

然而,人们习惯上在类的定义中只声明其函数原型,在类外定义函数的实现,这样也方便设计与实现的分离。成员函数名前必须加上类名,用作用域运算符::连接类名和函数名,即:类名::函数名。在类 class 外定义成员函数的语法格式为:

返回值类型　类名::函数名(形参表列)
{　函数体　}

若在类定义中只声明函数成员 setClock 与 showClock(如 3.2.1 节所示),在类外给出两个成员函数定义如下:

```
void Clock::setClock (int h, int m, int s){
    hour = ( h >= 0 && h <= 23) ?h : 0 ;
    minute = ( m >= 0 && m <= 59) ?m : 0 ;
    second = ( s >= 0 && s <= 23) ?s : 0 ;
}
void Clock::showClock ( ){
    cout << hour << minute << second;
}
```

当函数体中不包括复杂结构,如循环语句和 switch 语句时,对这种较简单的成员函数可以定义为内联函数。函数实现放在类的定义中,则默认为内联函数,函数实现放在类外,可在前面加上 inline 定义为内联函数。如:

```
inline void Clock::showClock ( ){
    cout << hour << minute << second;
}
```

当然,函数体中包含复杂结构时,声明为内联函数,编译系统也不会按照内联函数处理。为了程序结构的清晰和设计与实现的分离(声明写在头文件,实现写在源文件),通常将声明写在类内,实现写在类外。

3.3　对象定义及访问

在面向对象的程序设计中,类 class 是指具有相同性质和行为功能的实体抽象。在 C++中,定义一个类,只是定义了一种新的数据类型,可以用这种类型定义变量,用类 class

C++语言程序设计教程

定义的变量称为对象,对象是类的变量,类的对象也称为类的实例。定义了对象才创建了类这种数据类型的物理实体,类和对象的关系是数据类型和变量的关系。

类是生成对象的"模板",类不接收也不存储数据的值,系统不为类分配存储空间。只有用类定义了对象以后,对象才接收并存储数据的值,系统给对象分配存储空间。

3.3.1 对象的定义

定义对象的方法有以下 3 种方法。

(1) 在定义类的同时直接定义对象,即在类定义的右花括号的后面直接写出对象名表,如:

```cpp
class Clock
{
private :
    int hour, minute, second;
public :
    void setClock (int h, int m, int s){
        hour = ( h >= 0 && h <= 23) ?h : 0 ;
        minute = ( m >= 0 && m <= 59) ?m : 0 ;
        second = ( s >= 0 && s <= 23) ?s : 0 ;
    }
    void showClock ( ){
        cout << hour << minute << second;
    }
}clock1,clock2;          //在定义类的同时定义对象
```

(2) 在定义类的同时直接定义对象,并且不给类命名,这种类结构只有在定义时使用一次,以后无法使用,因此这种定义方法很少使用,如:

```cpp
class
{
private :
    int hour, minute, second;
public :
    void setClock (int h, int m, int s){
        hour = ( h >= 0 && h <= 23) ?h : 0 ;
        minute = ( m >= 0 && m <= 59) ?m : 0 ;
        second = ( s >= 0 && s <= 23) ?s : 0 ;
    }
    void showClock ( ){
        cout << hour << minute << second;
    }
}clock1,clock2;          //在定义类的同时定义对象
```

(3) 定义类以后,在使用对象之前再定义对象,定义的格式与一般变量的定义格式相同。例如,定义了 Clock 类以后,定义对象如下:

```cpp
Clock clock1,clock2;
```

有了对象,就可以利用对象调用其成员函数,对 clock1 和 clock2 分别按照下面方式调

用成员函数 setClock：

```
clock1.setClock(1,2,3);
clock2.setClock(4,5,6);
```

调用后类及对象的存储空间如图 3.2 所示。

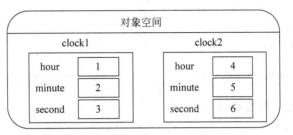

图 3.2　类及对象的存储

由图 3.2 可以看出每个对象有自己独立的数据空间,但是类的成员函数只存储一份,为所有对象共享。那么当使用成员函数 setClock 时,怎么确定到底是处理哪个对象的数据呢? 这就要看是哪个对象调用成员函数 setClock,谁调用就修改谁的数据(函数体中 hour、minute、second 代表调用对象的数据),如"clock1.setClock(1,2,3);"把 clock1 的空间中的时、分、秒的分别置为 1、2、3,实际上是调用对象向成员函数传递了本对象的地址,本章3.7 节会有相关介绍。

有了类的对象后,还可以定义指向该类类型变量的指针和对该类类型的引用,如:

```
Clock *p;                 //p 为指向 Clock 类型变量的指针
p = &clock1;              //p 指向 clock1 对象
Clock & clock3 = clock2;  //clock3 为对 clock2 的引用
```

3.3.2　对象的访问

对象的访问是指对对象成员的使用,可以通过成员运算符"."和指向成员运算符->访问,针对对象、指针和引用,访问对象的形式可以分以下 3 种情形。

1. 通过对象访问

格式为:

对象名.数据成员
对象名.成员函数(实参表)

如:

```
clock1.setClock(6,15,24);
clock1.hour = 6;  //此处不正确,因为 hour 为私有的
```

2. 通过指针访问

格式为:

指向对象的指针->数据成员

C++语言程序设计教程

指向对象的指针 - >成员函数(实参表)

或者

(＊ 指向对象的指针).数据成员
(＊ 指向对象的指针).成员函数(实参表)

如:

```
Clock ＊ p;
p = &clock1;
p - > setClock(6,15,24);          //和 ( ＊ p). setClock(6,15,24); 都是正确的
```

3. 通过引用访问

如:

```
Clock &clock3 = clock1;
clock3. setClock(6,15,24);          //等价于 clock1. setClock(6,15,24);
```

例 3.1　计算两点之间的距离。

```
//ch3_1.cpp
# include < iostream >
# include < cmath >
using namespace std;
class Point
{
public:
      //计算两点之间距离
      double distance(Point & p) { //引用形参
          return sqrt((p.x - x) * (p.x - x) + (p.y - y) * (p.y - y));
      }
      void setX(double i){x = i;}
      void setY(double j){y = j;}
private:
      double x;
      double y;
};
void main(){
      Point p1,p2;
      p1. setX(2);p1. setY(2);
      p2. setX(5);p2. setY(6);
      cout << p1. distance(p2);
}
```

例 3.1 中定义了一个点类 Point,其中数据成员 x、y 为横纵坐标,函数成员 setX、setY、distance 分别用来设置 x 的值、设置 y 的值、计算两点间距离。在本例中还要注意以下两点。

(1) distance 函数的形参 p 是引用参数,这样 p 直接利用实参对象 p2,而不创建新的形参对象,程序效率更高。在"p1. distance(p2)"执行过程中,成员函数 distance 的函数体内,p 就是 main 函数中的 p2。

（2）在 distance 函数中的“p. x”和“p. y”，通过对象名引用了私有成员，这是允许的，因为在 C++ 成员函数可以访问本类对象的私有成员。distance 是 Point 类的成员函数，p 是 Point 类型对象，所以在 distance 函数体内可以访问“p. x”和“p. y”。

通常类的定义是由设计人员完成的，而类的实现是编码人员的职责。为了分离二者的工作，C++ 一般把类定义放在头文件中，而实现放在源文件中。对例 3.1 进行分离，如例 3.2 所示。

例 3.2　计算两点之间的距离（代码分离），分为 3 个文件。

头文件 point. h 中包含类的定义：

```
//point.h
class Point
{
public:
        double distance(Point & p);
        void setX(double i);
        void setY(double j);
private:
        double x;
        double y;
};
```

源文件 point. cpp 中包含类的实现：

```
//point.cpp
# include < iostream >
# include < cmath >
# include"point. h"
using namespace std;
double Point::distance(Point & p){
    return sqrt((p. x - x) * (p. x - x) + (p. y - y) * (p. y - y));
}
void Point::setX(double i){x = i;}
void Point::setY(double j){y = j;}
```

源文件 main. cpp 是对类的使用：

```
//ch3_2.cpp
# include < iostream >
# include < cmath >
# include"point. h"
using namespace std;
void main(){
    Point p1,p2;
    p1. setX(2);p1. setY(2);
    p2. setX(5);p2. setY(6);
    cout << p1. distance(p2);
}
```

把类的设计、实现和使用完全分离开来，程序结构更加合理，便于项目的团队研发。另外，用同一类定义的对象，各对象的成员数据类型和成员函数类型完全相同，可以相互整体赋值，赋值运算符仍是“＝”，当对象 A 赋值给另一个对象 B 时，对象 A 的所有数据成员都会逐位拷贝,两个对象的数据成员的值相同,彼此相互独立,各自都有自己的内存空间。

```
Clock clock1,clock2;
clock1.setClock(6,15,24);
clock2 = clock1;
```

赋值后 clock2 的时、分、秒和 clock1 完全一样为 6 时 15 分 24 秒。

注意:不属于同一个类的对象之间是不能相互整体赋值,即使成员完全相同,类名不同的两个对象之间也不能相互赋值。

3.4　构造函数和析构函数

在 C++语言中,构造函数用来为对象分配内存空间及初始化赋值;析构函数用来释放分配给对象的内存空间,完成用户指定的操作,做好善后工作。

3.4.1　构造函数

构造函数是一种特殊的函数,主要用来在创建对象时初始化对象,即为对象数据成员赋初始值。它共有 3 个作用:

(1) 为对象分配空间并初试化。

(2) 对数据成员赋值。

(3) 请求其他资源。

通常将构造函数声明为公有成员函数(不是必需的),构造函数的名字与类名相同,不能任意命名,构造函数不具有类型,无返回值,因而不能指定包括 void 在内的任何返回值类型。构造函数的定义与其他成员函数的定义一样可以放在类内或类外。

定义构造函数的语法格式为:

构造函数名(形参):初始化列表
{
  函数体
}

其中,构造函数名与类同名;形参、初始化列表、函数体都可以缺省。初始化列表用来对数据成员进行初始化,格式为:

成员名(参数)[, 成员名(参数),…,]

如对 Clock 类,定义如下构造函数:

```
Clock(int h , int m , int s):hour(h),minute(m){ second = s; }
```

数据成员 hour 和 minute 在初始化列表中用参数 h 和 m 初始化,数据成员 second 用参数 s 在函数体中赋值。

关于初始化列表注意以下几点:

(1) 数组成员不能在初始化列表中初始化。

(2) static 数据成员不能在初始化列表中初始化。

（3）非 static 的 const 数据成员必须在初始化列表中初始化。

构造函数是类的成员函数，具有一般成员函数的所有性质，可访问类的所有成员，可以是内联函数，可带有参数表，可带有默认的形参值，还可重载。

构造函数是在定义对象时自动执行的特殊成员函数，用户不能显式调用构造函数。在类中定义了构造函数，编译系统自动在建立新对象的地方插入对构造函数调用的代码，在调用构造函数时，执行构造函数中定义的赋值语句，为成员变量赋初值，当然也可以有其他语句。实际上调用构造函数的格式即为定义对象的语法格式：

类名 对象名(实参列表);
或
类名 ∗ 对象名 = new 类名(实参列表);

注意：当构造函数无参数时，对象名后面不能加空的括号。

构造函数按照参数个数分为默认构造函数和有参构造函数以下两类。

1. 默认构造函数

默认构造函数（default constructor）就是在没有显式提供初始化（定义的对象名后无实参表）时调用的构造函数。它是一种不带参数的构造函数，或者为所有的形参提供默认参数值的构造函数。

1）系统生成的默认构造函数

前面我们定义的类都没定义构造函数，当类中没有定义构造函数，编译系统就自动生成一个默认的构造函数，这个默认的构造函数不带任何参数，函数体为空，只能给对象开辟一个存储空间，不能为对象中的数据成员赋初值。系统自动生成的构造函数的形式为：

类名::构造函数名( ){ }

编译系统为前面的 Clock 类自动生成的构造函数是：

Clock::Clock( ){ }

完整的 Clock 类定义：

```
class Clock
{
private :
    int hour, minute, second;
public :
    Clock( ){ }          //系统自动生成的
    void Clock::setClock (int h, int m, int s);
    void Clock::showClock ( );
};
```

若有对象定义：

Clock clock1;   //注意 clock1 后面无空括号

clock1 此时数据成员的值是由编译系统给定的未初始化的值。

2）自定义的默认构造函数

利用系统默认生成的构造函数，并不能起到给对象成员赋初值的作用，为此，可以显式定义构造函数,使得对象按照构造函数约定的值给对象成员赋值。

在 Clock 类内定义以下构造函数:

```
Clock( ){hour = 0; minute = 0; second = 0; }
```

若有对象定义:

```
Clock clock1;          s//注意 clock1 后面无空括号
```

clock1 此时数据成员 hour、minute、second 的值均为 0。

当然构造函数也可以在类内写声明,在类外写实现,形式如下。

类内声明:

```
Clock( );
```

类外实现:

```
Clock::Clock( ){ hour = 0; minute = 0; second = 0;}
```

对成员的赋值还可以不写在函数体里面,而写在初始化列表中,例如:

在 Clock 类内声明并实现带初始化列表的构造函数:

```
Clock( ):hour(0), minute(0), second(0){ }
```

带初始化列表的构造函数也可以在类内写声明,在类外写实现,形式如下。

类内声明:

```
Clock( );          //注意:声明部分不包含初始化列表
```

类外实现:

```
Clock::Clock( ) :hour(0), minute(0), second(0){ }
```

对数据成员的赋值,写在初始化列表与函数体中的区别在于:写在初始化列表中等价于简单变量的定义并且初始化;写在函数体中等价于简单变量的先定义后赋值。因此,写在初始化列表中的效率较高。

3) 全部带默认参数值的默认构造函数

全部带默认参数值的默认构造函数在有参构造函数中介绍。

2. 有参构造函数

不带参数的构造函数是用固定的数据对对象初始化,每个新生成的对象都有相同的数据,若果希望每个对象有不同的数据,就得再利用其他成员函数更改或输入数据。其实可以在生成对象时就使得每个对象拥有不同的数据值,这就需要用有参数的构造函数,用参数去给对象初始化或赋值。

对前面的 Clock 类,改为定义有参数的构造函数,类定义如下:

```
class Clock
{
private :
    int hour, minute, second;
```

```
public :
    Clock( int h , int m , int s ){hour = h; minute = m; second = s; }
    void Clock::setClock ( int h, int m, int s);
    void Clock::showClock ( );
};
```

若有对象定义：

```
Clock clock1(1,2,3);
```

带有参数的构造函数在定义对象时指定实际参数，然后由该实际参数将数据值传递给构造函数的形式参数，进而对对象的数据成员赋值，因此生成的对象 clock1 的数据成员 hour、minute、second 的值分别为 1、2、3。

当然构造函数也可以在类内写声明，在类外写实现，形式如下。

类内声明：

```
Clock( int h , int m , int s );
```

类外实现：

```
Clock ::Clock( int h , int m , int s ){hour = h; minute = m; second = s; }
```

对成员的赋值还可以不写在函数体里面，而写在初始化列表上。

在 Clock 类内声明并实现带初始化列表的构造函数：

```
Clock( int h , int m , int s ):hour(h), minute(m), second(s){ }
```

带初始化列表的构造函数也可以在类内写声明，在类外写实现，形式如下。

类内声明：

```
Clock( int h , int m , int s );          //注意：声明部分不包含初始化列表
```

类外实现：

```
Clock::Clock( int h , int m , int s ) :hour(h), minute(m), second(s){ }
```

1) 构造函数重载

对于 Clock 类中只定义一个构造函数：

```
Clock( int h , int m , int s ){hour = h; minute = m; second = s; }
```

若有对象定义：

```
Clock clock1;
```

则编译时会出现错误，因为此时要调用默认构造函数，而系统并没有默认构造函数，因为当显式定义一个构造函数时，系统就不再生成默认构造函数：Clock( ){ }。

为了使用 Clock 类定义对象时，既可以给参数，也可以不给参数，即：

```
Clock clock1(1,2,3);          //需要 3 个参数的构造函数
Clock clock2;                 //无参构造函数
```

需要既有 3 个参数的构造函数，也要有无参的构造函数。因此可以定义两个构造函数：

C++语言程序设计教程

```
Clock(int h , int m , int s ) :hour(h), minute(m), second(s){ }
Clock( ) :hour(0), minute(0), second(0){ }
```

这两个参数不同、函数名同为类名的函数即为构造函数的重载。

2）带默认参数的构造函数

在实际应用中,有些构造函数的参数值通常是不变的,只有在特殊情况下才需要改变参数的值。按照带有默认参数的函数的思路,可以将构造函数定义成带默认参数值的构造函数,在定义对象时可以不指定实参,用默认参数值来赋值或初始化数据成员,在定义对象时指定实参就可以用指定的实参给对象数据成员赋值或初始化。

对于 Clock 类可以定义一个如下的带默认参数的构造函数:

```
Clock(int h = 0 , int m = 0 , int s = 0 ){hour = h; minute = m; second = s; }
```

那么使用 Clock 类定义对象时,既可以提供参数,也可以不提供参数,即:

```
Clock clock0;            // clock0 的数据成员 hour、minute、second 的值为 0、0、0
Clock clock1(1);         // clock1 的数据成员 hour、minute、second 的值为 1、0、0
Clock clock2(1,2);       //clock2 的数据成员 hour、minute、second 的值为 1、2、0
Clock clock3(1,2,3);     // clock3 的数据成员 hour、minute、second 的值为 1、2、3
```

此处还可以看出,当所有参数都提供默认值时,该构造函数也是默认构造函数,如 clock0 的定义。

例 3.3 带有默认参数的构造函数的实现。

```
//ch3_3.cpp
# include < iostream >
using namespace std;
class Point
{
private:
    double x, y;
public:
    Point(double a = 0.0, double b = 0.0);      // 定义构造函数,它的名字与类名相同
    void disp( );                               // 输出私有变量的成员函数
};
Point :: Point (double a, double b)
    { x = a; y = b; }                           // 赋值私有数据成员 x 和 y
void Point::disp( )
    { cout << x <<","<< y << endl; }
void main(){
    Point p1(1.0,2.0),p2(3.0),p3;               // 定义对象
    cout <<"p1 = ";
    p1.disp();
    cout <<"p2 = ";
    p2.disp();
    cout <<"p3 = ";
    p3.disp();
}
```

程序运行结果如下:

```
p1 = 1,2
p2 = 3,0
p3 = 0,0
```

3.4.2　析构函数

在类中定义的构造函数,在对象生命周期开始时,编译系统会自动地执行完成对象内存空间的分配和数据的初始化工作。在类中定义的析构函数,在对象生命周期结束时自动执行,完成清理内存工作,并可以执行指定的其他操作。

析构函数是一种在结束对象调用时自动执行的特殊的成员函数,一个类中只能定义一个析构函数。

析构函数声明为公有成员,析构函数名由破折号"～"与类名组合而成,析构函数不接受参数(所以不能重载,只有一个析构函数),没有返回值,定义的语法格式如下:

```
class 类名
{
public:
        ⋮
    ～类名()
    { 指定的操作; }
};
```

例如:

```
class Clock
{
private :
    int hour, minute, second;
public :
    Clock(int h , int m , int s ){hour = h; minute = m; second = s; }
    ～Clock( ){cout << "destructing";}
    void Clock::showClock ( ){
        cout << hour << minute << second;
    }
};
```

通常在构造函数中用 new 运算符为对象额外申请了一些空间(额外资源,不属于对象空间),在对象结束生命周期时需要使用析构函数,利用 delete 运算符释放 new 运算符所申请的空间。

当类中没有显式地定义析构函数,则系统会自动生成一个默认的析构函数,该函数是一个空函数。默认的析构函数的格式如下:

类名 :: ～类名( ){　　　}

例 3.4　构造函数与析构函数的使用。

```
//ch3_4.cpp
# include < iostream >
# include < cstring >
```

```cpp
using namespace std;
class Point
{
private:
    double x, y;            //x,y 坐标
    char * name;            //点的名称
public:
//声明构造函数,它的名字与类名相同
    Point(char * n = NULL, double a = 0.0, double b = 0.0);
    ~Point();
    void disp( );           //输出私有变量的成员函数
};
Point::Point (char * n, double a, double b){
    x = a; y = b;
    if(n) {                 //如果形参不是默认的空值
        name = new char[strlen(n) + 1];
        strcpy(name,n);
    }
    else{
        name = new char[8];
        strcpy(name,"no name");
    }
    cout << name <<" constructing"<< endl;
}
Point::~Point(){
    cout << name <<" destructing"<< endl;
    delete [ ] name;
}
void Point::disp( ){ cout << name <<":"<< x <<","<< y << endl; }
void main(){
    // 定义对象
    Point p1("home",1.0,2.0);
    Point p2("school",3.0);
    Point p3;
    // 输出对象
    cout <<"p1 = ";
    p1.disp();
    cout <<"p2 = ";
    p2.disp();
    cout <<"p3 = ";
    p3.disp();
}
```

程序运行结果如下：

```
home constructing
school constructing
no name constructing
p1 = home:1,2
p2 = school:3,0
p3 = no name:0,0
```

```
no name destructing
school destructing
home destructing
```

从这个例子可以看出,对象析构的顺序恰好和对象的构造顺序相反。

3.5 拷贝构造函数

一个简单变量可以在定义的同时进行初始化,如:

```
int i = 100;
```

该语句的含义是开辟一个整型变量空间同时置其值为 100。

对于一个对象,也可以定义并用一个已经存在的对象进行初始化。这种初始化的方式需要调用拷贝构造函数来实现。若不定义拷贝构造函数,则系统自动生成默认的拷贝构造函数,把已经存在的对象的数据按位复制到新生成的对象的空间,但是这种做法有时会出现问题。

例如,对于例 3.4,画出对应的存储状态如图 3.3 所示。

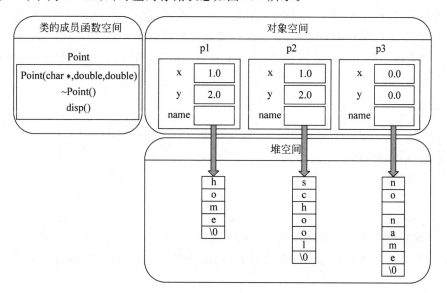

图 3.3　申请资源的对象存储

需要注意的是堆空间并不属于对象空间,利用 sizeof 计算对象所占空间大小时只包含 x、y、name 的空间。另外,若对对象进行复制或赋值操作,也只是处理对象空间。比如,若在例 3.4 的 main 函数中,在 p3 对象定义之后增加如下的一行代码:

```
Point p4 = p1;
```

则对应的存储状态如图 3.4 所示。

由 p1 复制 p4 时,只复制对象空间,二者有相同的 x、y、name。这样 p1 和 p4 的 name 都指向同一块堆空间。当析构时,p4 先析构,会释放掉 home 的空间,当 p1 析构时,再释放

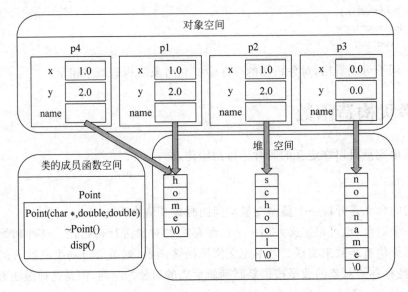

图 3.4　申请资源的对象存储

空间就错误了,运行时会出现内存访问错误。因此,此时不能够完全采用默认的按位复制的方法,需要自定义拷贝构造函数,按照自己定义规则进行复制。

拷贝构造函数名与类名相同,参数是本类对象的引用,拷贝构造函数没有返回值。定义拷贝构造函数的语法格式为:

```
class 类名
{
public:
  类名( 类名&形参)
  {   拷贝构造函数的函数体   }
      ⋮
};
```

当然,函数的实现也可以写在类定义的外面。

其中,形参是用来初始化新对象的对象的引用(引用是必需的,否则会产生递归的拷贝构造过程)。

当用一个已经存在的对象初始化本类的新对象时,如果没有定义拷贝构造函数,则系统会自动生成一个默认的拷贝构造函数来完成初始化的工作,默认的拷贝构造函数完全按照已存在的对象复制一个完全相同的新对象。默认的拷贝构造函数格式为:

```
类名( 类名&形参){ }
```

构造函数是当定义一个新对象时自动调用的函数,是一个从无到有的过程,但是拷贝构造函数需要利用一个已经存在的对象再生成一个新的对象,也就是由原有的对象拷贝生成一个新的对象。如:

```
Point p1("home",1.0,2.0);
Point p2 = p1;          //也可以写作 Point p2 (p1);
```

对象 p1 生成时没有参照任何现有对象,而对象 p2 生成时是参照 p1 生成的,也称作用 p1 初始化 p2。

注意,如下语句未调用拷贝构造函数:

```
Point p1("home",1.0,2.0);
Point p2;
p2 = p1;
```

p2 并不是参照 p1 生成的,因为 p2 是在第 2 行生成的,生成时没有参照任何对象。第 3 行是由 p1 给已经存在的 p2 进行赋值,并不是拷贝构造。

3.5.1　浅拷贝与深拷贝

根据拷贝构造的规则,拷贝构造函数分为浅拷贝和深拷贝。浅拷贝就是对象的成员数据之间的一一赋值(编译系统一般采用按位复制)。但是可能会有这样的情况:对象还使用一些资源,这里的资源可以是堆资源(如例 3.4 的 name 所指向的 new 申请来的空间),或者一个文件。当浅拷贝的时候,两个对象就有共同的资源,可以同时对资源进行访问,这样可能会出问题。如图 3.4 所示的就是一个浅拷贝的情形,p1 到 p4 拷贝只是浅层次的复制对象空间(x、y、name),并未将 p1 的 name 所指向的堆空间拷贝一份给 p4,因此称为浅拷贝。当 p4 析构后,p1 再析构就出问题了,原因是拷贝构造时 p4 和 p1 的 name 共享同一个资源空间。

深拷贝就是用来解决共用资源的问题的,它把资源也拷贝一份,使生成对象拥有和原对象不同的资源,但资源的内容是一样的。对于堆资源来说,就是再开辟一片堆内存,把原来的堆内容也拷贝到新开辟的堆内存,这是深层次的拷贝,因此称为深拷贝。深拷贝需要自定义拷贝构造函数,来指定拷贝的规则,见例 3.5。

例 3.5　深拷贝构造的应用。

```cpp
//ch3_5.cpp
# include < iostream >
# include < cstring >
using namespace std;
class Point
{
 private:
    double x, y;            //x,y 坐标
    char * name;            //点的名称
 public:
// 声明构造函数,它的名字与类名相同
    Point(char * n = NULL, double a = 0.0, double b = 0.0);
    Point(Point &p);
    ~Point();
    void disp( );           // 输出私有变量的成员函数
};
Point::Point (char * n, double a, double b){
    x = a; y = b;
    if(n) {                 //如果形参不是默认的空值
        name = new char[strlen(n) + 1];
```

C++语言程序设计教程

```
            strcpy(name,n);
        }
        else{
            name = new char[8];
            strcpy(name,"no name");
        }
        cout << name <<" constructing"<< endl;
}
Point::Point(Point &p){        //拷贝构造函数
    x = p.x; y = p.y;
    if(p.name) {                //如果形参不是默认的空值
        name = new char[strlen(p.name) + 1];
        strcpy(name,p.name);
    }
    else{
        name = new char[8];
        strcpy(name,"no name");
    }
    cout << name <<" copy constructing"<< endl;
}
Point::~Point(){
    cout << name <<" destructing"<< endl;
    delete [] name;
}
void Point::disp( ){ cout << name <<":"<< x <<","<< y << endl; }
void main(){
    // 定义对象
    Point p1("home",1.0,2.0);
    Point p2("school",3.0);
    Point p3;
    Point p4 = p1;
    // 输出对象
    cout <<"p1 = ";
    p1.disp();
    cout <<"p2 = ";
    p2.disp();
    cout <<"p3 = ";
    p3.disp();
}
```

　　例 3.5 的拷贝构造函数中对 x、y 进行赋值,所以 p4 的 x、y 与 p1 的 x、y 完全相同,但是指针 name 的值是不同的,p4 的 name 指向一个新申请的空间,这样当析构时,p1 和 p4 会各自释放掉自己的堆空间。例 3.5 的存储状态如图 3.5 所示。

　　浅拷贝只是拷贝对象空间,深拷贝可以拷贝对象空间之外申请的资源,到底是利用深拷贝还是利用浅拷贝,并不只取决于时间效率、空间效率等因素,还要取决于哪一个在逻辑上是正确的。

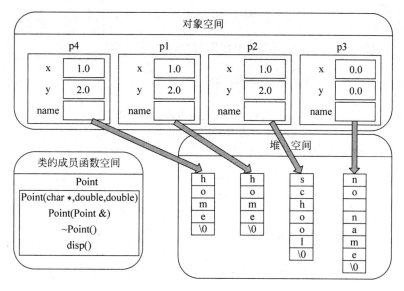

图 3.5 深拷贝构造

3.5.2 标记拷贝构造

对于深拷贝,需要把资源复制一份,而有时候资源很大,复制需要大量的时间和空间,甚至有些资源是不可复制的,这时深拷贝是不可取的,为此,可以采用带标记的拷贝构造。

带标记的拷贝构造需要区分哪个对象是原始生成的,哪些对象是拷贝构造函数生成的。原始生成的对象申请了额外的资源,拷贝构造函数生成的对象不再申请额外资源,而去共享原有对象申请的资源,但是,析构时拷贝构造函数生成的对象不可以释放额外资源,原始生成的对象析构时才可以释放额外资源,因此析构函数中需要区别原始生成的对象和拷贝构造的对象。为此,可以给类增加一个标记成员,用以区别原始生成的对象和拷贝构造对象,见例 3.6。

例 3.6 标记拷贝构造的应用。

```
//ch3_6.cpp
# include < iostream >
# include < cstring >
using namespace std;
class Point
{
private:
    double x, y;              //x,y 坐标
    char * name;             //点的名称
    int flag;                //区分构造对象和拷贝构造对象
public:
// 声明构造函数,它的名字与类名相同
    Point(char * n = NULL, double a = 0.0, double b = 0.0);
```

```
        Point(Point &p);
        ~Point();
        void disp( );                    // 输出私有变量的成员函数
    };
    Point::Point (char * n, double a, double b){
        x = a; y = b;
        flag = 1;                        //flag 为 1 时代表构造生成对象
        if(n) {                          //如果形参不是默认的空值
            name = new char[strlen(n) + 1];
            strcpy(name,n);
        }
        else{
            name = new char[8];
            strcpy(name,"no name");
        }
        cout << name <<" constructing"<< endl;
    }
    Point::Point(Point &p){
        x = p.x; y = p.y;
        name = p.name;
        flag = 0;                        //flag 为 0 时代表拷贝构造生成对象
        cout << name <<" copy constructing"<< endl;
    }
    Point::~Point(){
        cout << name <<" destructing"<< endl;
        if(flag)
            delete [ ] name;
    }
    void Point::disp( ){ cout << name <<":"<< x <<","<< y << endl; }
    void main(){
        // 定义对象
        Point p1("home",1.0,2.0);
        Point p2("school",3.0);
        Point p3;
        Point p4 = p1;
        // 输出对象
        cout <<"p1 = ";
        p1.disp();
        cout <<"p2 = ";
        p2.disp();
        cout <<"p3 = ";
        p3.disp();
    }
```

例 3.6 的内存状态如图 3.6 所示,p4 和 p1 的 name 共享同一段堆资源空间,但是类增加了一个 flag 成员,构造时对其赋值为 1,拷贝构造时对其赋值为 0,然后析构时根据 flag 的值确定是否利用 delete 释放堆资源空间,保证了堆资源空间只释放一次。

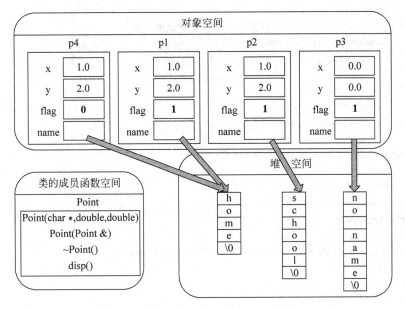

图 3.6　标记拷贝构造

3.5.3　函数参数与返回值

拷贝构造函数在利用现有的对象生成新的对象时调用,除了前面介绍的对象初始化时会调用拷贝构造函数,还有实参对象给形参对象传值时和函数返回对象时也是利用现有对象生成新的对象,也要调用拷贝构造函数。

1. 函数对象参数

当函数的参数为对象时,要利用现有的实参对象生成形参对象,这时候要调用拷贝构造函数。

例 3.7　函数对象参数拷贝构造的应用。

```cpp
//ch3_7.cpp
# include < iostream >
# include < cstring >
using namespace std;
//Point 类定义和实现
class Point
{
 private:
    double x, y;                //x,y 坐标
    char * name;               //点的名称
 public:
// 声明构造函数,它的名字与类名相同
    Point(char * n = NULL, double a = 0.0, double b = 0.0);
    ~Point();
    void disp( );              // 输出私有变量的成员函数
};
Point::Point (char * n, double a, double b){
```

```
        x = a; y = b;
        if(n) {                        //如果形参不是默认的空值
            name = new char[strlen(n) + 1];
            strcpy(name,n);
        }
        else{
            name = new char[8];
            strcpy(name,"no name");
        }
        cout << name <<" constructing"<< endl;
}
Point::~Point(){
        cout << name <<" destructing"<< endl;
        delete [] name;
}
void Point::disp( ){ cout << name <<":"<< x <<","<< y << endl; }
// test 函数
void test(Point p){
        p.disp( );
}
//main 函数
int main(){
        Point p1("home",1.0,2.0);
        test(p1);
        return 0;
}
```

例 3.7 的存储状态如图 3.7 所示,具体的执行过程是这样的:首先执行 main 函数,开辟一个 p1 的空间,以 p1 为实参调用 test 函数;然后开始执行 test 函数,用实参 p1 拷贝构造生成形参 p(因为没有定义拷贝构造函数,所以按位复制),执行 p 的 disp 方法,test 函数结束,释放局部变量形参,即执行 p 的析构函数释放堆空间;最后返回到 main 函数,main 函数结束时,释放 main 函数中的局部变量对象 p1,即执行 p1 的析构函数去释放堆空间,然

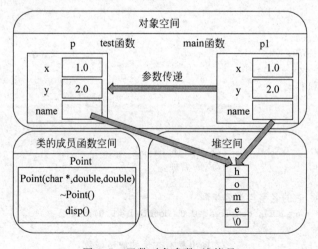

图 3.7　函数对象参数_浅拷贝

而对应堆空间已经被 test 函数的 p 释放了,因此程序出现错误。为此,可以自定义深拷贝构造函数或标记拷贝构造函数来解决。比如对 Point 类增加一个深拷贝构造函数:

```
Point::Point(Point &p)
{
    x = p.x; y = p.y;
    if(p.name) {                    //如果形参不是默认的空值
        name = new char[strlen(p.name) + 1];
        strcpy(name,p.name);
    }
    else{
        name = new char[8];
        strcpy(name,"no name");
    }
    cout << name <<" copy constructing"<< endl;
}
```

则对应存储状态如图 3.8 所示,test 函数中形参 p 的 name 和 main 函数中实参 p1 的 name 各自指向不同堆空间,析构时就不会出现问题。

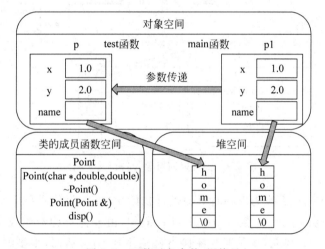

图 3.8　函数对象参数_深拷贝

2. 函数返回对象

当函数的返回值为对象时,比如函数内定义对象:Point p;当函数返回时使用:return p;。

p 对象超出作用区域(函数),这时会调用复制构造函数创建该 p 对象的一个临时拷贝对象,并把它赋给(调用语句不同、编译器赋予方式会不同)主调函数中需要的对象;然后 p 的析构函数释放对象占用的内存资源,接着再调用临时拷贝对象的析构函数(优化的编译器有可能此时不释放)释放这个对象占用的内存资源。

把例 3.7 中的 test 函数和 main 函数修改为如下形式:

```
// test 函数
Point test()
{
```

```
    Point p("home",1.0,2.0);
    return p;
}
//main 函数
int main()
{
    Point p1;
    p1 = test();
    return 0;
}
```

main 函数的 p1 先定义后,用 test 函数返回的临时对象赋值(按位复制对象空间),如图 3.9 所示。对象的析构顺序是 p、临时对象、p1,p 析构时释放掉堆空间,然后,临时对象析构时再释放堆空间时就出错了。

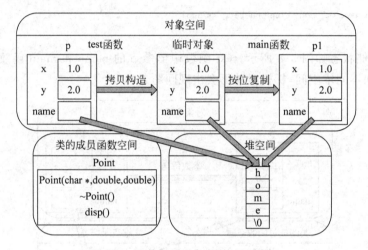

图 3.9　函数返回对象_浅拷贝(复制)

把 main 函数中的 p1 改为由临时对象进行初始化(如下面代码所示),此时会有两次拷贝构造过程:第一次是 test 函数的"return p;"语句,由 p 拷贝构造生成临时对象;第二次是"Point p1=test();"语句,由临时对象拷贝构造生成 p1。然而,很多编译器都会优化,第二次拷贝构造不会执行,而是 p1 直接利用临时对象(既不构造,也不拷贝构造),如图 3.10 所示。对象的析构顺序是 p、p1(即临时对象),p 析构时释放掉堆空间,然后,p1(即临时对象)析构再释放堆空间时也出错了。

```
//main 函数
int main()
{
    Point p1 = test();
    return 0;
}
```

要解决上述问题,只需要给 Point 类定义深拷贝构造函数即可。

通过上面的代码,可以看出,如果一个对象利用了额外的资源,并且析构函数中定义了释放额外资源的功能,若未定义深拷贝构造函数或标记的拷贝构造函数,当对象作为函数参数或者函数返回对象时都会出现问题。

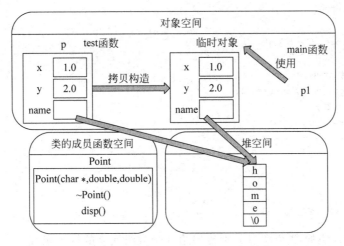

图 3.10 函数返回对象_浅拷贝（初始化）

3.6 对象数组

数组元素不仅可以由简单类型组成（例如，整型数组的每一个元素都相当于一个整型变量），也可以由对象组成（对象数组的每一个元素都是同类型的对象）。

在日常生活中，有许多实体的属性是共同的，只是属性的具体内容不同。例如一个班有30个学生，每个学生的属性包括姓名、年龄、成绩等。如果为每一个学生建立一个对象，不采用数组，需要分别取30个对象名，不便于用程序做循环处理。这时可以定义一个"学生类"类型对象数组，每一个数组元素是一个"学生类"对象。

例如，有学生类定义：

```
class Student{
private:
    char name[20];
    int age;
    float score;
};
```

定义 stud 数组，有30个元素，每个元素都是学生对象：

```
Student stud[30];
```

在建立数组时，同样要调用构造函数。如 stud 有30个元素，需要调用30次构造函数，调用的都是系统自动生成的默认构造函数。当定义数组不初始化时一定要保证类要有默认构造函数。

在需要时可以在定义数组时提供实参以实现初始化。如果构造函数只有一个参数，在定义数组时可以直接在等号后面的花括号内提供实参。

例如，有学生类定义：

```
class Student{
private:
```

```
        char name[20];
        int age;
        float score;
public:
        Student(int s){
            strcpy(name,"no name");
            age = 20;
            score = s;
        }
};
```

数组定义：

```
Student stud[3] = {60,70,78};
```

这种定义是合法的，3 个实参分别传递给 3 个数组元素的构造函数。stud[0]、stud[1]、stud[2]的 score 分别为 60、70、78。

如果构造函数有多个参数，则不能用在定义数组时直接提供所有实参的方法，因为一个数组有多个元素，对每个元素要提供多个实参，如果再考虑到构造函数有默认参数的情况，很容易造成实参与形参的对应关系不清晰，出现歧义性。因此，如果构造函数有多个参数，在定义对象数组时应当在花括号中分别写出构造函数并指定实参。例如，如果构造函数有3 个参数，分别代表姓名、年龄、成绩，有学生类定义如下：

```
class Student{
private:
        char name[20];
        int age;
        float score;
public:
        Student(char * n, int a, int s){
            strcpy(name,n);
            age = a;
            score = s;
        }
};
```

则可以这样定义对象数组：

```
Student stud[3] = { Student("zhang san",20,60), Student("Li si",19,70), Student("Wang wu",18,
78) };
```

在建立对象数组时，分别调用构造函数，对每个元素初始化。每一个元素的实参分别用括号括起来，对应构造函数的一组形参，不会混淆。

例 3.8 计算一组学生的总成绩和平均成绩。

```
//ch3_8.cpp
# include < iostream >
using namespace std;
class Student{
private:
```

```
        char name[20];
        int age;
        float score;
    public:
        Student(char * n, int a, int s){
            strcpy(name,n);
            age = a;
            score = s;
        }
        float getScore(){           //返回成绩值
            return score;
        }
};
int main(){
    Student stud[3] = { Student("zhang san",20,60), Student("Li si",19,70),
    Student("Wang wu",18,78) };
    float sum = 0,average;
    int i;
    for(i = 0;i < 3;i++)
        sum += stud[i].getScore();
    average = sum/3;
    cout <<"sum = "<< sum <<" average = "<< average << endl;
    return 0;
}
```

程序运行结果如下：

```
sum = 208 average = 69.3333
```

3.7　this 关键字

　　每个对象有自己独立的数据空间，但是类的成员函数只存储一份，为所有对象共享，当通过对象调用非静态成员函数(静态情况下一节介绍)时，需要把调用对象的地址也传递给成员函数，以确定成员函数要处理的数据是哪一个对象的数据，成员函数通过 this 指针接收调用对象的地址，所以每个成员函数(非静态的)都有一个隐含的指针变量 this。例如，Clock 类定义及实现：

```
class Clock
{
private :
    int hour, minute, second;           //关于时间的数据
public :
    void setClock(int h, int m, int s);  //调整时间值
};
void Clock::setClock (int h, int m, int s){
  hour = h;
  minute = m;
  second = s;
}
```

这相当于在函数形式参数中有一个 this 指针,即:

```
void Clock::setClock (Clock * this, int h, int m, int s) //形式参数中 this 不能够显式写出来
{
    this -> hour = h;
    this -> minute = m;
    this -> second = s;
}
```

对于对象定义:

```
Clock c1,c2;
c1. setClock(1, 2, 3);
c1 对 setClock 函数的调用等价于:
setClock(&c1,1,2,3);            // 注意程序中不能够这样写
```

这样 this 获得 c1 的地址,函数体中的"this->hour=h;"即给 c1 的 hour 赋值。

this 指针用途之一是很多程序员习惯上把形式参数与类数据成员命相同的名字,这样每个形式参数的含义一目了然。例如:

```
void Clock::setClock (int hour, int minute, int second) {
    this -> hour =  hour;
    this -> minute =  minute;
    this -> second =  second;
}
```

在 setClock 函数中 this->hour、this->minute、this->second 代表调用对象的数据成员,hour、minute、second 代表形式参数。

可以看出,在类的非静态成员函数中访问类的非静态成员数据的时候,编译器会自动将对象本身的地址作为一个隐含参数传递给函数。也就是说,即使没有写上 this 指针,编译器在编译的时候也会加上 this 的,它作为非静态成员函数的隐含形参,对各成员的访问均可以通过它进行。

还有一种情况就是,在类的非静态成员函数中返回类调用对象本身的时候,直接使用"return * this",在第 4 章运算符重载部分会有应用。

3.8　static 成员

static 是 C++中很常用的修饰符,它可以修饰函数、局部变量和全局变量,也可以修饰类的成员,用来控制成员的存储方式和可见性。

3.8.1　static 数据成员

在类内数据成员的声明前加上关键字 static,该数据成员就是类内的静态数据成员,静态数据成员也被称做是类的成员。无论这个类的对象被定义了多少个,静态数据成员在程序中也只有一份拷贝,由该类型的所有对象共享访问。也就是说,静态数据成员是该类的所有对象所共有的。对该类的多个对象来说,静态数据成员只分配一次内存,供所有对象共用。所以,静态数据成员的值对每个对象都是一样的,而非静态数据成员,每个类对象都有

自己的拷贝。

对于类 X 的定义及对象 a、b、c、d 的定义如下：

```
class X {
public:
    char ch ;
    static int s;
};
int X::s = 0 ;
void f( )
{ X a , b , c , d ; }
```

它们的存储方式如图 3.11 所示。

由图 3.11 可以看出，对象 a、b、c、d 各有自己的非静态数据成员空间 ch，但是它们共享一个静态数据成员 s。静态数据成员存储在全局数据区，静态数据成员在程序一开始运行时就必须存在，静态数据成员定义时要分配空间，因此，需要

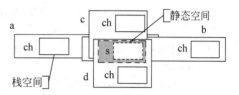

图 3.11 静态数据成员存储示意图

在类外初始化静态数据成员，即使静态数据成员是私有的也要在类外初始化。静态数据成员初始化与一般数据成员初始化不同。静态数据成员初始化的格式为：

<数据类型><类名>::<静态数据成员名> = <值>

如：int X::s ＝ 0 ;

初始化在类体外进行，而前面不加 static，以免与一般静态变量或对象相混淆；初始化时不加该成员的访问权限控制符 public、protected、private 等。静态数据成员的类外初始化等同于成员函数的类外实现，若未在类外初始化，程序连接时会出现错误。由于静态数据成员存储在全局数据区，所以用 sizeof 运算符获取对象空间大小时不包含静态数据成员的空间。

静态数据成员的储存空间实际上是不依赖于对象只依赖于类，换句话说，即使不定义任何对象，静态数据成员空间也照样存在，因此可以通过对象访问静态数据成员，也可以通过类访问静态数据成员。因此，类的静态数据成员有两种访问形式：

<类对象名>.<静态数据成员名>或<类类型名>::<静态数据成员名>

例如，对图 3.11 中静态数据成员 s 可以有 5 种访问办法：X::s（没有定义对象 a、b、c、d 时，X::s 也是正确的）、a.s、b.s、c.s、d.s，它们都代表访问同一个变量空间，通过其中一个改变值，其他方式获取的值全部改变。但是，静态数据成员和普通数据成员一样遵从 public、protected、private 访问规则，若上述 X 的静态数据成员是私有的，使用 X::s、a.s、b.s、c.s、d.s 访问 s 都是错误的，因为 s 不可见。把例 3.8 改用静态数据成员实现，见例 3.9。

例 3.9 利用静态数据成员计算一组学生的总成绩和平均成绩。

```
//ch3_9.cpp
# include< iostream >
using namespace std;
class Student{
```

```
private:
    char name[20];
    int age;
    float score;
public:
    Student(char * n, int a, int s){
        strcpy(name,n);
        age = a;
        score = s;
        sum += score;           //构造同时把 score 累加到静态成员 sum
    }
    static float sum;           //声明静态数据成员
};
float Student::sum = 0;          //初始化静态数据成员
int main(){
    Student stud[3] = { Student("zhang san",20,60), Student("Li si",19,70), Student("Wang
wu",18,78) };
    float average;
    average = Student::sum/3;     //类名访问静态成员,用对象名 stud[1].sum 是一样的
    cout <<"sum = "<< Student::sum <<" average = "<< average << endl;
    return 0;
}
```

程序运行结果如下：

```
sum = 208 average = 69.3333
```

　　静态数据成员通常用在各个对象都有相同的某项属性的时候。比如对于一个存款类，每个实例的利息都是相同的。所以,应该把利息设为存款类的静态数据成员,这有两个好处：第一,不管定义多少个存款类对象,利息数据成员都共享分配在全局数据区的内存,所以节省存储空间；第二,一旦利息需要改变时,只要改变一次,则所有存款类对象的利息全改变过来了。

　　同全局变量相比,使用静态数据成员有两个优点：一是静态数据成员没有进入程序的全局名字空间,因此不存在与程序中其他全局名字冲突的可能性；二是可以实现信息隐藏,静态数据成员可以是 private 成员,而全局变量不能。

3.8.2　static 函数成员

　　与静态数据成员一样,还可以创建一个静态成员函数,它为类的全部对象服务而不是只为某个类的具体对象服务。静态成员函数与静态数据成员一样,都属于类定义的一部分。静态成员函数声明时前面加 static 关键字,在类外写函数实现时不需要关键字 static,调用静态成员函数,可以用成员访问操作符(.)和(—>)为一个类的对象或指向类对象的指针调用静态成员函数,也可以直接使用作用域运算符,格式如下：

　　<类名>::<静态成员函数名>(<参数表>)

　　把例 3.9 改用静态成员函数实现见例 3.10。

例 3.10　利用静态函数成员计算一组学生的总成绩和平均成绩。

```cpp
//ch3_10.cpp
# include< iostream >
using namespace std;
class Student{
private:
    char name[20];
    int age;
    float score;
public:
    Student(char * n, int a, int s){
        strcpy(name,n);
        age = a;
        score = s;
        sum += score;                   //构造同时把 score 累加到静态成员 sum
    }
    static float sum;                   //声明静态数据成员
    static float getAverage();          //声明静态函数成员
    void display();                     //输出总和与平均值
};
float Student::getAverage(){return sum/3;}   //实现时函数不需要用 static 修饰
float Student::sum = 0;                 //初始化静态数据成员
void Student::display(){                //成员函数引用静态成员
    cout <<"sum = "<< sum <<" average = "<< getAverage()<< endl;
}
int main(){
    //静态成员函数、静态成员数据不定义对象时用类可以访问
    cout <<"sum = "<< Student::sum <<" average = "<< Student::getAverage()<< endl;
    Student stud[3] = { Student("zhang san",20,60), Student("Li si",19,70), Student("Wang wu",18,78) };
    //静态成员函数、静态成员数据定义对象后,通过类访问
    cout <<"sum = "<< Student::sum <<" average = "<< Student::getAverage()<< endl;
    //静态成员函数、静态成员数据定义对象后,通过对象访问
    cout <<"sum = "<< stud[0].sum <<" average = "<< stud[0].getAverage()<< endl;
    //成员函数
stud[0].display();
    return 0;
}
```

程序运行结果如下:

```
sum = 0 average = 0
sum = 208 average = 69.3333
sum = 208 average = 69.3333
sum = 208 average = 69.3333
```

在例 3.10 中可以看出,没有定义 Student 对象时,也可以通过类引用静态成员;成员函数 display 可以引用静态成员函数 average 和静态数据成员 sum,反之不然。

普通的成员函数一般都隐含了一个 this 指针,因为普通成员函数总是被某个具体对象调用的,this 即为该对象的地址。但是与普通函数相比,静态成员函数由于不与任何的对象

相联系,因此它不具有 this 指针。从这个意义上讲,它无法访问属于类对象的非静态数据成员,也无法访问非静态成员函数,它只能调用其余的静态成员函数。也就是说静态成员之间可以相互访问,包括静态成员函数访问静态数据成员和访问静态成员函数,但是静态成员函数不能访问非静态成员函数和非静态数据成员,而非静态成员函数可以任意地访问静态成员函数和静态数据成员。

3.9 const 成员和 const 对象

C++虽采取了不少有效的措施(如设 private 保护)以增加数据的安全性,但是有些数据却往往是共享的,人们可以在不同的场合通过不同的途径访问同一个数据对象。有时在无意之中的误操作会改变有关数据的状况,而这是人们所不希望出现的。既要使数据能在一定范围内共享,又要保证它不被任意修改,这时可以使用 const,把有关的数据定义为常量。

3.9.1 const 数据成员

类中某些数据成员的值是不需要改变的,如数学类的 π、物理类的 g 等都是常量,可以用关键字 const 来声明常数据成员。因为常数据成员的值是不能改变的,所以,定义对象时必须初始化,需要通过构造函数的初始化列表对常数据成员进行初始化。如在 Clock 类体中定义了常数据成员 hour:

```
class Clock
{
private :
    const int hour;              //常量数据
    int minute, second;          //非常量数据
public :
    Clock (int h, int m, int s):hour(h),minute(m),second(s){ }
};
```

必须采用在构造函数的初始化列表中对常数据成员 hour 初始化的方法,不能在构造函数的函数体中对常数据成员赋值。

```
Clock (int h, int m, int s):hour(h) {minute = m; second = s; }
```

以上方法是可以的,minute、second 是非常量成员,可以在构造函数体中赋值。

```
Clock (int h, int m, int s) {hour = h; minute = m; second = s; }
```

以上方法是不可以的,hour 必须在构造函数初始化列表中初始化。

```
Clock (int m, int s) { minute = m; second = s; }
```

hour 不初始化也是不可以的,hour 必须在构造函数的初始化列表中初始化。

成员函数可以引用本类中的非 const 数据成员,也可以修改它们;成员函数可以引用本类中的 const 数据成员,但不可以修改它们。

3.9.2　const 函数成员

定义的类的成员函数中,常常有一些成员函数不改变类的数据成员(比如打印函数),也就是说,这些函数是"只读"函数,把不改变数据成员的函数加上 const 关键字进行标识,标识为常成员函数。声明常成员函数格式如下:

类型 成员函数名(参数表) const;

如:

```
class Clock
{
private :
    int hour, minute, second;
public :
    void setClock (int h, int m, int s){
        hour = h;
        minute = m;
        second = s;
    }
    void showClock ( ) const{          //常成员函数
        cout << hour << minute << second;
    }
};
```

常成员函数提高了程序的可读性,更重要的是它还能提高程序的可靠性,即已定义成 const 的成员函数,一旦企图修改数据成员的值,则编译器按错误处理。如:

```
void Clock::showClock ( ) const{        //常成员函数
    minute++;                           //改变数据成员,编译出错
    cout << hour << minute << second;
}
```

在常成员函数中语句"minute++;"改变数据成员,编译出错。

常成员函数可以引用 const 数据成员,也可以引用非 const 的数据成员,只要在常成员函数中不改变数据成员即可。const 数据成员可以被 const 成员函数引用,也可以被非 const 的成员函数引用,只要 const 数据成员不被修改即可。

常成员函数不能调用另一个非常成员函数,因为非常成员函数是可以改变数据成员的,这样常成员函数就间接改变了数据,违背了常成员函数的定义规则。

例 3.11　圆类中常成员数据与常成员函数的使用。

```
//ch3_11.cpp
# include < iostream >
using namespace std;
class Circle{
private:
    double x,y ;            //圆心坐标
    double radius;          //半径
    const double pi;        //π
```

C++语言程序设计教程

```
public:
    //常数据成员必须在构造函数初始化列表中初始化
    Circle(double x,double y,double radius,double pi):pi(pi){
        this->x = x; this->y = y; this->radius = radius;
    }
    double getRadius(){
        return radius;
    }
    double area() const{    //常成员函数可以访问常数据成员和非常数据成员
        return pi * radius * radius;
    }
};
int main(){
    Circle c1(1.2,3.4,3,3.14);
    cout << c1.area();
    return 0;
}
```

在例 3.11 中可以看出,常成员函数 area 可以访问常数据成员 pi 和非常数据成员 radius。但是若把 area 函数改为:

```
double area() const{
    return pi * getRadius() * getRadius();
}
```

这是错误的,因为 area 函数调用了非常成员函数 getRadius(),这是不允许的。另外, 常成员函数可以用来定义重载函数,也就是说在已经定义常成员函数 area 的基础上,还可 以重载定义一个非常成员函数 area 如下:

```
double area(){            //成员函数可以访问常数据成员和非常数据成员
    return pi * radius * radius;
}
```

这两个 area 函数是合法的重载。对于利用 const 重载的成员函数,非常对象默认调用 非 const 成员函数,若没有非 const 成员函数则调用 const 成员函数;常对象(下一节介绍) 需要调用 const 成员函数,若不调用 const 成员函数则编译出错。

3.9.3　const 对象

在定义对象时也可以指定对象为常对象,常对象一经定义不能修改,如:

```
const Clock c1(12,34,46);            //c1 是常对象
```

这样,在所有的场合中,对象 t1 中的所有成员的值都不能被修改。凡希望保证数据成 员不被改变的对象,可以声明为常对象。

定义常对象的一般形式为:

类名 const 对象名[(实参表列)];

也可以把 const 写在最左边:

const 类名 对象名[(实参表列)];

二者等价。

如果一个对象被声明为常对象,则不能调用该对象的非 const 型的成员函数(除了由系统自动调用的隐式的构造函数和析构函数)。例如,对于例 3.11 中已定义的 Circle 类,定义常对象:

```
const Circle c1(1.2,3.4,3,3.14);        //定义常对象 c1
c1. getRadius();                        //企图调用常对象 c1 中的非 const 型成员函数,非法
```

这是为了防止这些函数会修改常对象中数据成员的值,不能仅依靠编程者的细心来保证程序不出错,编译系统充分考虑到可能出现的情况,对不安全的因素予以拦截。现在,编译系统只检查函数的声明,只要发现调用了常对象的成员函数,而且该函数未被声明为 const,就报错,提醒编程者注意。

1. 对象与指针间的关系

对象分为 const 和非 const 的,指针也分为 const 和非 const 的,那么对象与指针的关系分为以下几种情形。

对于圆类的定义(Circle)如下:

```
class Circle{
private:
    double x,y ;            //圆心坐标
    double radius;          //半径
    const double pi;        //π
public:
    //常数据成员必须在构造函数初始化列表中初始化
    Circle(double x,double y,double radius,double pi):pi(pi){
        this->x = x; this->y = y; this->radius = radius;
    }
    double getRadius(){
        return radius;
    }
    void setRadius(double radius){
        this->radius = radius;
    }
    double area() const{    //常成员函数可以访问常数据成员和非常数据成员
        return pi * radius * radius;
    }
}
};
```

1) 指向对象的指针

对象与指针都不定义成 const 的,如:

```
Circle c1(1.2, 2.3, 4, 3.14);
Circle * p = &c1;
```

通过对象名 c1 可以访问任何公有成员,如:c1. setRadius(10)、c1. area()。

通过指针 p 可以访问任何公有成员,如:p->setRadius(10)、p->area()。

Ⓒ++语言程序设计教程

p 的值是可以改变的。

2）指向常对象的指针

指向常对象的指针指向的对象可是 const 的，也可以是非 const 的，但是，通过指向常对象的指针只能访问对象的 const 成员，如：

```
Circle c1(1.2, 2.3, 4, 3.14);
const Circle * p = &c1;
```

在指针定义中，const 修饰 Circle，所以通过 p 访问对象，对象数据不允许更改（即只能够访问 const 成员）；const 不修饰 p，所以 p 可以更改，也就是说 p 还可以用其他的对象地址赋值。

通过对象名 c1 可以访问任何公有成员，如：c1. area()、c1. setRadius(10)。

通过指针 p 可以访问 const 公有成员，如：p->area()是可以的，p-> setRadius(10) 是不可以的。

p 的值是可以改变的。

3）指向对象的常指针

对象定义成非 const 的，指针定义是 const 的，如：

```
Circle c1(1.2, 2.3, 4, 3.14);
Circle * const p = &c1;
```

c1 为非 const 对象，p 为 const 的；在指针定义中，const 不修饰 Circle，所以对象数据允许更改；const 修饰 p，所以 p 不可以更改，也就是说 p 不可以再用其他的对象地址赋值。

通过对象名 c1 可以访问任何公有成员，如：c1. setRadius(10)、c1. area()。

通过指针 p 可以访问任何公有成员，如：p-> setRadius(10)、p->area()。

p 的值是不可以改变的。

4）指向常对象的常指针

对象定义成 const 的，并且指针也是 const 的，如：

```
const Circle c1(1.2, 2.3, 4, 3.14);
const Circle * const p = &c1;
```

在指针定义中，const 修饰 Circle，所以对象数据不允许更改；const 修饰 p，所以 p 不可以更改，也就是说 p 不可以用其他的常对象地址赋值。

通过对象名 c1 可以访问 const 公有成员，如：c1. area()是可以的，c1 setRadius(10)是不可以的。

通过指针 p 可以访问 const 公有成员，如：p->area()是可以的，p-> setRadius(10) 是不可以的。

p 的值是不可以改变的。

2．函数参数为对象指针

（1）如果函数的形参是指向 const 对象的指针，在执行函数过程中不能改变指针变量所指向的对象的值，允许实参是指向 const 对象的指针，或指向非 const 对象的指针。当希望在调用函数时对象的值不被修改,就应当把形参定义为指向常对象的指针变量,同时用对象的地址作实参(对象可以是 const 的或非 const 的)。

对于函数 f 定义如下:

```
void f(const Circle * p){
  //cout << p -> setRadius(10);    非法
  cout << p -> area();
}
```

函数调用:

```
Circle c1(1.2, 2.3, 4, 3.14);
f(&c1);
```

因为 p 是指向 const 对象的指针,所以通过形参指针 p 访问实参对象的非 const 函数是不允许的,不管实参对象是否是 const 的。

(2) 如果函数的形参是指向非 const 对象的指针,实参只能用指向非 const 对象的指针,而不能用指向 const 对象的指针,在执行函数的过程中可以改变形参指针变量所指向的对象(也就是实参指针所指向的对象)的值。

3. 函数参数为对象引用

一个对象的引用就是对象的别名。实质上,对象名和引用名都指向同一段内存单元。如果形参为对象的引用名,实参为对象名,则在调用函数进行实参形参结合时,并不是为形参另外开辟一个存储空间,而是把实参对象的地址传给形参(引用名),这样引用名也指向实参对象,被调用函数中形参引用的变量即为实参对象。

对于函数 f 定义如下:

```
void f(Circle & r){
  cout << r. setRadius(10);
  cout << r.area();
}
```

函数调用:

```
Circle c1(1.2, 2.3, 4, 3.14);
f(c1);
```

在函数 f 中对 r 的访问等价于对实参 c1 的访问,若 f 中改变了 r 的数据,则实参对象 c1 也会随之改变。然而,很多时候,在函数中只允许读取形参(即实参对象)数据,但不允许改变它,为此,需要在引用定义时加上 const 约束,如:

```
void f(const Circle & r){
  //cout << r. setRadius(10);   非法
  cout << r.area();
}
```

对于 const 引用,则不能够通过引用对象访问非 const 成员,也就是不能修改其数据成员。另外,若实参对象为 const 对象,则形参引用必须为 const 的。

在 C++面向对象程序设计中,经常用常指针和常引用作函数参数。这样既能保证数据

C++语言程序设计教程

安全,使数据不能被随意修改,又不必在调用函数时建立实参的拷贝,可以提高程序运行效率。

3.10 友元函数和友元类

类的私有成员只能在类的定义范围内使用,也就是说,类的私有成员只能通过本类的成员函数来访问,但有时候又需要在类的外部访问类的私有成员,甚至需要同时访问多个类的私有成员。为了解决这个矛盾,C++引入了友元来解决在类的外部访问类的私有成员的问题。这样,既可不放弃私有数据的安全性,又可在类的外部访问类的私有成员。

友元提供了不同类或对象的成员函数之间、类的成员函数与一般函数之间进行数据共享的一种手段。通过友元这种方式,一个普通函数或类的成员函数可以访问封装在类内部的数据,外部通过友元可以看见类内部的一些属性。但这样做,会使数据的封装性受到削弱,使程序的可维护性变差,使用时一定要慎重。

一个类中,声明为友元的外界对象可以是不属于任何类的一般函数,也可以是另一个类的成员函数,还可以是一个完整的类。

3.10.1 友元函数

如果友元是普通函数,则称为友元函数。友元函数是在类声明中用关键字 friend 说明的非成员函数。它不是当前类的成员函数,而是独立于当前类的外部函数,可以访问该类的所有对象的私有或公有成员,位置可以放在私有部分,也可放在公有部分(因为它不是成员,不受访问控制权限的约束)。

普通函数声明为友元函数的一般形式为:

friend <数据类型><友元函数名>(参数表);

例 3.12 普通函数作为类的友元函数。

```
//ch3_12.cpp
//平面上点到点的距离 sqrt((x1 - x2) * (x1 - x2) + (y1 - y2) * (y1 - y2))
# include < iostream. h >
# include < math. h >
//Point 类定义和实现
class Point
{
private:
    double x, y;              //x,y 坐标
public:
    Point(double x = 0.0, double y = 0.0);
    void disp( );            // 输出私有变量的成员函数
    friend double distance(Point p1,Point p2); //声明为 Point 的友元
};
Point::Point (double x, double y){
    this -> x = x; this -> y = y;
}
void Point::disp( ){ cout <<"点("<< x <<","<< y <<")"; }
```

```
//距离函数,
double distance(Point p1,Point p2){
    return sqrt((p1.x－p2.x)*(p1.x－p2.x)+(p1.y－p2.y)*(p1.y－p2.y));
}
//main 函数
int main(){
    Point p1(1.0,2.0);
    Point p2(3.0,4.0);
    p1.disp();
    p2.disp();
    cout <<"距离为: "<< distance(p1,p2)<< endl;
    return 0;
}
```

由于友元函数不是成员函数,因此,在类外定义友元函数时,不必像成员函数那样,在函数名前加"类名∷",也不能通过 this 指针引用对象的成员,必须通过入口参数传递进来的对象名或对象指针来引用该对象的成员。

当一个函数需要访问多个类时,应该把这个函数同时声明为这些类的友元函数,这样,这个函数才能访问这些类的私有数据,如例 3.13 所示。

例 3.13 普通函数作为多个类的友元函数。

```
//ch3_13.cpp
//平面上点到直线的距离
//设点的坐标为(x,y);直线为 ax + by + c = 0
//点到直线的距离 d = abs(a*x + b*y + c)/sqrt(a*a + b*b)
# include < iostream. h>
# include < math. h>
class Line; // Line 类声明
//点类定义和实现
class Point
{
 private:
    double x, y;                             //x,y 坐标
 public:
    Point(double x = 0.0, double y = 0.0);
    void disp( );                            // 输出私有变量的成员函数
    friend double distance(Point p,Line l);  //声明为 Point 的友元
};
Point::Point (double x, double y){
    this－> x = x; this－> y = y;
}
void Point::disp( ){ cout <<"点("<< x <<","<< y <<")"; }
//直线类定义和实现
class Line
{
 private:
    double a, b, c;                          //直线为 ax + by + c = 0 的系数
 public:
    Line(double a = 0.0, double b = 0.0, double c = 0.0);
    void disp( );                            // 输出私有变量的成员函数
```

C++语言程序设计教程

```
        friend double distance(Point p,Line l);           //声明为 Line 的友元
};
Line::Line(double a, double b, double c){
    this->a = a; this->b = b; this->c = c;
}
void Line::disp( ){ cout <<"线("<< a <<"x + "<< b <<"y + "<< c <<" = 0)";}
//距离函数
double distance(Point p,Line l){
    return fabs(l.a * p.x + l.b * p.y + l.c)/sqrt(l.a * l.a + l.b * l.b);
}
//main 函数
int main(){
    Point p1(1.0,2.0);
    Line l1(3.0,4.0,5.0);
    p1.disp();
    l1.disp();
    cout <<"距离为: "<< distance(p1,l1)<< endl;
    return 0;
}
```

在例 3.13 中,distance 函数既为 Point 的友元,又为 Line 的友元,这样两个类的互相不可见的私有数据在 distance 函数都可以访问。

3.10.2　友元成员函数

如果一个类的成员函数是另一个类的友元函数,则称这个成员函数为友元成员函数。通过友元成员函数,不仅可以访问自己所在类对象中的私有和公有成员,还可访问由关键字 friend 声明语句所在的类对象中的私有和公有成员,从而可使两个类相互合作,完成某个任务。求点和直线的距离可以利用友元成员函数实现,如例 3.14 所示。

例 3.14　成员函数作为类的友元函数。

```
//ch3_14.cpp
//平面上点到直线的距离
//设点的坐标为(x,y);直线为 ax + by + c = 0
//点到直线的距离 d = abs(a * x + b * y + c)/sqrt(a * a + b * b)
# include < iostream. h>
# include < math. h>
class Line;
//Point 类定义和实现
class Point
{
 private:
    double x, y;                              //x,y 坐标
 public:
    Point(double x = 0.0, double y = 0.0);
    void disp( );                             // 输出私有变量的成员函数
    double distance(Line l);                  //声明为 Point 的成员
};
Point::Point (double x, double y){
    this->x = x; this->y = y;
```

```
}
void Point::disp( ){ cout <<"点("<< x <<","<< y <<")"; }
//直线类定义和实现
class Line
{
 private:
    double a, b, c;                        //直线为 ax + by + c = 0 的系数
 public:
    Line(double a = 0.0, double b = 0.0, double c = 0.0);
    void disp( );                          // 输出私有变量的成员函数
    friend double Point::distance(Line l);      //声明为 Line 的友元
};
Line::Line(double a, double b, double c){
    this->a = a; this->b = b; this->c = c;
}
void Line::disp( ){ cout <<"线("<< a <<"x + "<< b <<"y + "<< c <<" = 0)";}
//距离函数
double Point::distance(Line l){
    return fabs(l.a * x + l.b * y + l.c)/sqrt(l.a * l.a + l.b * l.b);
}
//main 函数
int main(){
    Point p1(1.0,2.0);
    Line l1(3.0,4.0,5.0);
    p1.disp();
    l1.disp();
    cout <<"距离为: "<< p1.distance(l1)<< endl;
    return 0;
}
```

当一个类的成员函数作为另一个类的友元函数时,必须先定义成员函数所在的类,如类 Point 的成员函数 distance()为类 Line 的友元函数,就必须先定义类 Point,并且在声明友元函数时,要加上成员函数所在类的类名和运算符“::”,如例 3.14 中在 Line 类中声明:

```
friend double Point::distance(Line l);
```

与例 3.13 主要区别为 distance()是成员函数,实现时要有类名约束,调用时也要通过对象名或对象指针调用。

3.10.3　友元类

当一个类作为另一个类的友元时,称这个类为友元类。当一个类成为另一个类的友元类时,这个类的所有成员函数都成为另一个类的友元函数,因此,友元类中的所有成员函数都可以通过对象名直接访问另一个类中的私有成员,从而实现了不同类之间的数据共享。

友元类声明的形式如下:

firiend class <友元类名>;

友元类的声明可以放在类声明中的任何位置。
计算点和点的距离、点和直线的距离可以利用例 3.15 所示的友元类方法实现。

C++语言程序设计教程

例 3.15 友元类的应用。

```cpp
//ch3_15.cpp
//平面上点到点的距离 sqrt((x1 - x2) * (x1 - x2) + (y1 - y2) * (y1 - y2))
//平面上点到直线的距离
//设点的坐标为(x, y);直线为 ax + by + c = 0
//点到直线的距离 d = abs(a * x + b * y + c)/sqrt(a * a + b * b)
# include < iostream. h>
# include < math. h>
//Point 类定义和实现
class Point
{
 private:
     double x, y;                              //x, y 坐标
 public:
    Point(double x = 0.0, double y = 0.0);
    void disp( );                             // 输出私有变量的成员函数
    friend class ComputeTools;                //声明为 Point 的友元类
};
Point::Point (double x, double y){
     this -> x = x; this -> y = y;
}
void Point::disp( ){ cout <<"点("<< x <<","<< y <<")"; }
//直线类定义和实现
class Line
{
 private:
     double a, b, c;                          //直线为 ax + by + c = 0 的系数
 public:
    Line(double a = 0.0, double b = 0.0, double c = 0.0);
    void disp( );                             // 输出私有变量的成员函数
    friend class ComputeTools;                //声明为 Line 的友元类
};
Line::Line(double a, double b, double c){
     this -> a = a; this -> b = b; this -> c = c;
}
void Line::disp( ){ cout <<"线("<< a <<"x + "<< b <<"y + "<< c <<" = 0)"; }
 //ComputeTools 类定义和实现
class ComputeTools{
public:
     //重载点与点距离函数
     static double distance(Point p1, Point p2);
     //重载点与直线距离函数
     static double distance(Point p, Line l);
};
double ComputeTools::distance(Point p1, Point p2){
   return sqrt((p1. x - p2. x) * (p1. x - p2. x) + (p1. y - p2. y) * (p1. y - p2. y));
}
double ComputeTools::distance(Point p, Line l){
   return fabs(l. a * p. x + l. b * p. y + l. c)/sqrt(l. a * l. a + l. b * l. b);
}
```

```
//main 函数
int main(){
    Point p1(1.0,2.0),p2(3.0,4.0);
    Line l1(3.0,4.0,5.0);
    p1.disp();
    p2.disp();
    cout <<"距离为： "<< ComputeTools::distance(p1,p2)<< endl;
    p1.disp();
    l1.disp();
    cout <<"距离为： "<< ComputeTools::distance(p1,l1)<< endl;
    return 0;
}
```

程序运行结果如下：

点(1,2)点(3,4)距离为：2.82843
点(1,2)线(3x + 4y + 5 = 0)距离为：3.2

例 3.15 中定义了一个 ComputeTools 类作为 Point 点类、Line 线类（称之为数据对象类）的友元类，在 ComputeTools 类定义了访问 Point 点类、Line 线类的一些静态函数，来处理 Point 点类、Line 线类对象的相关联的数据。这样设计，当改变、增减一种数据对象类时，不会影响其他数据对象类，只需要改变 ComputeTools 类即可。例如，增加一种曲线类，只需要在 ComputeTools 类中增加点到曲线的距离函数，这是一种常用的设计方式。

友元关系是不能传递的。类 B 是类 A 的友元，类 C 是类 B 的友元，并不表示类 C 是类 A 的友元。

友元关系是单向的。类 A 是类 B 的友元，类 A 的成员函数可以访问类 B 的私有成员和保护成员，反之，类 B 不是类 A 的友元，类 B 的成员函数不可以访问类 A 的私有成员和保护成员。

3.11　类组合关系

类中的成员，除了可以为基本数据类型外，还可以是一个已定义的类类型，称此做法为类的组合或类的聚合，这样的类简称为组合类。

类可以将其他类对象作为自己的成员，形成类的嵌套。当一个类用另一个类的对象作为自己的成员时，称另一个类对象为对象成员。声明对象成员时，其数据类型为该对象成员所在类的类名。例如：

```
class Date                          // 先定义一个日期类
{
 private:
    int year,month,day;            // 声明私有成员变量
 public:
    Date(int yr,int mn,int dy)      // 定义构造函数,它的名字与类名相同
    { year = yr; month = mn;day = dy;}
};
class Student                       // 定义 Student 类
{
private:
```

```
    int num;                              // 声明私有成员变量
    char name[20];
    Date birthday;                        // 声明私有对象成员
public:
    Student(int n,char * nam,Date birth);   // 声明构造函数
};
Student::Student(int n,char * nam, Date birth):birthday(birth)
{ num = n; strcpy(name,nam); }            // 定义组合类的构造函数
```

对包含对象成员的类对象初始化时,既要初始化类的对象,还要初始化对象成员,显然一般类的构造函数不能承担这项初始化工作,需要定义组合类的构造函数。定义组合类的构造函数的语法格式为:

<类名>(参数总表): 对象成员 1(形参表),对象成员 2(形参表),…,{ 函数体 }

例如:

```
Student::Student(int n,char * nam, Date birth):birthday(birth)
{ num = n; strcpy(name,nam); }            // 定义组合类的构造函数
```

构造函数的冒号后面的部分称为成员初始化列表,用于完成对组合类中对象成员的初始化。birthday(birth)调用对象 birthday 所属类 Date 的构造函数 Date,创建对象 birthday,参数 birth 取自参数总表,即从 Student 的构造函数传递给 Date 的构造函数。

还可以重载一个构造函数:

```
Student::Student(int n,string nam, int y,int m,int d):birthday(y,m,d)
{ num = n; name = nam; }
```

比较两个构造函数见例 3.16。

例 3.16 在类中使用对象成员的实现。

```
//ch3_16.cpp
# include < iostream >
using namespace std;
class Date                                // 先定义一个日期类
{
private:
    int year,month,day;                   // 声明私有成员变量
public:
    Date(int yr,int mn,int dy)            // 定义构造函数,它的名字与类名相同
    { year = yr; month = mn;day = dy;
    cout <<"constructor Date"<< endl;}
    Date(Date& d){cout <<"copy constructor Date"<< endl;}
};
class Student                             // 定义 Student 类
{
private:
    int num;                              // 声明私有成员变量
    char name[20];
    Date birthday;                        // 声明私有对象成员
public:
```

```
    Student(int n,char * nam,Date birth);        // 声明构造函数
    Student(int n,char * nam, int y,int m,int d);
};
Student:: Student(int n,char * nam, Date birth):birthday(birth)
{ num = n; strcpy(name,nam); }                  // 定义组合类的构造函数(拷贝构造成员对象)
Student:: Student(int n,char * nam, int y,int m,int d):birthday(y,m,d)
{ num = n; strcpy(name,nam); }                  // 定义组合类的构造函数(构造成员对象)
void main(){
    Date d1(1,2,3);
    Student s1(1,"abc",d1);
    Student s2(2,"abcd",4,5,6);
}
```

程序运行结果如下：

constructor Date
copy constructor Date
copy constructor Date
constructor Date

运行结果中第 1 行的构造函数用来构造对象 d1；第 2 行的拷贝构造函数是对象 s1 的实参 d1 拷贝构造生成形参对象 birth；第 3 行的拷贝构造函数是由对象 birth 拷贝构造生成对象 s1 的成员对象 birthday；第 4 行的构造函数是构造生成 s2 的成员对象 birthday。可以看出，以对象为参数的构造函数由拷贝构造函数生成成员对象。

3.12 案例分析

前面的类及相关语言要素是面向对象程序设计的基础，下一步是应用其思想设计出合理的并能解决实际问题的模型，下面以父亲给儿子钱这样一个问题来分析怎样进行类的设计。

父亲给儿子钱这个问题，首先定义参与该任务的对象(类)，然后由各个对象协同完成任务，定义类很容易想到需要设计父亲和儿子两个类，其中父亲类包含数据成员 name(姓名)和 money(金钱)以及函数成员 receive(获取)和 pay(支付)，儿子类含数据成员 name(姓名)、father(父亲)和 money(金钱)以及函数成员 receive(获取)和 pay(支付)，类图见图 3.12、图 3.13(增加了构造函数、打印函数、获取函数，类图画法见附录 A)。

Father
－ name：char[16]
－ money：int
＋Father(n：char * ,m：int)
＋getName()：char *
＋receive(m：int)：void
＋pay(m：int)：int
＋print()：void

图 3.12 Father 类图一

Son
－name：char[16]
－money：int
－father：Father *
＋Son(p：Father * ,n：char * ,m：int)
＋getName()：char *
＋receive(m：int)：void
＋pay(m：int)：int
＋print()：void
＋getFather()：Father *

图 3.13 Son 类图

C++语言程序设计教程

例 3.17 父亲给儿子付钱案例的类的实现。

```cpp
//ch3_17.cpp
//类的定义及实现
//Father 类定义
class Father{
private:
    char name[16];              //姓名字符串
    int money;                  //持有钱数
public:
    Father(char * n, int m);
    char * getName();           //返回 name
    void receive(int m);        //接收 m 元钱
    int pay(int m);             //支付 m 元钱
    void print();
};
//Son 类定义
class Son{
private:
    char name[16];              //姓名字符串
    int money;                  //持有钱数
    Father * father;            //父亲
public:
    Son(Father * p, char * n, int m);
    char * getName();           //返回 name
    Father * getFather();       //返回 father
    void receive(int m);        //接收 m 元钱
    int pay(int m);             //支付 m 元钱
    void print();
};
//Son 类实现
Son::Son(Father * p, char * n, int m){
        father = p;
        strcpy(name, n);
        money = m;
}
char * Son::getName(){return name;}
Father * Son::getFather(){return father;}
void Son::receive(int m){
    if(m > 0)money = money + m;      //接收金额小于 0,放弃接收
}
int Son::pay(int m){
        if(m <= 0)                    //支付金额小于等于 0,支付 0 元
            return 0;
        if(money >= m){               //支付金额小于等于持有钱数,支付 m 元
            money = money - m;
            return m;
        }
        else                          //支付金额大于持有钱数,支付 0 元
            return 0;
}
```

```
void Son::print(){
        cout <<"name:"<< name <<" money:"<< money << endl;
}
//Father 类实现
int Father::pay(int m){
        if(m <= 0)                      //支付金额小于等于 0,支付 0 元
            return 0;
        if(money >= m) {                //支付金额小于等于持有钱数,支付 m 元
            money = money - m;
            return m;
        }
        else                            //支付金额大于持有钱数,支付 0 元
            return 0;
}
char * Father::getName(){return name;}
Father::Father(char * n,int m){
        strcpy(name,n);
        money = m;
}
void Father::receive(int m){if(m > 0)   //接收金额小于 0,放弃接收
                money = money + m;
}
void Father::print(){
        cout <<"name:"<< name <<" money:"<< money << endl;
}
```

有了以上类的定义及实现,即可定义对象,然后由对象实现给钱过程,代码段如下:

```
Father f1("李四",10000);
Son s1(&f1," 李小四",100);
s1.receive(f1.pay(1000));
f1.print();         //name: 李四 money:9000
s1.print();         //name: 李小四 money:1100
```

但是,会发现一个问题,任何人都可以调用 f1 的 pay 函数从李四那里支取钱,说明类的设计是有问题的,即 Father 类和 Son 类的 pay 函数不应该是公有的,receive 函数可以是公有的,正如银行的信用卡支取必须由持有者授权,但存入任何人都可以。为此,需要把 pay 函数声明成私有的,并且还需要定义一个管理授权的函数,在 Father 类中定义公有函数 manage(Son 的 manage 函数根据具体应用定义)管理授权,新的 Father 类图如图 3.14 所示。

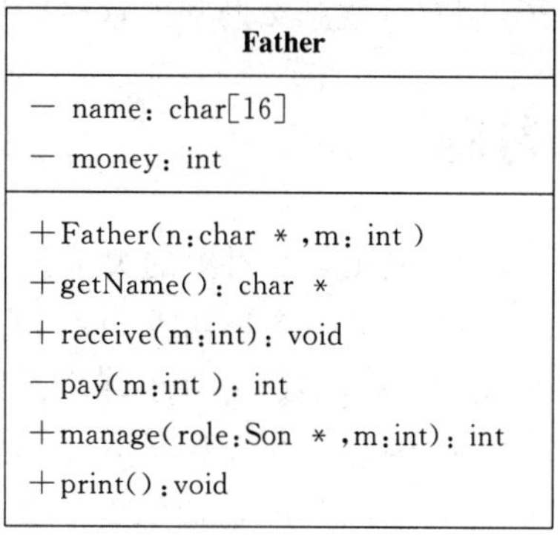

Manage 函数实现如下:

Father
— name: char[16]
— money: int
+Father(n:char * ,m: int)
+getName(): char *
+receive(m:int): void
—pay(m:int): int
+manage(role:Son * ,m:int): int
+print():void

图 3.14　Father 类图二

```
int Father::manage(Son * role,int m) //role 为支付对象,m 为支付金额
{
    if(strcmp(role -> getFather() -> getName(),name) == 0) //支付对象的父亲是自己
        return pay(m);
```

```
    else
        return 0;
}
```

通过上面重新定义的类,李四确保给自己的儿子李小四付钱(别人是不会付钱的)的代码如下:

```
Father f1("李四",10000);
Son s1(&f1," 李小四",100);
s1.receive(f1.manage(&s1,1000));
f1.print();          //name: 李四 money:9000
s1.print();          //name: 李小四 money:1100
```

本例着重体会以下 3 点:

(1) 面向对象的设计首先要找出参与任务的对象并将其抽象为类,然后由类对象协同完成任务。

(2) 类的设计应该忠实于实际对象,尤其是功能的权限范围,如本例的 pay 函数就定义为私有的。

(3) 存取函数为类中的私有数据成员提供对外的接口,用来设置和返回私有成员数据的值,通常称为 getter 和 setter 函数,命名方式通常为"get(set)＋私有成员的名称(首字母大写)",如:

```
char * getName();          //返回私有数据成员 name 的值
void setName(char * n);    //利用参数给私有数据成员 name 赋值,限于篇幅本例没有给出
```

这样的设计使得程序在读写数据时只要访问 setter 和 getter 函数即可,当然并不是所有私有数据成员都需要提供存取函数,如私有数据成员 money(安全问题)就没有提供存取函数。

在这个例子中,细心的读者会发现父子两个类会有很多同样的数据成员和函数成员,程序有很多冗余;还有 Father 类的 manage 函数只能给自己的儿子付款,如果想给自己的妻子、朋友付款怎么办呢? 这些问题将在继承和多态章节给出解决方案。

习题

1. 说明类与对象的关系。

2. 定义一个日期类 Date,它提供由年、月、日组成的私有日期数据和修改日期、打印出日期的公有函数,并提供多个重载的构造函数。

3. 编写一个计数器类,定义一个私有整型数据成员,通过两个成员函数分别使其完成加 1 和减 1 操作,构造函数使数据成员初始化为 0,输出函数可以输出数据成员的值。

4. 定义一个分数类如下,要求实现各个成员函数,并在主函数中测试两个分数的加减乘除等运算。

```
class Rational
{
public:
```

```
        Rational(int nn = 1, int mm = 1);          //构造函数
        Rational R_add(Rational & A);              //加
        Rational R_sub(Rational & A);              //减
        Rational R_mul(Rational & A);              //乘
        Rational R_div(Rational & A);              //除
        void print();                              //以简分数形式显示,注意约分
    private:
        void simple( );                            //约分
        int m;                                     //分母
        int n;                                     //分子
};
```

5. 定义一个类包含一个整型数的指针变量,在构造函数中用 new 分配 10 个整型数的内存空间,在析构函数中用 delete 释放内存空间,并编写给内存空间赋值和输出的成员函数。

6. 完成 String 类

```
class String
{
public:
    String(const char * str = NULL);              //普通构造函数
    String(const String &other);                  //拷贝构造函数
    ～ String();                                   //析构函数
private:
    char * m_data;                                // 用于保存字符串
};
```

完成 String 的 3 个成员函数,并编写一个主函数,在主函数中对所编写的成员函数进行测试。

7. 完成 Array 类

```
class Array
{
public:
    Array();                 //所有数组元素初始化为 0
    int& getData(int i);     //返回下标为 i 的数组元素的引用
    void print();            //打印出所有数组元素的值
    void input();            //对所有数组元素进行输入
private:
    int m_data[10];
};
```

完成 Array 的成员函数,并编写一个主函数,在主函数中对所编写的成员函数进行测试。

8. 拷贝构造函数哪些情况下会被调用,分别举例说明。

9. 什么是 this 指针,它的主要作用是什么?

10. 设计一个类,实现两个复数的四则运算,要求用友元函数实现。

11. 定义圆类(由圆心坐标点类和半径组成),利用友元函数判断两个圆的位置关系(圆间关系包括相交、相切、相离)。

12. 编写一个类 Node,声明一个数据成员 member 和静态数据成员 count(初始值为 0),构造函数初始化数据成员 member,并把静态数据成员 count 加 1,析构函数把静态数据成员 count 减 1,print 函数输出数据成员 member 和静态数据成员 count;在 main 函数中定义 Node 类的对象和用 new 申请对象,通过 print 函数显示它们的数据成员和静态成员。

13. 分别介绍 const 修饰数据成员、函数成员、对象的作用。

14. 定义自然对数类(LN),其数据成员包括 e(底)和 x,e 为 const 的;定义函数成员 computer,返回 x 的自然对数值。

15. 定义类体系描述一个老师可以有多个助教、每个助教可以辅导多名学生的问题。

运算符重载

C 语言提供了丰富的运算符和表达式,使程序能够高效简洁地执行各种运算。C++语言延续了这一特点,不仅增加一些新的运算符,而且将运算符的使用范围进行了扩充。运算符重载(operator overloading)是面向对象程序设计中令人期待的特性之一,通过重载使类对象也可以使用已有运算符,这种C++特有的语法机制使复杂晦涩的程序变得更生动直观。本章介绍运算符重载的规则,分析常用运算符的重载方法,最后给出字符串类重载各种运算符的实例。

本章主要内容

- 运算符重载的意义与规则
- 运算符重载为成员函数
- 运算符重载为友元函数
- 常用运算符的重载

4.1 理解运算符重载

如今电子产品的更新速度已超过了摩尔定律,手机作为人人必备的智能终端,悄然改变我们的生活方式,其意义已远远超过通信工具。智能手机新增的各种功能令人应接不暇,相应操作系统和应用软件也与时俱进地快速更新,然而年轻人总能轻松地把玩各种新式手机。原因之一是无论手机的技术与外观如何改变,总有一些常用的图标和按钮表示固定的意义。不管是小灵通还是 3G 手机,接听和挂机的按钮操作都是相似的,因此操作起来简单快捷且易于上手。

C++中的运算符和手机中的通用图标有着异曲同工之妙。使用运算符对各种基本类型的数据进行操作,高效快捷且清晰易懂。如果运算符也能作用于各种类对象,会使 C++程序代码简洁而优雅。例如,向量类 Vector 的对象 v1 与 v2,矩阵类 Matrix 对象 m1 与 m2,时间类 Date 对象 d1 与 d2,点类 Point 对象 p1 与 p2,最好能够使用如下表达式进行四则运算:

C++语言程序设计教程

```
v1 = v1 + v2;            //向量加法
m1 = m1 + m2;            //矩阵相加
v1 = m1 * v2;            // 向量与矩阵相乘
m1 = v1 * v2;            // 向量相乘
int day = d1 - d2;       // 计算时间差
double d = p1 - p2;      // 计算两点距离
```

尽管各种类对象进行加、减或乘的操作不同,但是都可以简单地使用运算符"十"、"一"或"＊"进行相关的操作,这便是运算符重载机制。

前面讨论过函数的重载,同一个函数名可以用来代表不同的功能,即具有相似功能的函数可以共享相同的函数名,这些同名函数处理数据的类型不同。同样,用户可以根据自己的需要对运算符进行重载,在类中赋予运算符新的含义,使运算符能够适用于特定的类对象。对于同一个运算符,可以根据不同类型的操作数进行特定的操作。运算符重载打破了普通运算符只能用于基本数据类型的限制,给用户提供重新定义运算符操作的机会,提高 C++的可扩展性。

运算符可对各种基本类型的变量进行操作,实际上多数程序员已经不知不觉享用了运算符重载的便捷。例如,算术运算符"十"对整数、浮点数和双精度数进行加法操作,这些数据在计算机内的存储格式和运算规则不尽相同,却可使用同一个运算符实现各自的加法运算,这是由于 C++内部已经对该运算符进行了重载,使其能适用于多种基本类型数据的运算。运算符重载机制也可为类对象提供简洁的操作形式,如果在某个类中定义重载运算符的函数,在该使用运算符时,系统根据操作对象的类型自动调用与之匹配的函数,以实现相应的操作。因此运算符重载的本质是函数的重载。

4.2 运算符重载规则

1. 重载运算符的基本形式

运算符重载将运算符操作与类结合起来,扩大了运算符的作用范围,这种机制使 C++具有更强大的功能、更好的扩充性和适应性。运算符重载最适合数学方面的应用,如向量、矩阵及复数运算。对于复数类进行的算术操作,不能用运算符"十"直接对 Complex 类对象 c1和 c2 进行操作,可以用普通成员函数实现复数加法操作,定义该类如下:

```
class Complex                                   //复数类
{
public:
        Complex(double r, double i){ dReal = r; dImag = i; }   //构造函数
        Complex complexAdd(const Complex &c2);          //复数相加函数
        {
                Complex c;
                c.dReal = dReal + c2.dReal;
                c.dImag = dImag + c2.dImag;
                return c;
        }
private:
        double dReal;                           //实部
```

```
    double dImag;                                              //虚部
};
```

两个复数对象 c1 与 c2 相加的函数调用语句为如下形式：

```
Complex c3 = c1.complexAdd(c2);
```

这种实现复数类对象加法的方法不太直观，如果能进行如下加法操作该是多么美妙的事情啊！

```
c3 = c1 + c2;
```

在完成同样操作的情况下，通常使用运算比调用函数更加清晰简洁。为了实现这个梦想，必须重新定义运算符的操作。运算符重载的本质是函数的重载，实现重载的方法与定义普通函数或成员函数相似。例如，在 Complex 类中定义加法运算，将"＋"运算符重载为成员函数，定义形式如下：

```
Complex Complex :: operator + (const Complex &c2){
    Complex c;                      //局部对象
    c.dReal = dReal + c2.dReal;     //实部相加
    c.dImag = dImag + c2.dImag;     //虚部相加
    return c;                       // 返回和
}
```

其中函数名为关键字 operator 和将要重载的运算符，函数的返回值类型可以为基本数据类型或类类型，形参是对 Complex 对象的常引用，参数个数一般和运算符要求的操作数个数相关。将运算符"＋"重载为复数类的成员函数后，则可实现加法操作 c3 ＝ c1＋c2。C++ 编译系统将表达式 c1＋c2 解释为 c1. operator＋(c2)，即对象 c1 调用运算符重载函数 operator＋( )，将实参对象 c2 按引用方式传递给该函数。在函数体内定义对象 c 临时保存两个复数对象进行加法操作的结果，该函数返回时将 c 的值传递给另一个复数对象 c3。可见用重载运算符"＋"代替成员函数 complexAdd，只需改变函数名，函数体、参数集和函数返回值都相同，调用机制也相似。

通过以上分析可知，两种方法实现的功能基本相同，运行结果也相同，重载运算符也是通过相应的函数实现的。对于运算符重载，人们容易变得过于热心。其实它仅仅是一个语法修饰，是另外一种调用函数的方法而已。用这种眼光看，没有必要在任何类中都重载运算符，只有合理适度地使用运算符重载，才能有效地提高程序的可读性。

2. 运算符重载的规则

运算符重载是使 C++锦上添花的特性，但是有人也会存在一些顾虑。如果可以对运算符的意义重新定义，那么是否会改变其原有的操作？C 代码还能否安全兼容到 C++程序中？既然可以任意定义运算规则，使用运算符是否会产生歧义？在实现运算符重载是否需要遵循一定的规则？

运算符重载不会改变其作用于基本类型数据的操作，对某类对象可以使用重载的运算符，运算符重载后基本语法特性不应改变。下面介绍运算符重载时必须遵循的规则。

（1）不允许创建新的运算符，只能对已有的运算符进行重载。

只能使用 C++提供的运算符集，而不能随意使用其他的表示方法。例如 BASIC 中使用

符号 ** 表示指数运算,虽然用 2**10 表示 2^{10} 很简洁,但在 C++ 中并不识别该运算符,因此不能被重载。

(2)重载运算符不改变原运算符所需要的操作数数目。

重载的一元运算符仍然是一元运算符,如++和——;重载的二元运算符仍然是二元运算符,如关系运算符和逻辑运算符等;C++ 中唯一的三元运算符(?:)不能被重载。可以分别将运算符+、-、* 和 & 重载为一元运算符和二元运算符。重载运算符的函数不能有默认的参数,否则就改变了运算符参数的个数。

(3)运算符重载不改变运算符的优先级和结合性。

各种运算符的优先级和结合性不能因运算符重载而改变。若希望改变某运算操作的操作顺序,可以使用加圆括号的方法强制改变表达式中的运算次序。

表 4.1   C++允许和禁止重载的运算符

允许重载的运算符	双目算术运算符	＋ － ＊ ／ ％
	关系运算符	== != ＜ ＞ ＞= ＜=
	逻辑运算符	&& ‖ !
	单目算术运算符	＋ － ＊ &
	自增自减运算符	++ ——
	位运算符	&	～ ^! ≪ ≫
	赋值运算符	=
	复合赋值运算符	+= -= *= /= %= ^= &= |=
	空间申请与释放	new delete new[ ] delete[ ]
	其他运算符	->* , -> [ ] ( )
不能重载的运算符	. (成员访问运算符).* (成员指针访问运算符)::(作用域解析符) sizeof(长度运算符)?:(条件运算符)	

(4)特殊的运算符不允许被重载。

C++ 允许重载大部分运算符,使其具有和类对象相关的新的含义。但是在 C++ 运算符集合中,有一些运算符不允许被重载。这种限制是出于安全方面的考虑,可防止使用运算符的错误和混乱。不能重载的运算符见表 4.1,此外也不能重载预处理器指令符号 ♯ 和标志传送符号 ♯♯ 等具有特定意义的符号。

(5)用于类对象的运算符一般必须重载,但有两个特殊运算符"＝"和"&"不必重载。

赋值运算符和取地址运算符无须重载就可用于每一个类。若类中不重载赋值运算符时,可以直接利用"＝"在同类对象之间相互赋值,默认的赋值运算是简单复制类的数据成员,4.4 节中将会讨论这种默认的赋值行为对于带有指针成员的类是危险的,这种类通常要显式重载赋值运算符。地址运算符 & 也无须重载就可以作用于任何类的对象,它返回对象在内存中的起始地址。

(6)运算符重载不改变该运算符用于基本类型变量时的含义。

运算符被重载后,原有意义没有失去,只是针对特定类定义了一个新运算的含义。重载运算符的操作数至少有一个是类的对象或类的对象的引用,从而防止程序员改变运算符对基本类型数据的操作方式。

若声明普通函数对"＋"进行如下方式的重载,此时进行加法操作会造成运算关系混乱:

```
int * operator + ( int , int * );
int a = 5;
int * pa = &a;
pa = a + pa;            //error
```

因此 C++规定,运算符操作数都为基本类型时不能重载。

除了以上规则,将运算符用于类的对象时,应避免不合理或有歧义的使用,重载时应仿照该运算符作用于基本类型数据的功能和规则。例如,在 Complex 类中重载加法运算符,却使其执行复数的减法运算,会令人迷惑不解。此外,使用运算符重载执行操作的方法要与使用基本数据类型相同,即使用相近的语法。例如,对于某类的对象 alpha 和 beta 使用复合赋值符 alpha += beta,应等效于 alpha = alpha + beta,而不应采用其他方式进行操作。

虽然运算符重载是 C++语言吸引人的特性之一,但是应当合理和适度地运用。在完成同样操作的情况下,如果使用运算符能够比函数调用更清晰,则应该重载运算符。过犹不及,滥用和误用反而会使程序语义不清且难以阅读。

4.3　重载运算符的方法

重载运算符的方法即定义一个函数,对该运算符的操作进行规定。该函数既可以是类中的成员函数,也可以是类外函数,那么哪种方法更合适呢? 前面分析过 Complex 类中的重载加法运算符函数,本节进一步讨论其他算术运算符的重载,比较两种重载方法的区别。

4.3.1　运算符重载为成员函数

若使 A 类对象能够使用运算符 op,一般将其重载为类的成员函数,其声明形式为:

返回类型 A::operator op(参数列表);

函数名:由两部分组成,包括关键字 operator 以及需要重载的运算符 op。

参数列表:由 op 的操作数个数和类型决定,若为双目运算符则包括一个参数,若为单目运算符,则参数列表为空。

返回类型:由 op 构成的表达式的类型决定。

例如,按照重载"+"的方法,重载运算符"-"代替成员函数 complexSub,若有复数对象 c1、c2 和 c3,可以构造表达式 c3 = c1-c2,则减法运算符重载函数定义为如下形式:

```
Complex Complex::operator - ( const Complex &c2)
{ return Complex ( dReal - c2.dReal, dImag - c2.dImag); }
```

运算符"+"和"-"都可以作为双目运算符,为什么重载函数中只有一个参数呢? 将减号运算符重载为成员函数后,对于表达式 c1-c2,编译系统解释为 c1.operator- (c2)。实际上,运算符重载函数涉及两个操作数对象,其中左操作数 c1 为调用 operator-的对象,右操作数为参数对象 c2。双目运算符重载为成员函数时,用 this 指针访问的类对象作为左操作数,因此参数列表中只需一个类对象。为了提高数据的传递效率和安全性,参数常被设计为类对象的常引用。此外,为了保证表达式 c3 = c1-c2 有意义,表达式 c1-c2 的类型应为 Complex,即函数返回一个复数对象。

其实"－"不仅可以作为双目运算符,也可以将其重载为单目运算符,对操作数进行取反操作,例如 int i ＝ －1,j ＝ －i。为了使负号能作用于复数对象,实现类似的操作,可以将运算符"－"重载为成员函数。由于该运算符只涉及一个操作数,即为 this 指针指向的复数对象,因此不需要传递参数。若规定复数的取反操作是将实部和虚部同时取反,则将 operator－定义成如下形式是否合理?

```cpp
void Complex::operator - ( ){
    dReal = - dReal;
    dImag = - dImag;
}
```

这种重载 operator－的方法有两个逻辑问题:其一,无返回类型。此时表达式 c1＝－c2 应该如何解析?由于函数没有返回值,因此－c2 不能作为右值表达式。如果希望复数的取反运算也能和实数取反操作相似,则重载函数必须返回一个复数对象。请注意,C++的任何表达式都必须有一个类型。其二,不合理地修改操作数。对于实数 d 和 g ＝9.8,则表达式 d ＝ －g 的值为－9.8,而 g 的值依然为 9.8。对于复数对象取反操作－c2 也不应该修改操作数 c2。正确合理的重载方法见例 4.1。

例 4.1 在复数类中设计成员函数重载运算符,实现加法和减法运算。

```cpp
//ch4_1.cpp
# include < iostream >
using namespace std;
class Complex                                      //定义 Complex 类
{
public:
    Complex( ){dReal = 0;dImag = 0; }              //默认构造函数
    Complex(double r, double i){ dReal = r; dImag = i; } //重载构造函数
    Complex operator + ( const Complex &c);        //重载运算符 +
    Complex operator - ( const Complex &c ) ;      //重载运算符 -
    Complex operator - ( ) ;                       //重载运算符 -
    double getReal()const{ return dReal; }
    double getImag()const{ return dImag; }
    void print( )const;
private:
    double dReal;                                  //实部
    double dImag;                                  //虚部
};
// 重载加号
Complex Complex::operator + (const Complex &c2) {
    Complex c;                                     //局部对象
    c.dReal = dReal + c2.dReal;                    //实部相加
    c.dImag = dImag + c2.dImag;                    //虚部相加
    return c;                                      // 返回和
}
// 重载减号
Complex Complex::operator - (const Complex &c2) {
    return Complex ( dReal - c2.dReal, dImag - c2.dImag);
}
```

```
// 重载取反符号
Complex Complex::operator - ( ){
    return Complex ( - dReal, - dImag);
}
//输出复数
void Complex::print( )const {
    cout << '('<< dReal << ", " << dImag << ')'<< endl;
}
// 测试函数
int main( ){
    Complex c0,c1( - 3,4),c2(1, - 10);
    c0 = c1 + c2;                              //c1.operator + ( c2)
    cout << "c1 + c2 = ";
    c0.print( );
    c0 = c1 - c2;                              //c1.operator - ( c2)
    cout << "c1 - c2 = ";
    c0.print( );
    c0 = - c1 ;                                //c1.operator - ( )
    cout << " - c1 = ";
    c0.print( );
    return 0;
}
```

程序运行结果如下：

```
c1 + c2 = ( - 2, - 6)
c1 - c2 = ( - 4, 14)
 - c1 = (3, - 4)
```

对比重载 operator ＋()与 operator －()，后者的形式更为简洁。重载减号时没有定义局部对象 Complex c 存储复数对象 c1 与 c2 相减的结果，而是返回一个无名的临时对象，return 语句中调用有参的构造函数对其初始化，其数据成员的初值为调用它的对象 c1 和实参 c2 的实部之差与虚部之差。这种定义形式不仅语句精简，而且时间效率更高，请思考：减少了几次构造函数的调用？ 当返回结果对象的时候是否调用了复制构造函数？

4.3.2　运算符重载为友元函数

除了将运算符重载为类的成员函数，也可重载为非成员函数。若使 A 类对象能够使用运算符 op，非成员函数实现重载的声明形式为：

返回类型 operator op(参数列表);

函数名：由两部分组成，包括关键字 operator 以及需要重载的运算符 op。

参数列表：由 op 的操作数个数和类型决定，若为双目运算符则包括两个参数，若为单目运算符则参数列表包含一个类对象。

返回类型：由 op 构成的表达式的类型决定。

对于同一运算符，一般重载为成员函数更为简洁，重载为非成员函数形式有两个麻烦：其一，非成员函数没有 this 指针，重载单目运算符时需要传递一个参数，其类型必须为类对象；重载双目运算符时必须传递两个参数，默认第一个参数为左操作数。其二，由于类的封装特性,非成员函数无法直接访问类的私有数据,必须借助一些公有的接口访问它们。例如,对 Complex 类用普通函数重载"—",定义形式如下:

```
Complex operator - (const Complex &c1, const Complex &c2){
    double dReal = c1.getReal() - c2.getReal() ;
    double dImag = c1.getImag() - c2.getImag() ;
    return Complex(dReal, dImag);
}
Complex operator - (const Complex &c){
    return Complex( - c1.getReal(), - c1.getImag());
}
```

相比于例 4.1 中用成员函数实现的运算符重载,这种方法不仅要多传递一个参数,而且要调用 get 方法访问类的数据成员。为了提高访问类中私有成员的效率,可以将运算符重载函数在类内声明为友元函数,例如:

```
friend Complex operator - ( const Complex &c1, const Complex &c2){
    return Complex(c1.dReal - c2.dReal, c1.dImag - c2.dImag);
}
friend Complex operator - ( const Complex &c1) {
    return Complex( - c1.dReal, - c1.dImag);
}
```

显然,用非成员函数实现重载运算符的方法较烦琐,因此一般用成员函数实现运算符重载。然而按照黑格尔的观点,世上万物存在必有其合理性。既然用成员函数实现运算符重载简洁,为何允许用非成员函数进行重载? 何时必须用类外的非成员函数实现运算符的重载?

对于基本类型数据进行"+"操作,当两个操作数的类型不同时,自动将某一操作数进行类型转换,而后进行加法操作,并且两个操作数的位置对换后表达式的值不变,满足数学上的交换性。例如

```
int i = 9;
double d = 1.2, sum;
sum = i + d; //等效于 sum = d + i;
```

但是对于类对象使用运算符进行操作,不能任意交换左右操作数。例如,将一个复数 c2 和一个整数 i 相加,可以将运算符重载函数作为成员函数,声明为如下的形式:

```
Complex Complex∷operator + ( int i);
```

重载的运算符"+"的左操作数应为 Complex 类的对象,而不能为 int 型变量,例如:

```
c3 = c2 + i;          //c2. operator + (i)
c3 = i + c2;          //编译出错,运算符" + "的左侧不是类对象
```

进行复数和整数的混合加法时,该成员函数必须由类对象调用,无法实现 i. operator+() 的调用。因此如果运算符的左操作数不是本类对象,只能将运算符重载为非成员函数:

```
Complex operator + ( int i, const, Complex &c);
```

　　类对象与非本类对象进行混合运算时,选择非成员函数重载运算符,可以保证非本类对象正确调用运算符。将双目运算符重载为非成员函数时,函数的形参列表中必须有两个参数,其顺序任意,不要求第一个参数必须为类对象。但在使用运算符的表达式中,要求运算符左侧操作数与函数第一个参数对应,右操作数与第二个参数匹配。

　　例 4.2　在复数类中重载运算符,使"+"运算符支持复数加法的各种操作,并实现复数和实数的混合加法运算。

```
//ch4_2.cpp
# include < iostream. h >
class Complex                                        //定义 Complex 类
{
  //友元函数重载 + 与 -
  friend Complex operator + ( double d, const Complex &c) ;
  friend Complex operator - ( const Complex &c1, const Complex &c2) ;
  friend Complex operator - ( const Complex &c1) ;
public:
Complex( ){dReal = 0;dImag = 0; }                    //定义构造函数
  Complex(double r, double i){ dReal = r; dImag = i; }    //重载构造函数
  Complex operator + ( const Complex &c2);            //两个复数相加函数
  Complex operator + (double d);                      //复数和实数相加函数
  void print( )const;
private:
    double dReal;                                     //实部
    double dImag;                                     //虚部
};
//成员函数实现
Complex Complex::operator + (const Complex &c2){
  return Complex ( dReal + c2.dReal, dImag + c2.dImag);
}
Complex Complex::operator + (double d) {
return Complex ( dReal + d, dImag);
}
void Complex::print( )const {
    cout << '(' << dReal << ", " << dImag << ')' << endl;
}
//友元函数实现
Complex operator + ( double d, const Complex &c) {
        return Complex ( d + c. dReal, c.dImag);
}
Complex operator - ( const Complex &c) {
        return Complex ( - c. dReal, - c.dImag);
}
Complex operator - ( const Complex &c1 ,const Complex &c2) {
        return Complex (c1. dReal - c2. dReal, c1. dImag - c2.dImag);
}
int main( ){
    Complex c0,c1( - 3,4),c2(1, - 10);
    double d1 = 5.5, d2 = 0.5;
        d1 = d1 + d2;                                 //内部定义的 + 操作
```

```
    c0 = c1 + c2;                              //c1.operator + (c2)
    cout << "c1 + c2 = ";
    c0.print( );
    c0 = c1 + d1;                              //c1.operator + (d)
    cout << "c1 + d1 = ";
    c0.print( );
    c0 = d1 + c1;                              //operator + (d, c1)
    cout << "d1 + c1 = ";
    c0.print( );
    c0 = c1 - c2;                              //operator - (c1, c2)
    cout << "c1 - c2 = ";
    c0.print( );
    c0 = - c2;
    cout << " - c2 = ";                        //operator - ( c2)
    c0.print( );
    return 0;
}
```

程序运行结果如下：

```
c1 + c2 = ( - 2, - 6)
c1 + d1 = (3, 4)
d1 + c1 = (3, 4)
c1 - c2 = ( - 4, 14)
 - c2 = ( - 1, 10)
```

4.3.3　成员函数与友元函数的比较

重载运算符的意义在于尽可能为类的使用者提供方便，使其能够灵活地操作类对象。例 4.2 中用两种形式分别重载运算符，但要注意同一运算符不能既用成员函数又用友元函数重载，避免歧义的函数调用。基于不同的需求，Complex 类中 3 次重载运算符"＋"，使其能够支持两个复数的加法，复数和实数的混合加法并满足交换律，使表达式 $d1+c1$ 和 $c1+d1$ 都合法。运算符可以重载为成员函数或者友元函数，选择重载形式时应该遵循以下原则。

1. 优先选择成员函数实现运算符重载

一般情况下单目运算符重载为类的成员函数，尤其在运算符的操作需要修改对象的状态时（如＋＋和－－）。双目运算符可以重载为类的成员或者友元函数。但是一些双目运算符的重载不能用类的友元函数实现，包括＝、（）、［］和－＞，只能重载为类的非静态成员函数。

2. 不能重载为成员函数的运算符

当有两个不同类型的对象进行混合运算时，若双目运算符的左操作数不是 A 类对象（其他类对象或基本类型），而右操作数为 A 类对象，则该运算符函数不能重载为 A 类成员函数。

4.4 常用运算符重载

4.4.1 关系运算符

典型的二元运算符包括算术运算符和关系运算符。前面介绍算术运算符的重载方法，与关系运算符的重载有很多相似之处。下面分析盒子类 Box 的设计，从而进一步理解双目运算符的重载。

如果你准备打包邮寄东西，有一些盒子可以利用，你会选择最合适的放东西，此时需要比较盒子对象尺寸（如长、宽、高或体积等参数）。可以在 Box 类中重载比较运算符，首先重载运算符"＜"，使其能够对盒子类的两个对象的体积进行比较：

```cpp
class Box                                          //盒子类
{
public:
    Box(double l = 1.0, double w = 1.0, double h = 1.0): length(l), width(w), height(h) {}
    double volume( ) const{ return length * width * height; } //计算盒子体积
    bool operator <(const Box& b) const {
        return volume( ) < b.volume( );
    }
private:
    double length;
    double width;
    double height;
};
```

若 box1 与 box2 为 Box 类的对象，调用运算符函数 operator＜( )的语句可为：

```cpp
if ( box1 < box2 ) // box1.operator <(box2)
{ cout << "box1 is less than box2"; }
```

这里将该重载运算符函数声明为成员函数，并且定义为类内实现的内联函数，编译效率比较高。由于比较操作没有改变任何操作数，因此把参数和函数都指定为 const，即两个操作数为常对象。实参 box2 与形参 b 按引用方式映射，避免不必要的复制开销。在重载"＜"时调用成员函数 volume 来计算两个 Box 对象的体积，返回比较结果 true 或者 false。

在整理物品的时候，需要将不同的物品分箱归类，如果有若干个盒子，你选择体积最大的装衣服，并要挑选出体积在一定范围内的箱子装书籍。定义了盒子类后，希望使用 box1＜10 或 10＜ box2 形式的表达式，上面的重载形式能否满足要求？

例 4.3 设计盒子类，随机设置 10 个盒子的尺寸（长宽高为 10 以内的自然数），搜索其中体积最大的盒子，并输出体积在 100～500 之间的所有盒子。

```cpp
//ch4_3.cpp
# include < iostream.h>
# include < stdlib.h>
# include < time.h>
class Box                                          //定义盒子类
{
```

C++语言程序设计教程

```cpp
public:
    Box(double = 1.0, double = 1.0, double = 1.0);        //带默认参数的构造函数
    double volume( ) const;                               //计算盒子体积的成员函数
    void show( ) const;                                   //显示盒子尺寸的成员函数
    bool operator <(const Box& b) const;                  //重载运算符<的3个函数
    bool operator <(double dVolume) const;
    friend bool operator <(const double dVolume, const Box& b);
private:
    double length;
    double width;
    double height;
};
Box::Box(double l, double w, double h): length(l), width(w), height(h) {}
double Box::volume( ) const{
    return length * width * height; }
void Box::show( ) const{
    cout << length << " by " << width << " by " << height << endl; }
//重载<
bool Box::operator <(const Box& b) const{
    return volume( ) < b.volume( ); }
bool Box::operator <(double dVolume) const{
    return volume( ) < dVolume; }
bool operator <(const double dVolume, const Box& b){
    return dVolume < b.volume( ); }
inline int random(int count) {                            //随机数函数
return 1 + (int)(count * (double)(rand( ))/(RAND_MAX + 1.0)); }
int main( ){
    const int boxCount = 10;                              //数组大小
    Box boxes[boxCount];                                  //盒子类对象数组
    //随机初始对象数组元素
    const int dimLimit = 10;                              //盒子边长的最大值
    srand((unsigned) time(0));                            //随机种子
    for (int i = 0; i < boxCount; i++){
        boxes[i] = Box(random(dimLimit), random(dimLimit), random(dimLimit));
    }
    //找寻数组中体积最大的对象
    Box * pLargest = &boxes[0];
    for( i = 1; i < boxCount; i++){
        if( * pLargest < boxes[i]) {//pLargest -> volume( )< box[i].volume( )
            pLargest = &boxes[i]; }
    }
    cout << "The largest box in the array has dimensions:";
    pLargest -> show( );
    //搜索体积在100~500之间的盒子
    double volMin = 100.0;                                //盒子体积的下限
    double volMax = 500.0;                                //盒子体积的上限
    cout << "Boxes with volumes between " << volMin << " and " << volMax << " are:";
    for ( i = 0; i < boxCount; i++){
        if(volMin < boxes[i] && boxes[i] < volMax){
            boxes[i].show( ); }
    }
```

```
        return 0;
    }
```

程序某次运行结果如下：

```
The largest box in the array has dimensions:4 by 9 by 8
Boxes with volumes between 100 and 500 are:4 by 9 by 8
4 by 10 by 3
3 by 7 by 10
8 by 9 by 4
```

在例 4.3 中，利用重载运算符"<"的 3 个函数，从盒子类的对象数组中搜索体积最大的盒子，并输出体积满足一定条件的所有对象的信息。由于盒子的尺寸是随机数字，每次运行的结果是不同的。

4.4.2　自增运算符

单目运算符只涉及一个操作数，如! a,-b,&c, ∗ p,++i 和--i 等。一元运算符可重载为一个没有参数的成员函数，或者带有一个参数的非成员函数，参数必须是类的对象或者对该对象的引用。本节以自增运算符为例，讨论重载一元运算符的方法。

为了正确重载"++"运算符，首先回顾自增运算的规则。该运算符作用于整型变量，有前置和后置两种形式，分析如下代码：

```
int i, a, b;
i = 0 ; a = ++i;        // i = 1 , a = 1
i = 0; b = i++;         // i = 1 , b = 0
```

前置++与后置++的自增操作的区别在于：对于表达式++i，前置自增运算先使操作数 i 的值加 1，整个表达式的值为自增后的值；而对于表达式 i++，后置自增运算先取自增前 i 的值作为整个表达式的值，然后操作数 i 加 1。不论前置还是后置自增运算，都需要修改操作数，要求操作数为左值表达式，因此整型算术表达式与常量都不能进行自增运算，例如：

```
++(a + b);          //语法错误
i = 0 ; b = i++ ++;  //语法错误,后置自增表达式不是左值表达式
i = 0 ; a = ++ ++i; // i = 2 , a = 2
```

为某个类重载运算符"++"时，应该保证与整型数据的自增运算意义相同。重载自增运算符的难点有两个：其一，如何使编译器能区分前置自增运算符和后置自增运算符；其二，如何设计重载函数的类型，即返回什么对象。

为了使编译器能明确区分两种操作，重载自增运算符函数声明成不同的形式。C++约定在重载自增运算符时，增加一个 int 型形参，表示后置自增运算符函数，严格地说这是一个伪参数，并不接收实际的数值，目的只是区分运算符"++"的两个重载函数。下面定义一个简单的类 Increase，将自增运算符重载为如下成员函数：

```
class Increase
{
    int value;
```

C++语言程序设计教程

```
public :
    Increase (int v = 0 ) { value = v; }
    Increase operator ++( );              //重载前置++
    Increase operator ++( int );          //重载后置++
};
```

编译器根据自增运算符和操作数的位置选择合适的重载函数。若对 Increase 类的一个对象 Object 使用"＋＋"运算符，执行＋＋Object 操作时，调用前置自增函数 Object.operator＋＋( )；若执行 Object＋＋操作时，调用后置自增函数 Object.operator＋＋(0)，参数 0 没有实际意义。

下面分析该重载自增运算符函数的返回类型。根据前置自增的操作方法，表达式＋＋Object 为 Increase 类型，重载函数应该返回一个自增后的对象 Object，可以将类中的重载运算符定义为如下形式：

```
Increase Increase::operator ++( ) {
    ++value ;
    return * this;
}
```

在 3.5.3 节时曾经分析过，按值传递方式返回对象时，需要调用复制构造函数返回该对象的副本。在该函数中 value 值已经增 1 后执行 return ＊this，返回调用＋＋对象的副本。这种按值的方式返回会出现如下问题：

```
Increase Object1, Object2;          // Object2.value = Object1.value = 0
Object2 = ++(++Object1);            // Object2.value = 2, Object1.value = 1
```

执行括号中的自增操作时，＋＋Object1 返回的不是对象 Object1 本身，而是 Object1 的一个复制对象，因此 Obect1 不能再次进行自增操作，相当于执行如下代码：

```
Object2 = ++Increase( ++Object1.value );
```

为了保证连续自增操作都作用于操作数 Object1，应将该重载函数的类型改为类对象的引用形式：

```
Increase & Increase::operator ++( );
```

函数体同上，此时返回＊this 即 Object1 对象本身，返回引用对象减少了复制临时对象的开销，并能够正确地实现前置＋＋的操作：

```
Object2 = ++(++Object1);            //Object2.value = Object1.value = 2
```

重载后置＋＋与重载算术运算符的方法相似，根据后置自增运算符的操作方法，可以将类中的重载运算符定义为如下形式：

```
Increase Increase::operator ++( int ){
    Increase temp;
    temp.value = value ++;
    return temp;
}
```

后置＋＋返回临时对象 temp，temp 保存 value 自增操作前的值，函数调用结束后析构 temp。由于 C++中后置自增表达式不是左值表达式，不会出现 Object1＋＋ ＋＋的情况，因此重载该运算符时可以设计成按值返回。如果将其返回类型改成类引用的形式，尽管编译正确，运行时会产生莫名其妙的结果。因为函数作用域的限制，不能返回临时对象的引用。

例 4.4 在时间类 Date 中实现日期的自增操作，重载"＋＋"将一个 Date 对象增加 1 天，必要时使年和月递增。

```cpp
//ch4_4.cpp
# include < iostream. h >
class Date
{
public:
    Date( int m = 1, int d = 1, int y = 1900 );        //构造函数
    Date &operator ++( );                              //重载前置++
    Date operator++( int );                            //重载后置++
    bool leapYear( int );                              //判断日期是否是闰年
    bool endOfMonth( int );                            //判断时期是否是月末
        void print( )const;
private:
    int month;
    int day;
    int year;
    static const int days[ ];                          //每月天数
    void helpIncrement( );                             //日期合理增1
};
const int Date::days[ ] = { 0, 31, 28, 31, 30, 31, 30, 31, 31, 30, 31, 30, 31 };//每月天数
Date::Date( int mm, int dd, int yy ) {
    //设置年、月的合理值
    month = ( mm >= 1 && mm <= 12 ) mm : 1;
    year = ( yy >= 1900 && yy <= 2100 ) yy : 1900;
    //设置日期的合理值
    if ( month == 2 && leapYear( year ) )
    {   day = ( dd >= 1 && dd <= 29 ) dd : 1; }
    else
  {   day = ( dd >= 1 && dd <= days[ month ] ) dd : 1; }
}
//重载自增运算符
Date &Date::operator++( ){
    helpIncrement( );                                  //日期合理增1
    return * this;                                     //按引用返回
}
Date Date::operator++( int ){
    Date temp = * this;
    helpIncrement( );
    return temp;                                       //按值返回临时对象
}
bool Date::leapYear( int y ){
    if ( y % 400 == 0 || ( y % 100 != 0 && y % 4 == 0 ) )
    { return true; }                                   //闰年
```

```
        else
        { return false; }                                        //非闰年
    }
bool Date::endOfMonth( int d ){
    if ( month == 2 && leapYear( year ) )
        { return d == 29; }                                      //闰年的二月的天数
    else
        { return d == days[ month ]; }                           //其他月份的天数
}
void Date::helpIncrement( ){
    if ( endOfMonth( day ) && month == 12 ) {                    //年末
        day = 1;
        month = 1;
        ++year;
    }
    else if ( endOfMonth( day ) ) {                              //月末
        day = 1;
        ++month;
    }
    else                                                         //其他日期
        ++day;
}
void Date::print( )const {
    char * monthName[ 13 ] = { " ", "Jan", "Feb", "Mar", "Apr", "May", "June",
        "July", "Aug", "Sep", "Oct", "Nov", "Dec" };
    cout << monthName[ month ] << ' ' << day << ", " << year << endl;
}
int main( ){
    Date d0, d1( 12, 31, 2011);
    //测试前置自增运算符
    d0 = ++d1;
    cout << "d0 = ++d1 \n" ;
    cout <<"d0: ";
    d0.print();
    cout <<"d1: ";
    d1.print();
    //测试后置自增运算符
    Date d2 ( 2, 28, 2012 );
    d0 = d2++;
    cout << "d0 = d2++\nd0: " ;
    d0.print();
    cout <<"d2: ";
    d2.print();
    return 0;
}
```

程序运行结果如下：

```
d0 = ++d1
d0: Jan 1, 2012
d1: Jan 1, 2012
```

```
d0 = d2++
d0: Feb 28, 2012
d2: Feb 29, 2012
```

　　类 Date 的 public 接口提供了以下成员函数：构造函数、检测闰年的函数 leapYear( )、判断是否为每月最后一天的函数 endOfMonth( )、重载前置与后置自增运算符函数（实现日期的自增操作）。类中还声明了一个私有工具函数 helpIncrement( )，供重载自增运算符函数调用。

4.4.3　特殊运算符

　　大部分运算符可以用成员函数或非成员函数两种形式重载。但是有些特殊运算符只能重载为成员函数，如下标运算符和赋值运算符。而有些运算符只能重载为非成员函数，如流插入和流提取运算符。本节讨论这些特殊运算符的重载方法，并分析引用在类中的应用。

　　C++程序中经常使用数组来存放一组类型相同的数据，这种数据结构的操作简单高效，可以通过指针向函数传递数组的首地址。但是在使用数组时存在一些问题，例如定义数组时必须用常量表达式定义其长度（数组中包含元素的个数），缺省数组长度时必须给出初始化列表，两个数组不能用"＝"直接赋值，不能使用"＜＜"直接输出数组中所有元素的值等。此外，使用下标访问数组元素时，无法处理越界问题。定义和使用数组常见错误如下：

```
double a[ ];             // 错误定义数组，没有定义数组长度
int i = 3, b[i];         //错误定义数组，数组大小为变量
Date d1[5], d2[5];
cout << d1 << d2;        //错误输出数组元素
d1 = d2;                 // 错误使用"＝"
d1[5] .setDate(2012,1,1); // 数组越界
char name[ 3 ] = "hahaha";  // 数组越界
```

　　为了能更加安全便捷地操作数组，下面定义整型数组类 IntArray：

```
class IntArray
{
public:
IntArray( int s = 0);
    ～IntArray();
    //重载运算符函数
 ⋮
private:
    int * pArr;         //数组首地址
    int size;           //数组大小
};
```

　　允许 IntArray 对象使用运算符"[ ]"访问数组，并提供判断越界的机制，使用运算符"＝"对数组对象赋值，并且能够使用"＜＜"直接输出整个数组。下面逐个介绍这些运算符的重载方法。

1. 重载下标运算符[ ]

　　若希望 IntArray 类对象同普通数组一样，能够使用下标运算符安全地访问数组元素，

并规定下标从 1 开始计数,例如:

```
IntArray a(3),b (5);
cout << a[1];          //输出第一个元素
b[i] = i;              //为 b 的第 i 个元素赋值
```

为了保证数组访问的安全性,应对数组元素 b[i]的下标 i 进行检测。由于数组对象 b 最多存放 5 个元素,当 i>0 且 i<6 时,可以正常读取数组 b 的元素,而 i>5 时,数组对象访问发生越界,应提示错误。在 IntArray 类中重载下标运算符,必须用成员函数实现,其声明形式为:

```
int& IntArray::operator[](int i);
```

重载下标运算符时,需要注意该函数的类型。数组元素 a[1]与 b[i]为整数,因此下标运算符构成表达式的类型应为 int,考虑到该表达式可以作为左值表达式,因此重载该运算符的函数必须返回引用类型。

例 4.5 在 IntArray 中重载[],实现数组元素的安全读写操作。

```cpp
//ch4_5.cpp
# include < iostream. h >
class IntArray
{
public:
    IntArray( int s = 0);
    ~IntArray();
    int& operator[](int i);
private:
    int * pArr;
    int size;
};
IntArray::IntArray(int s){
    size = s;
    if(size == 0)                    //空数组
        pArr = NULL;
    else                             //分配空间,0 号元素不用
        pArr = new int[size + 1];
    for(int i = 1; i <= size;i++)
        pArr[i] = 0;                 // 数组元素置 0
}
IntArray::~IntArray( ){
    if(pArr! = NULL)                 //释放数组空间
        delete [ ]pArr ;
}
int& IntArray::operator[](int i){
    if(i < 1||i > size){
        cout <<" Out of range!"<< endl;
        return pArr[0];
    }
    return pArr[i];
}
```

```
int main( ){
    IntArray a(5),b(3);
    for( int i = 1 ; i<=5;i++)
            a[i] = i;                    //数组元素写操作
    cout <<"a: ";
    for( i = 1 ; i<=5;i++)
        cout << a[i] <<' ';              //数组元素读操作
    cout << endl;
    cout <<"a[6] = "<< a[6]<< endl;
    cout <<"b: ";
    for( i = 1 ; i<=3;i++)
        cout << b[i] <<' ';              //数组元素读操作
    return 0;
}
```

程序运行结果如下：

```
a: 1 2 3 4 5
 Out of range!
a[6] = -842150451
b: 0 0 0
```

程序中第二个 for 循环遍历数组 a,输出每个 a[i]元素的值。当 i>5 时发生了越界访问,输出出错的提示信息后返回第一个元素的引用,由于 0 号元素未初始化,输出不确定的值。这种对于下标的合法性检测以及错误处理机制较为简单,即使出错程序仍继续执行,可以使用断言机制 assert 来完善,见后面的例 4.7。

2. 重载流插入运算符<<

C++可以使用 cout << 输出字符串数组,却不能直接输出数值型数组,只能如例 4.5 使用 for 循环逐个输出数组元素。如果希望用简练的形式输出 IntArray 类对象,可以为该类重载流插入运算符"<<"。

能否用成员函数实现该运算符的重载呢？注意调用"<<"的对象并不是安全数组类对象,而是标准输出流对象 cout,因此不能将该运算符重载为成员函数。IntArray 类重载流插入运算符"<<"为友元函数,其声明形式较为特殊:

```
friend ostream& operator << ( ostream& out, const intArray& a);
```

其中 ostream 是 C++标准库中定义的输出流类,用于实现各种输出操作,cout 为标准输出流类对象,关于输入输出流类的讲解以及重载运算符"<<"与">>"的分析详见第 9 章。这里仅介绍重载输出运算符的方法。

在类外定义该友元函数,使类对象能按照指定的格式输出所有数组元素,实现代码如下:

```
ostream& operator << (ostream& out, IntArray& a){
        for(int i = 1 ; i<=a.size ; i++)
            out << a.pArr[i]<<' ';        //cout << a[i]<< ' '
        return out;
}
```

C++语言程序设计教程

细心的读者会发现,函数返回引用类型,有何道理? 为了保证标准输出流对象 cout 能够使用流插入运算符连续输出数组对象,重载 operator<<时应返回输出流类的引用形式,分析如下语句:

```
cout <<"a: "<< a << endl;        //输出"a: "后返回 cout
        ↓
    cout << a << endl;           //继续输出 a 后返回 cout
            ↓
        cout << endl;            // 继续输出回车返回 cout
```

3. 赋值运算符

使用赋值运算符"="可以把某个空间的数据复制到同类型的另一个空间中。该运算符适用于基本类型的变量,同样也可以作用于用户自定义的类对象。例如:

```
int i1, i2 = 3;
i1 = i2;
Box b1, b2(1,2,3), b3;
b1 = b2;
```

对盒子类对象进行上面的赋值操作,其效果如图 4.1 所示。

对于一般类无须重载赋值运算符,编译器会提供默认版本的 operator=( ),实现两个对象相应数据成员的简单复制,即右值对象将其数据成员的值传递给左值对象。也可在类中重载赋值运算符函数,该重载函数必须作为成员函数。例如,在 Box 类中定义重载"=":

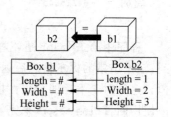

图 4.1 盒子类默认的赋值
运算符操作

```
Box & Box::operator = (const Box &b){
    length = b. length ;
    width = b.width;
    height = b.height;
    return * this;
}
```

函数的类型采用类对象的引用形式,将调用该函数的对象返回。这样设计的道理何在? 初学者容易将该函数的返回类型设计为 void,尽管表达式 b1=b2 能够顺利通过编译,但另一种表达式 b1=b2=b3 显然不能正确解析。C++中任何表达式都有类型和值,为了使赋值运算符对基本类型数据和类对象的操作方法保持一致,赋值表达式应为左值表达式,重载"="时应返回本类对象的引用。此时,下面语句能够被编译:

```
b1 = b2 = b3;        // b1 = ( b2 = b3 ); 等价于 b1.operator = ( b2.operator = (b3) );
(b1 = b2) = b3;      // 等价于(b1.operator = ( b2) ).operator = (b3) );
```

上面表达式中,此时赋值运算符的功能类似于默认的复制构造函数,那么两者有何区别?

```
Box b2 = b1 ;        // 等价于 Box b2 (b1),调用复制构造函数 Box (const Box &b);
b2 = b1;             // 调用 operator = ( const Box &b)
```

不能混淆复制构造函数和赋值运算符函数,它们的用途和调用时机不同。当用已有对象实例化新对象时,调用复制构造函数。而只有当"="两侧为已创建的同类对象时,才能调用赋值运算符。前者好比用你的 DNA 克隆一个新人,而后者好比你不满意自己的相貌,按照林志玲的相貌和身材进行整容。

对于一般类无需定义复制构造函数,可以直接使用系统提供的复制构造函数,但是这种浅复制有时会出现问题。同理,大部分类对象可以直接使用类中默认的 operator=( ),但是有时这种简单的赋值会造成运行错误。例如,对于例 4.5 中定义的安全数组,直接使用该运算符,执行以下测试代码,该代码段的运行结果如图 4.2 所示。

```
IntArray a(5),b(3);
for( int i = 1 ; i<=5;i++)
      a[i] = i;
cout <<"a: "<< a << endl <<"b: "<< b << endl;
b = a;
cout <<"\na: "<< a << endl <<"b: "<< b << endl;
```

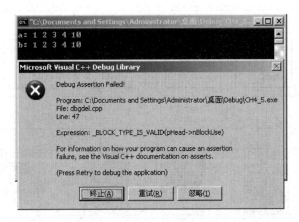

图 4.2　运行错误界面

运行该程序弹出了出错信息对话框,因为程序中试图将自由存储区中的同一段内存释放两次,下面详细分析产生错误的原因。程序中首先创建两个 IntArray 类的对象 a 和 b,两个对象分别调用构造函数初始化,其中后者仅能存储 3 个整数,而前者能够存放 5 个整数。接着调用重载 operator[]访问对象 a,通过 for 循环对 5 个元素分别赋值。此时两个对象的数据成员的值如图 4.3(a)所示。利用重载运算符"<<"输出两个对象,显示两个数组对象的内容。随后程序执行赋值表达式 b = a,调用默认的赋值运算符函数,将 a 的数据成员直接复制给 b,即执行操作:b. pArr = a. pArr; b. len = a. len,此时两个对象的指针成员指向同一段内存空间,即它们同享一个内存资源。赋值后两个对象关系如图 4.3(b)所示。

当程序结束时两个数组对象分别析构,如图 4.4 所示。按照析构的顺序,首先析构对象 b,执行 b 的析构函数时由 b. pArr 释放数组空间。当析构对象 a 时执行 delete[] pArr,此时该指针指向的空间已经被释放,因此运行时出现错误。

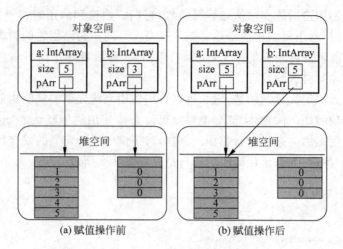

图 4.3　IntArr 对象 a 与 b 的关系

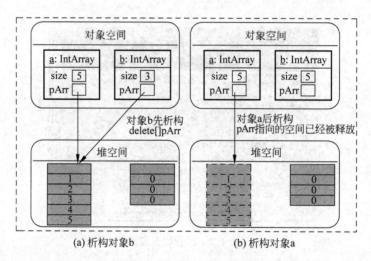

图 4.4　析构对象

　　分析出现该问题的原因,使用默认的赋值符号使两个对象的联系过于紧密,好像两个连体婴儿行动有诸多不便之处。如果希望两个对象进行赋值运算后保持彼此独立,就需要为每个对象分别开辟存储空间,存储相同的元素,就好比双胞胎拥有相同的面孔,但是完全独立的个体。在 IntArray 类中重载赋值运算符,执行 b = a 后两个对象的关系如图 4.5 所示,析构时不会出现上述错误。

　　在 IntArray 类中重载赋值运算符,声明如下成员函数:

```
IntArray& IntArray::operator = (IntArray& a);
```

　　表达式 a＝b 的类型应为 IntArray 的类型,才能实现如下操作:

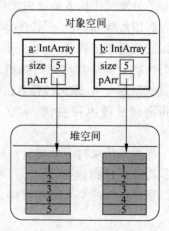

图 4.5　IntArr 对象 b ＝ a 的关系

```
cout << (a = b) << endl;
a = b = c;              // IntArray c(4);
```

例 4.6 实现正确的数组赋值操作,在安全数组中重载赋值运算符。

```cpp
//ch4_6.cpp
# include < iostream. h>
class IntArray
{
    friend ostream& operator <<(ostream& out, IntArray& a);
public:
        IntArray( int s = 0);
        ~IntArray();
        int& operator[ ]( int i);
        IntArray& operator = ( IntArray& a);
private:
        int * pArr;                     //数组首地址
        int size;                       //数组大小
};
//成员函数与友元函数的定义
IntArray& IntArray::operator = ( IntArray& a){
        if(pArr! = NULL)
             delete [ ] pArr ;          //释放原有空间
        size = a.size;
        if(size == 0)
             pArr = NULL;
        else
             pArr = new int[size + 1];    //重新分配空间
        for(int i = 1; i <= size; i++)   //逐个元素复制
             pArr[i] = a.pArr[i];
        return * this;
}
ostream& operator <<(ostream& out, IntArray& a){
        for(int i = 1 ; i <= a.size ; i++)
             out << a.pArr[i]<<' ' ;     //cout << a[i]<< ' '
        return out;
}
//其他函数的定义同 ch4_5.cpp,此处省略
//……
int main( ){
IntArray a(5),b(3);
    for( int i = 1 ; i <= 5;i++)
         a[i] = i;
    b = a ;                             //测试赋值符号
    a[5] = b[5] = 10;                   //测试下标运算符
    cout <<"a: "<< a << endl <<"b: "<< b << endl;
    return 0;
}
```

程序运行结果如下:

```
a: 1 2 3 4 10
b: 1 2 3 4 10
```

4. 函数返回引用对象

安全数组类中重载的 3 个运算符函数有共同的特点，它们的返回值类型均为引用类型。通常当函数返回值可以作为左值表达式时，应返回引用类型。例如，对于 IntArray 类对象 a、b 与 c，有如下操作

```
a[5] = 10;              // a. operator[](5);
a = b = c;              // b. operator = (c); a. operator = (b);
```

回顾上节 Date 类中对 operator++ 的重载，对于 Date 类对象 d1 和 d2，可以实现如下操作 d1 = ++ ++ d2。由于自增运算的操作数必须为左值表达式，为了保证能够实现 d2 连续自增，++d2 也应该为左值表达式，因此重载前置自增运算符 Date &operator ++( ) 时，需要返回引用类型。

通常函数按值传递的方式返回对象，除非有特殊需求时，才将函数类型设计成引用形式。对于引用类型的函数，应谨慎设计 return 语句，不能返回具有局部生存期的对象或者变量。对比 3.5.3 节中的例子，将函数 test 的类型修改为 Point& 类型：

```
Point& test( ){
Point p;                // 生存期局限于本函数
return p;               //析构 p,返回局部对象 p
}
int main( ){
    Point p1;
    p1 = test(); //逻辑错误, p1 = p; p 已经被析构
    return 0;
}
```

例 ch3.7 中 test 函数按值传递方式返回对象会产生一个临时对象，若 test( )按引用形式返回 p，企图把该对象返回 main( )。上面代码编译时虽然不会产生错误，但存在逻辑问题。当 test 函数调用结束后，局部对象 p 被析构，将已释放的对象返回 main 函数是无意义的操作。注意，应该避免返回局部对象的引用！

4.5 案例分析

C++语言延续了 C 语言高效灵活的特点，很大程度上得益于指针操作。这个让程序员爱恨交加的指针，往往使程序潜伏着各种致命的 Bug。C 语言使用字符指针和数组操作字符串，在使用 C 字符串时必须小心谨慎，时刻注意各种规则和陷阱，程序员经常犯如下的错误：

```
char str[5], * p = 0;
p = "hello";
str = "welcome";        //语法错误,数组名为常指针 char const *,不能作左值
strcpy(p, "dlut");      //语法错误,指针不能存储字符串
p[0] = 'H';             //语法错误,指针不能存储字符串
strcat( str, p );       //逻辑错误,数组越界
str > p;                //逻辑错误,不能比较字符串大小
```

使用 C 字符串使程序员如履薄冰，需要考虑指针操作的细节问题，如是否越界操作、字符串终止标志'\0'的处理以及空指针的引用等。为了安全方便地操作字符串，标准 C++ 提供 string 类处理字符串。该类封装一个 char * 类型数据成员，并包含很多处理字符串的函数，如输入输出操作、字符串复制和搜索字串操作函数，同时字符串对象可以使用运算符进行连接、比较和索引等操作。例如：

```
# include < string >
using namespac std;
string s1, s2("dlut ");              //字符串对象构造
s1 = s2 + "ssdut ";                  //字符串连接与赋值
cout << s1;                          //输出字符串内容
s1 > s2;                             //比较字符串内容
s[0] = 'H';                          //字符串的索引与修改
```

string 类已是 C++ 标准库中的一部分，在名字空间 std 中的头文件<string>声明，该类的具体用法参见其他教材（如《C++ primer》和《C++ 标准模板库》）。下面模拟标准库中的 string 类定义字符串类 String，安全灵活地处理各种字符串对象，并实现各种运算符的重载。

例 4.7 字符串类中重载各种运算符，实现字符串对象的各种操作。

```
//ch4_7 字符串类的运算符重载
# include < iostream.h >
# include < string.h >
# include < assert.h >                              //断言 assert()
//定义字符串类
class String
{
        friend ostream &operator << ( ostream &, const String & );
public:
  String( const char *  = 0);                       //转换构造函数
  String( const String & );                         //拷贝构造函数
  ~String( );                                       //析构函数
  int getLength( ) const{ return iLength; };        //返回串长
  //重载常用运算符
  const String &operator = ( const String & );
  const String &operator += ( const String & );
  bool operator!( ) const;
  bool operator == ( const String & ) const;
  bool operator <( const String & ) const;
  char &operator[ ]( int );
  //利用已重载的关系运算符实现重载其他运算符
  bool operator! = ( const String & right ) const{
      return !( * this == right ); }
  bool operator >( const String &right ) const{
      return right < * this; }
  bool operator < = ( const String &right ) const{
      return !( right < * this ); }
  bool operator > = ( const String &right ) const{
      return !( * this < right ); }
```

```cpp
private:
        char * sPtr;                                //字符串指针
        int iLength;                                //串长
        void setString( const char * s );           //设置字符串的工具函数
};
//转换构造函数,将 char * 转换为 string 对象
String::String( const char * s ) {
    if( s == NULL ){
            sPtr = NULL;
            iLength = 0 ;
        }
        else{
            iLength = strlen( s ) ;
            sPtr = new char[ iLength + 1 ];         //为字符串分配内存
            assert( sPtr ! = 0 );                   //如果分配内存不成功终止程序
            strcpy( sPtr, s );
        }
}
//复制构造函数,深复制
String::String( const String &copy ){
    if( copy. iLength  == NULL) {
            sPtr = NULL;
            iLength = 0 ;
        }
        else
        {
            iLength = copy. iLength ;
            sPtr = new char[ iLength + 1 ];         //为字符串分配内存
            assert( sPtr ! = 0 );                   //如果分配内存不成功终止程序
            strcpy( sPtr, copy. sPtr );             //向 this -> sPtr 拷贝字符串 string2
        }
}
String::~String( ){
    if( sPtr )
            delete [ ] sPtr;                        //释放字符串内存
}
void String::setString( const char * s ){
    if( s == NULL) {
            sPtr = NULL;
            iLength = 0 ;
        }
        else{
            iLength = strlen( s ) ;
            sPtr = new char[ iLength + 1 ];         //为字符串分配内存
            assert( sPtr ! = 0 );                   //如果分配内存不成功终止程序
            strcpy( sPtr, s );                      //向 this -> sPtr 拷贝字符串 string2
        }
}
//重载 = ,实现字符串赋值
const String &String::operator = ( const String &right ){
    if ( &right ! = this ){                         //判断左右操作数是否相同
```

```cpp
        delete [ ] sPtr;
        iLength = right.iLength;
        setString( right.sPtr );
    }
    else{                               //避免自我赋值造成内存泄漏
        cout << "Attempted assignment of a String to itself\n";
    }
    return * this;
}
//重载 += , 实现字符串连接
const String &String::operator += ( const String &right ){
    char * tempPtr = sPtr;              //保存左操作对象中原指针
    iLength += right.iLength;           //新建内存空间
    sPtr = new char[iLength + 1];       //保存新的字符串
    assert( sPtr != 0 );                //避免申请内存不成功
    strcpy( sPtr, tempPtr );            //将左操作数复制给新字符串
    strcat( sPtr, right.sPtr );         //将右操作数连接到新字符串
    delete [ ] tempPtr;                 //释放左操作数原指针
    return * this;
}
//重载!,判断对象是否为空字符串
bool String::operator!( ) const{
return iLength == 0; }
//重载关系运算符
bool String::operator == ( const String &right ) const{
return strcmp( sPtr, right.sPtr ) == 0; }
bool String::operator <( const String &right ) const{
return strcmp( sPtr, right.sPtr ) < 0; }
//重载下标运算符
char &String::operator[ ]( int subscript ){
    assert( subscript >= 0 && subscript < iLength ); //判断下标是否越界
    return sPtr[ subscript ];                        //按引用方式返回字符,可作左值
}
//重载流插入和提取运算符
ostream &operator << ( ostream &output, const String &s ){
    if( s.sPtr )
        output << s.sPtr;
    return output;
}
int main( ){
    String s1( "dlut" ), s2( " ssdut" ), s3;
    cout << "s1 = " << s1 << "\ns2 = " << s2 << endl;
    if ( !s3 ) //测试运算符!
        cout << "s3 is empty;";
    //测试重载关系运算符
    cout << "\nThe results of comparing s2 and s1:"
        << "\ns2 == s1 " << ( s2 == s1? "true" : "false" )
        << "\ns2 != s1 " << ( s2 != s1? "true" : "false" )
        << "\ns2 > s1 " << ( s2 > s1? "true" : "false" )
        << "\ns2 < s1 " << ( s2 < s1? "true" : "false" )
        << "\ns2 >= s1 " << ( s2 >= s1? "true" : "false" )
```

```
            << "\ns2 <= s1 " << ( s2 <= s1? "true" : "false" );
        //测试字符串连接运算符 +=
        s1 += s2;
        cout << "\ns1 += s2 \ns1 = " << s1;
        s1 += " !!!"; //将 char * 转换为 string 对象
        cout << "\ns1 += !!! = " << s1 << endl;
        //测试拷贝构造函数与析构函数
        String * s4Ptr = new String(s1);
        cout << " * s4Ptr = " << * s4Ptr << "\n\n";
        delete s4Ptr;
        //测试重载下标运算符
        s1[ 0 ] = 'D';
        s2[ 10 ] = 's';                          //错误,下标越界
        return 0;
}
```

图 4.6   错误提示信息

重载运算符在出错处理时,采用断言机制(具体讲解见 8.8 节)。调试程序时使用 assert()方便查找错误。在程序运行时它计算括号内的表达式,如果表达式为 FALSE(0),程序将报告错误,并终止执行。如果表达式不为 0,则继续执行后面的语句,assert 宏的原型定义在< assert. h>中。例如,重载 operator[]时使用断言:

```
assert( subscript >= 0 && subscript < iLength );
```

由于使用下标运算符访问字符串 s2 时发生越界操作,运行例 4.7 弹出提示信息框,如图 4.6 所示。这种机制判断程序中是否出现了明显非法的数据,如果出现不符合条件的错误终止程序,以免导致严重后果。

单击对话框中"忽略"按钮,程序运行结果如下:

```
s1 = dlut
s2 = ssdut
s3 is empty;
The results of comparing s2 and s1:
s2 == s1 false
s2 != s1 true
s2 > s1 false
s2 < s1 true
s2 >= s1 false
s2 <= s1 true
s1 += s2
```

```
s1 = dlut ssdut
s1 += !!! = dlut ssdut !!!
Assertion failed: subscript >= 0 && subscript < iLength, file C:\Documents and Se
ttings\Administrator\桌面\ch4_7.cpp, line 111
abnormal program termination
```

习题

1. 列出 C++中所有可重载的运算符,对每个可重载的运算符,列出它们在用于几个不同的类时的一种或者几种可能的含义,可以尝试在数组类、字符串类以及堆栈类中解释运算符的意义。说明哪些运算符的含义可适用于大量的类,哪些运算符重载的价值极小,哪些运算符具有歧义性。

2. 运算符只能被重载为成员函数或者友元函数吗?何时不能将运算符重载为成员函数?何时最好将其重载为类的友元函数?

3. 定义描述平面点的类 Point,用减法计算两个点的距离,分别用成员函数与友元函数实现,对比两种实现方式的区别。

4. 描述有理数的 Rational 类如下,请补充类的其他成员使其能够执行各种运算。

```
Class Rational
{
    long Numerator ;        // 分子
    long Denominator ;      // 分母
    ⋮
};
```

(1) 重载算术运算符"＋"、"－"、"＊"、"/",使之能够适用于有理数的加、减、乘和除法运算。运算符的操作数可以为两个有理数对象,也可以是小数和分数。

(2) 重载比较运算符"＞"、"＞＝"、"＜"、"＝＝"和"！＝",使之能够比较两个有理数。

(3) 重载运算符"＜＜",使其能以规范的方式输出分数,如 1/2,－1/3,分母不能为 0。

5. 定义描述时间的 time 类,包括数据成员小时 hour、分钟 minute 和秒 second:

(1) 重载运算符"＋"与"－",能够实现时间对象与整数秒的加减操作。

(2) 重载运算符"＜＜"输出时间对象,能够按照"小时：分钟：秒"的方式显示时间。

(3) 重载运算符"＋＋"与"－－",要求能够实现时间的合理自增自减功能(秒数的增减)。

6. 定义一个集合类,最多存放 100 个不重复的整数,实现集合的如下的操作:

(1) 增加某个整型元素,并保证集合中没有重复元素。

(2) 删除指定的元素,需要查找该元素是否在集合中。

(3) 重载运算符"＋",实现两个集合对象的合并操作。

(4) 重载运算符"＊",求两个集合对象的交集。

7. 将如下矩阵 Matrix 类补充完整,使其能够进行矩阵的各种运算。

```
class Matrix
{
```

```
        friend ostream& operator << (ostream&, Matrix&);
        friend Matrix operator * (Matrix&, Matrix&);
public:
        Matrix (const short rows, const short cols);
        Matrix(const Matrix&);
        ~Matrix(){delete[] elems;}
        double& operator ( ) (const short row, const short col);
        Matrix& operator = (const Matrix&);
        Matrix operator + (const Matrix&);
private:
        short rows;             // 矩阵行数
        short cols;             //矩阵列数
        double * elems;         // 矩阵首地址
    };
```

8. 开发多项式类 Polynomial,多项式的每一项用数组或结构体表示,每项包含一个系数和一个指数。例如 $2x^4$ 的指数为 4,系数为 2。请开发一个完整的 Polynomial 类,包括构造函数、析构函数以及 get 函数和 set 函数。该类还要提供下述重载的运算符:

(1) 重载运算符"+"和"−",将两个多项式相加或相减。

(2) 重载乘法运算符"*",将两个多项式相乘。

(3) 重载赋值运算符"=",将一个多项式赋给另一个多项式。

(4) 重载加法赋值运算符"+="以及减法赋值运算符"−="。

9. 完善例 4.7 中字符串类的定义,若有 String 类对象 s1、s2 和 s3,满足如下功能:

(1) 重载运算符"+",提供字符串的连接功能,使表达式 s1=s2+s3 成立。

(2) 重载运算符"()",从字符串对象中返回一个子串。如 s1(2,4)表示返回从子串,即从 s[2](s1 第 3 个字符)开始的子串(包括 s1[2]、s1[3]和 s1[4]3 个字符)。

10. 32 位整数的机器所能表示的整数范围大致是−20 亿到+20 亿,在这个范围内的操作一般不会出现问题。但是有很多应用程序可能要使用超出上述范围的整数,C++可以满足这个需求,这需要建立一个新的数据类型 HugeInt,能够表示更大的数,采用重载运算符的方法实现该类的各种算术和比较操作。

继　　承　　第 5 章

　　客观事物既有共性,也有特性。如果只考虑事物的共性,而不考虑事物的特性,就不能反映出客观世界中事物之间的层次关系,不能完整地、正确地对客观世界进行抽象描述。运用抽象的原则就是舍弃对象的特性,提取其共性,从而得到适合一个对象集的类。如果在这个类的基础上,再考虑抽象过程中各对象被舍弃的那部分特性,则可形成一个新的类,这个类具有前一个类的全部特征,是前一个类的子集,形成了一种层次结构,即继承结构。

　　继承性实现了软件模块的可重用性、独立性,缩短了开发周期,提高了软件开发的效率,同时使软件易于维护和修改。由此可见,继承是对客观世界的直接反映,通过类的继承,能够实现对问题的深入的抽象描述,反映出人类认识问题的发展过程。

本章主要内容

- 继承与派生的概念
- 派生类的声明与构成方式
- 继承的方式与访问控制
- 多重继承与虚基类
- 基类与派生类的转换

5.1　理解继承

　　程序的作用是解决现实世界中的问题,因此,代码的设计过程往往能够反映出人们认识世界和描述世界的方式。C++这种面向对象的语言很好地采用了人类思维中的抽象分类法,使用类来反映同类群体的共性,而对象与类之间的关系恰当地反映了个体与群体之间的关系。

　　通过进一步观察客观世界可以发现,世间的万事万物都不是孤立的,很多事物之间都有着各种各样复杂的联系,比如医院里的工作人员有医生和护士两种,他们既有分工又有协作,有时某些护士还有可能成为某位医生的助手;在一个家庭里,孩子与父母有很多相像的地方,但是更多的时候孩子会表

C++语言程序设计教程

现出不同于父母的个性来；在大学里，学生们都具有相似的作息时间，但是由于主修的专业不同，他们可能会选择不同的课程，参加不同的考试，等等。从这些复杂的联系中可以看出，世间万物之间的关系很难使用某一种或者两种特定的关系来描述，需要仔细进行分析和辨别。

在这些纷繁庞杂的关系中，有一种关系很值得关注。以学生为例，学生可以用来描述所有以学习为主业的人群，这一人群具有这样的特点，他们每个人都属于某一学校，就读于某一班级，会根据课程安排按时上课。学生中有一类特定的学生被称为大学生，大学生具有学生的所有特点，同时又具有一些特性，大学生所在的学校一定是高校，他们不但有班级还会有主修专业。学生中还有另一类被称为留学生，留学生与大学生一样具有学生的所有特点，同时也有一些特性，留学生所在的学校一定是一所国外的学校，因此他们还具有一个与其他学生不同的属性就是所在国家。仔细分析 3 个群体可以发现，学生这一事物相对抽象，它是所有学生形成的集合，大学生和留学生具有学生的全部特征，他们都属于学生，是学生集合的两个子集，这两个子集既相似又不同。在面向对象的程序设计中，把留学生、大学生以及学生设计为不同的类，这些类之间的关系恰恰能够反映现实世界中这些群体之间的关系。面向对象的程序设计中把留学生与学生或者大学生与学生之间的关系定义为"继承"。

客观事物既有共性，也有特性。如果只考虑事物的共性，而不考虑事物的特性，就不能反映出客观世界中事物之间的层次关系，不能完整地、正确地对客观世界进行抽象描述。运用抽象的原则就是舍弃对象的特性，提取其共性，从而得到适合一个对象集的类。如果在这个类的基础上，再考虑抽象过程中各对象被舍弃的那部分特性，则可形成一个新的类，这个类具有前一个类的全部特征，是前一个类的子集，这样就形成一种层次结构，即继承结构。

继承(inheritance)是一种联结类与类的层次模型。有了继承，类与类之间不再是彼此孤立的，一些特殊的类可以自动地拥有一些一般性的属性与行为，而这些属性与行为并不是重新定义的，而是通过继承的关系得来的。

在传统的程序设计中，人们往往要为每一项应用单独进行全新的程序开发。继承允许和鼓励类的重用，提供了一种明确表述共性的方法。一个特殊类既有自己新定义的属性和行为，又有继承下来的属性和行为，而这个类被它下层的特殊类继承时，它继承的和自己定义的属性和行为又被下一层的特殊类继承下去。因此，继承是可传递的，体现了大自然中特殊与一般的关系。

5.2　继承与派生的概念

现实世界中这种事物之间的层次结构关系在 C++ 中有具体的语法支持。现在把学生抽象成一个类，学生有姓名、学号、性别、年龄、学校等信息，在 C++ 中，学生(Student)类的定义如下：

```
class Student{
private:
    char * name;                                    // 姓名
    char sex;                                       // 性别
    int number;                                     // 学号
    char * school;                                  // 学校
```

```
public:
    Student(char * name,char sex,int number,char * school);      // 构造函数
    ~Student();                                                   // 析构函数
    void print();                                                 // 输出函数
};
```

现在需要定义一个大学生类(CollegeStudent),这个类具有学生类所有的属性与方法,此外,这个类还具有自己特有的属性主修专业(major),这个类的定义如下:

```
class CollegeStudent{
private:
    char * name;                                                 // 姓名
    char sex;                                                    // 性别
    int number;                                                  // 学号
    char * school;                                               // 学校
    char * major;                                                // 专业
public:
    CollegeStudent (char * name,char sex,int number,char * school); // 构造函数
    ~CollegeStudent();                                           // 析构函数
    void print();                                                // 输出函数
};
```

仔细观察 Student 类与 CollegeStudent 类可以发现,这两个类非常相似,CollegeStudent 类具有 Student 类的全部特点,在其基础上添加了自己特有的属性,这点与现实世界完全一致。当已经存在了一个 Student 类的情况下,能否使用这个类作为基础来构造新的类呢? C++提供的继承机制就解决了这一问题。大学生具有学生的全部特征同时又增加了自己的新特征,那么就应该让大学生"继承"学生的特征,大学生就是以学生为基础派生出来的一个分支。

面向对象语言中的继承就是以已经存在的类为基础构建一个新的类。已存在的类称为基类(base class)或父类(father class);新建立的类称为派生类(derived class)或子类(son class),见图 5.1。

在刚才的例子中,由学生类派生出了大学生类,如果有需要,还可以派生出小学生类、中学生类以及留学生类,中学生类还可以派生出初中生类和高中生类等。它们之间的关系如图 5.2 所示。

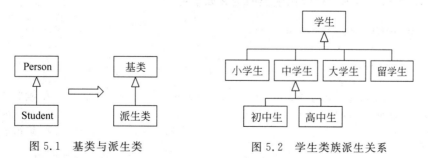

图 5.1 基类与派生类   图 5.2 学生类族派生关系

这种继承派生的关系表现出一种"分类树"的层次结构,这与人们对自然界中事物的认识、分析、分类的方式基本吻合。尽管自然界中的万事万物存在千差万别,但人们总能在认

识它们的过程中抓住它们的共性,发现它们的特性,用逐层分类细化的方式对它们进行区分和描述。以图 5.2 中的分类树为例,这个树反映了在学生这一领域内,不同类型的学生之间的派生关系,最高层学生类是抽象程度最高的,具有最普遍和最一般的意义,而每下一层,都继承了上一层的特征,同时又添加了自己的新特征,层次越向下越具体。因此,在继承的树状层次结构中,自上而下,是一个"具体化"的过程,自下而上,是一个"抽象化"的过程。

仔细观察图 5.2,这个继承树具有这样的特点,一个基类可以有多个派生类,例如,学生派生出了小学生、中学生、大学生、留学生;一个派生类最多只有一个直接基类,例如,初中生和高中生都只有一个基类是中学生。这种继承称为**单继承**(single inheritance)。

单继承是继承中最简单的情形,在现实生活中,复杂的继承比比皆是,如图 5.3 所示。在公司的人员分类树中,销售经理身兼管理和销售两种角色,继承了这两种人员的共同特征,同样,技术总监也继承了技术人员和管理人员的共同特征,此时,销售经理与技术总监都拥有两个基类。如果一个派生类有两个或者多个基类,这种继承称为**多重继承**(multiple inheritance)或**多继承**。

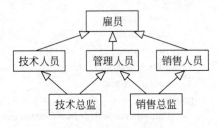

图 5.3　多重继承示意图

从 5.2 图中可以发现,学生类的特征可以被它的第一级派生类小学生、中学生、大学生和留学生所继承,同样通过中学生,学生类的特征也可以被它的第二级派生类初中生和高中生所继承,这样就形成了一个相互关联的类的家族,称作"类族"。在类族中,直接参与派生出其他类的基类被称为**直接基类**,基类的基类甚至更高层的基类,称作**间接基类**。

与真实世界中的继承关系一样,C++ 中的继承具有**传递性**,具有**非对称性**,不能够循环继承。学生的特征可以传承到中学生、高中生,这表现出其传递性;小学生可以继承学生,但是反过来就是不正常的继承了。

5.3　派生类的定义

通过一个例子说明如何使用继承机制来建立派生类,先从简单的单继承开始。

假设已定义了一个基类 Student 类(见上一节),在此基础上通过继承机制建立一个派生类 CollegeStudent,那么这个派生类的定义如下:

```
class CollegeStudent : public Student{
private:
    char * major;                                          // 专业
public:
    CollegeStudent (char * name,char sex,int number,char * school);   // 构造函数
    ~CollegeStudent();                                     // 析构函数
    void print();                                          // 输出函数
};
```

仔细观察 CollegeStudent 类声明的第一行:

```
class CollegeStudent : public Student
```

在 class 后面的 CollegeStudent 是新建立派生类的名字,冒号后面表示已有基类的名字,冒号后面的关键字 public 表示基类 Student 的成员在派生类 CollegeStudent 中的继承方式。

C++中单继承派生类的定义形式如下:

class 派生类名 ：〔继承方式〕 基类名
{
    派生类成员声明;
};

这里"继承方式"包括 public(公有继承),private(私有继承)和 protected(保护继承)3 种方式(这一知识将在 5.5 节中详述)。这里继承方式是可选的,如果不显式声明继承方式,那么默认是 private(私有继承)。

如果是多重继承,那么派生类的声明形式如下:

class 派生类名:〔继承方式〕基类名 1,〔继承方式〕基类名 2,…,〔继承方式〕基类名 n
{
    派生类成员声明;
};

派生类的多个直接基类需要一一列出,它们之间用逗号分隔,派生类对每个基类的继承方式应分别指出,如果省略,则默认为私有继承。注意下面的这种情况:

```
class Person
{   …   };
class Student: public Person
{   …   };
class Teacher : public Person
{   …   };
class Assistant : protected Student, Teacher
{   …   };
```

这里 Person 类是最上层基类,从 Person 类派生出 Student 类和 Teacher 类,Assistant (助教)类有两个基类,它对 Student 类的继承方式是保护继承,而对 Teacher 类的继承方式是默认的,即私有继承,读者不要误认为也是保护继承。

5.4 派生类的构成

完成派生类的定义后,就可以用这个派生类来生成对象解决实际问题了。派生类与基类的成员表现出相同的同时也表现出不同,归纳起来,实际是经历了 3 个步骤:**接收基类成员、改造基类成员、添加新的成员**。如图 5.4 所示。

(1) 接收基类成员。如图 5.4 所示,CollegeStudent 继承了它的基类 Student 后,就会接收基类的所有成员,这种接收是没有选择、无条件的全盘接收。接收时不包括基类的构造函数和析构函数,这一点将在本书 5.6 节中详述。即使基类中的某些成员是派生类完全用不到的,但派生类也不得不继承。这样就带来了空间的浪费,降低了效率。因此在设计基类时要充分考虑到未来派生类的需求,以免造成无谓的数据冗余。

C++语言程序设计教程

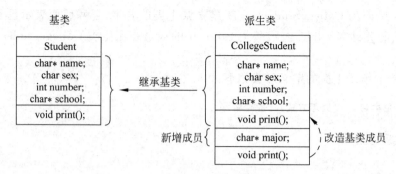

图 5.4　派生类的构成

（2）改造基类成员。在图 5.4 中，尽管基类 Student 类已经具有了一个 print()函数，但这个函数的功能仅限于输出学生的姓名、性别、学号和所在学校的信息，如果在派生类 CollegeStudent 中还要输出学生的主修专业的信息，就必须改造 print()函数，让其符合派生类 CollegeStudent 的功能要求。其方法就是在 CollegeStudent 类中重新定义一个与基类 Student 同名的函数，但是功能有所不同。

如图 5.4 所示，读者可能会产生疑惑，派生类 CollegeStudent 已经继承了基类 Student 的 print()函数，如果在 CollegeStudent 中再定义另一个 print 函数，那么在 CollegeStudent 类中是不是就会有两个 print()函数了呢？是的，的确是这样，只不过这两个 print()函数的作用域和调用的方式有所不同。应注意，这个重写的 print()函数与原函数不但函数名相同、返回类型相同，而且参数列表也应完全一致，用这种方法可以实现用派生类的函数成员对基类函数成员的覆盖。这一点本书将在 5.7 节中详述。

（3）添加新的成员。添加新成员是非常重要的，它体现了派生类对基类的扩充。在实际进行派生类设计的时候，要精心设计，给派生类适当添加数据成员和函数成员，来实现新的功能。在图 5.4 中，派生类 CollegeStudent 类就根据实际应用的需要，添加了数据成员 major。

通过派生类的构成方式可以看出，派生类是具体化的基类，是基类定义的一种延续。在进行类的设计时，往往先在基类中设计一些最基本的功能，而很多具体的功能并没有定义，而后，根据某种特定的需要，对已有的基类做扩充，形成派生类，它在某个特定的方面的功能得到了完善。

5.5　继承中的访问控制

因为继承的发生，派生类中有两部分成员，一部分是从基类继承来的成员，还有一部份是自己新增的成员，这时就产生了与访问控制有关的问题，事实上，在发生继承时，派生类不是简单地把基类所有的成员直接变成自己的，然后就可以随意使用访问的。

在发生继承时，派生类继承了基类的全部数据成员以及除了构造、析构函数之外的全部函数成员，但是这些继承来的成员的访问属性是程序可控的，其控制的方式就是派生类的继承方式。

基类对象可以使用自己的成员函数访问自己的成员数据，而派生类对象也可以使用自

　　已添加的成员函数访问自己添加的成员数据，这点很容易理解；对于与继承树无关的外界（类或者函数），基类和派生类都只有公有（public）部分能够被访问，这是显而易见的。

　　那么基类的函数能够访问派生类新增的成员吗？答案是否定的。基类是先定义好的，在定义基类的时候不能确定未来它的派生类的新增成员是什么，所以，基类的函数是不能访问派生类的新增成员的。

　　反过来，派生类的函数能够直接访问基类的成员吗？与继承树无关的外界能够通过派生类对象间接访问基类的成员吗？这些问题就要复杂一些，这不仅取决于基类成员的访问属性，而且还涉及到派生类对基类的继承方式。

　　在 5.3 节中已经介绍过，C++的继承方式有 3 种，公有继承（public inheritance）、私有继承（private inheritance）和保护继承（protected inheritance）。不同的继承方式决定了基类成员在派生类中的访问权限，这种访问来自两个方面：一是派生类中的新增函数成员访问从基类继承来的成员；二是在派生类外部（非类族内的成员），通过派生类的对象访问从基类继承的成员。

5.5.1　公有继承

　　派生类对基类的继承方式指定为 public，称为公有继承。以这种继承关系建立起来的派生类称为**公用派生类**（public derived class），基类称为**公用基类**（public base class）。公用基类的成员在派生类中的访问属性见表 5.1。

表 5.1　公用基类成员在派生类中的访问属性

公用基类成员	在派生类中的访问属性
公有成员 public	公有 public
保护成员 protected	保护 protected
私有成员 private	不可访问

　　如表 5.1 所示，公有继承后基类的私有成员仍保持基类私有，只有基类自己的函数可以访问它们，派生类的成员函数以及非类族成员无法访问；基类的保护成员和公有成员其访问属性在被继承后保持不变，派生类对其访问方式就像在自己的类中声明的保护成员和公有成员一样。见例 5.1。

　　例 5.1　访问公有继承的成员的实现。

```cpp
//ch5_1.cpp
# include < iostream >
using namespace std;
class Student {                          // 学生类
protected:
    char name[10];                       // 姓名
    char sex;                            // 性别
    int number;                          // 学号
    char school[10];                     // 学校
public:
    // 输入学生信息函数
    void input_data(){
        cin >> name >> sex >> number >> school;
```

C++语言程序设计教程

```
    }
    // 输出学生信息函数
    void print(){
        cout <<"name:"<< name << endl;
        cout <<"sex:"<< sex << endl;
        cout <<"number:"<< number << endl;
        cout <<"school:"<< school << endl;
    }
};
// 大学生类公有继承学生类
class CollegeStudent : public Student{
private:                                        // 新增数据成员
    char major[10];                             // 专业
public:
    // 输入主修专业信息函数
    void input_major(){
        cin >> major;
    }
    // 输出大学生信息函数
    void print(){
        cout <<"name:"<< name << endl;          // 直接访问基类保护成员
        cout <<"sex:"<< sex << endl;            // 直接访问基类保护成员
        cout <<"number:"<< number << endl;      // 直接访问基类保护成员
        cout <<"school:"<< school << endl;      // 直接访问基类保护成员
        cout <<"major:"<< major << endl;        // 访问派生类成员
    }
};
// 主函数
int main(){
    CollegeStudent cs;                          // 声明派生类对象
    cs.input_data();                            // 使用派生类对象访问基类公有成员
    cs.input_major();                           // 使用派生类对象访问派生类公有成员
    cs.print();                                 // 使用派生类对象访问派生类公有成员
    return 0;
}
```

在这段代码中,大学生 CollegeStudent 的对象 cs,其成员 name 和 input_data()都是从其基类 Student 继承而来,因为其继承方式是公有继承,所以它们被继承到 CollegeStudent 类后,访问属性都不发生变化,也就是对于外界来说,CollegeStudent 类具有 5 个数据成员,其中 name、sex、number 和 school 是 protected 属性的,major 是 private 属性的,CollegeStudent 的成员函数有 4 个:input_data、input_major 和两个 print()函数(函数同名将在 5.7 节详述),它们都是 public 属性的。

程序运行结果如下:

```
zhangsan M 1000 dlut
software
name:zhangsan
sex:M
number:1000
```

```
school:dlut
major:software
```

要注意的是,在这段程序中,基类 Student 的数据成员 name、sex、number 和 school 的访问属性为 protected,表示这些成员可以被其基类和派生类访问,但是在继承树以外的类成员无法访问。类保护成员与其他类型成员的对比访问规则如图 5.5 所示。

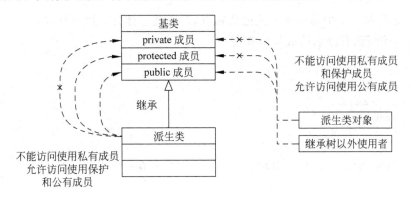

图 5.5　基类成员访问规则

如果把之前学习的友元(friend)比喻为好友,那么就可以把保护成员比喻为家中的保险箱。我们允许好友进入自己私人的场所(友元可访问类私有成员),而保险箱只有自己和后代可以打开(基类和派生类成员函数可以访问基类保护成员),家族以外的人均不能窥探。

所以如果在 main 函数中有这样的语句:

```
CollegeStudent cs;
cin >> cs.name;            // 继承树外企图访问基类保护成员
```

该语句会提示编译错误。因为 main 函数不属于 Student 类族,也就是与继承树无关,所以在 main 函数中只能通过派生类对象访问到从基类继承来的 public 成员,而无法访问到 protected 成员。

能否将基类 Student 的数据成员 name、sex、number 和 school 的访问属性修改为 private 呢? 答案是否定的。派生类是不能访问基类的私有成员的,因此在这个例子中,派生类 CollegeStudent 的 print()函数中访问 Student 的私有成员 name、sex、number 和 school 是不允许的,会提示编译错误。

5.5.2　私有继承

派生类对基类的继承方式指定为 private,称为私有继承。以这种继承关系建立起来的派生类称为**私有派生类**(private derived class),基类称为**私有基类**(private base class)。

私有继承后,基类的私有成员仍保持基类私有,只有基类自己的函数可以访问,派生类的成员函数无法访问;基类的保护和公有成员其访问属性在被派生类继承后都变成派生类私有,派生类对其访问方式就像在自己的类中声明的私有成员一样。私有基类的成员在派生类中的访问属性见表 5.2。

表 5.2　私有基类成员在派生类中的访问属性

私有基类成员	在派生类中的访问属性
公有成员 public	私有 private
保护成员 protected	私有 private
私有成员 private	不可访问

在例 5.2 将例 5.1 中的继承方式改为私有,程序其他部分不做任何变化。

例 5.2　访问私有继承的成员的实现。

```
//ch5_2.cpp
#include<iostream>
using namespace std;
class Student {
    ⋮
};
class CollegeStudent : private Student{            // 私有继承
    ⋮
};

int main(){
    CollegeStudent cs;
    cs.input_data();                               // 错误
    cs.input_major();
    cs.print();
    return 0;
}
```

例 5.2 与例 5.1 在类的设计上唯一的改变是派生类 CollegeStudent 采用私有方式继承了基类,因此尽管对于 CollegeStudent 来说,它访问基类 Student 的能力没有变化,但是所有它所继承的成员其属性全部变为私有。因此在 main 函数中通过派生类对象 cs 访问基类的 input_data 函数是不允许的。事实上,在私有继承的情况下,通过派生类对象无法访问基类的任何成员。

可以对例 5.2 进行修改,Student 类不变,CollegeStudent 类与 main 做改动如下:

```
class CollegeStudent : private Student{
private:
    char major[10];                               // 专业
public:
    // 输入大学生信息函数
    void input(){
        input_data();                             // 使用基类输入函数
        cin>>major;                               // 输入专业信息
    }
    // 输出大学生信息函数
    void print(){
        cout<<"name:"<<name<<endl;
        cout<<"sex:"<<sex<<endl;
        cout<<"number:"<<number<<endl;
        cout<<"school:"<<school<<endl;
```

```
        cout << "major:" << major << endl;
    }
};
// 主函数
int main(){
    CollegeStudent cs;
    cs.input();
    cs.print();
    return 0;
}
```

修改后，在派生类 CollegeStudent 的 input 函数中，调用从基类继承来的 input_data 函数，用来接收学生信息，然后再直接访问派生类新定义的 major。在 main 函数中仅能使用派生类对象访问派生类的公有函数。程序的运行结果与例 5.1 相同。

5.5.3　保护继承

派生类对基类的继承方式指定为 protected，称为保护继承。以这种继承关系建立起来的派生类称为**保护派生类**（protected derived class），基类称为**保护基类**（protected base class）。

保护继承后，基类的私有成员仍保持基类私有，只有基类自己的函数可以访问，派生类的成员函数无法访问；基类的保护成员和公有成员其访问属性在被派生类继承后均变成保护成员。保护基类的成员在派生类中的访问属性见表 5.3。

表 5.3　保护基类成员在派生类中的访问属性

保护基类成员	在派生类中的访问属性
公有成员 public	保护 protected
保护成员 protected	保护 protected
私有成员 private	不可访问

如果将例 5.2 中派生类的继承方式由私有继承改为保护继承，程序其他部分都不变，程序的运行结果不发生任何变化。也就是说保护继承对成员访问的影响对于直接派生类来说与私有继承是一样的，事实上，它们的不同主要体现在间接派生类，也就是第二代继承上。示例如下。

例 5.3　访问保护继承的成员的实现。

```
//ch5_3.cpp
# include < iostream >
using namespace std;
class Student {
protected:
    char name[10];                          // 姓名
    char sex;                               // 性别
    int number;                             // 学号
    char school[10];                        // 学校
public:
    // 输入学生信息函数
```

```
        void input_data(){
            cin >> name >> sex >> number >> school;
        }
        // 输出学生信息函数
        void print(){
            cout <<"name:"<< name << endl;
            cout <<"sex:"<< sex << endl;
            cout <<"number:"<< number << endl;
            cout <<"school:"<< school << endl;
        }
};
class CollegeStudent : protected Student{          // 保护继承
protected:
        char major[10];                            // 专业
public:
        // 输入专业信息函数
        void input_major(){
            cin >> major;
        }
        // 输出大学生信息函数
        void print(){
            cout <<"name:"<< name << endl;         // 允许访问基类保护成员
            cout <<"sex:"<< sex << endl;           // 允许访问基类保护成员
            cout <<"number:"<< number << endl;     // 允许访问基类保护成员
            cout <<"school:"<< school << endl;     // 允许访问基类保护成员
            cout <<"major:"<< major << endl;
        }
};
class GraduateStudent : protected CollegeStudent{
private:                                            // 新增加的数据成员
        char tutor[10];                            // 导师信息
public:
        // 输入研究生信息函数
        void input(){
            input_data();                          // 输入基本信息
            input_major();                         // 输入专业信息
            cin >> tutor;                          // 输入导师信息
        }
        // 输出研究生信息函数
        void print(){
            cout <<"name:"<< name << endl;         // 允许访问间接基类保护成员
            cout <<"sex:"<< sex << endl;           // 允许访问间接基类保护成员
            cout <<"number:"<< number << endl;     // 允许访问间接基类保护成员
            cout <<"school:"<< school << endl;     // 允许访问间接基类保护成员
            cout <<"major:"<< major << endl;       // 允许访问直接基类保护成员
            cout <<"tutor:"<< tutor << endl;
        }
};
//主函数
int main(){
    GraduateStudent gs;
```

```
        gs.input();
        gs.print();
        return 0;
}
```

程序运行结果如下：

```
zhangsan M 1001 dlut
software
Zhao
name:zhangsan
sex:M
number:1001
school:dlut
major:software
tutor:Zhao
```

这个例子中出现了两级继承关系，CollegeStudent 类继承了
Student 类，然后又派生出了研究生 GraduateStudent 类，研究生
类中添加了新的数据成员 tutor，代表研究生的导师信息。这 3 个
类的继承关系如图 5.6 所示。

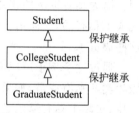

在 Student 的间接派生类 GraduateStudent 中，除了能访问
直接基类 CollegeStudent 的成员（如 major）还可以访问间接基类
Student 的成员（如 name）。

图 5.6　多级继承图

如果在 main 函数中作如下修改：

```
int main(){
        GraduateStudent gs;
        gs.input_data();                              // 错误
        gs.input_major();                             // 错误
        gs.print();
        return 0;
}
```

尽管 input_data 函数和 input_major 函数在最上层基类中被声明为 public，但是两级继
承的方式均为保护继承，所有被保护继承的成员（包括 public 和 protected 成员）在其子类中
访问权限均变成保护的，main 函数属于继承树外的函数，因此无法访问这两个函数。

如果把两级继承都改为 public 公有继承，那么在 main 中访问 input_data 函数和 input_
major 函数都是正确的，因为公有继承不会改变基类的访问属性，input_data 函数在最上层
基类中为 public，继承到第一级派生类后依然是 public，再被继承到第二级派生类后还是
public，所以可以在 main 函数中通过第二级派生类去调用它。

如果把两级继承方式都改为 private 私有继承，那么第二级派生类的编译就会有错误，
如下：

```
class GraduateStudent : private CollegeStudent {
        private:
                char tutor[10];
        public:
```

```
        void input(){                                    // 输入信息函数
            input_data();                                // 错误
            input_major();                               // 错误
            cin >> tutor;                                // 错误
        }
        void print(){                                    // 输出"研究生"信息函数
            cout << "name:" << name << endl;             // 错误
            cout << "sex:" << sex << endl;               // 错误
            cout << "number:" << number << endl;         // 错误
            cout << "school:" << school << endl;         // 错误
            cout << "major:" << major << endl;           // 正确
            cout << "tutor:" << tutor << endl;           // 正确
        }
    };
```

此时,在间接派生类中只能访问直接基类的成员,但是间接基类的所有成员都无法访问。因为私有继承使得这些最上层的基类成员在被继承到第一级派生类时,访问属性全都变成了私有的,这样第二级派生类通过第一级派生类去继承最上层基类时,就再也继承不到这些成员了。

通过这个例子可以看出,经过私有继承以后,所有基类的可被继承的成员都成了其直接派生类的私有成员,如果进一步派生的话,基类的原有成员再也无法在以后的派生类中发挥作用,实际上私有继承是相当于终止了基类成员的继续派生,因此,一般情况下私有继承的设计比较少见。

比较一下 3 种继承方式。私有继承和保护继承都改变了基类成员被继承后的访问属性,但对于其直接子类来说,这两种继承方式实际上是相同的,表现为继承来的成员绝不能被外部使用者访问,而在派生类中可以通过成员函数直接来访问。但是如果继续派生,在下一级派生类中,不同的继承方式就产生差别了。私有继承使得最上层基类成员不能再被传承,而保护继承恰恰保证了最上层基类的成员依然能被继承树中的次级子类所继承。私有继承和保护继承在使用时要非常小心,很容易搞错,因此一般不常用,使用最多的还是公有继承。

5.6   派生类的构造函数

继承的目的是为了扩展基类的功能,派生类通过继承基类的原有成员,并且添加新的成员,使自己的派生行为变得有意义。前面已提到过,派生类无法继承基类的构造函数和析构函数,因此派生类必须定义自己的构造函数,对自己新增的成员进行初始化,同时也要定义自己的析构函数,完成派生类对象的扫尾、清理工作。

5.6.1   单继承的构造函数

本章前面几节中所有的基类和派生类都没有定义构造函数。任何类都应有构造函数,如果在类的定义中没有显式给出构造函数,那么系统会提供一个没有参数的默认的构造函数。但往往类的构造函数都是具有参数的,本节就从最简单的单继承情况开始介绍。

例 5.4　基类 Person(人)类与派生类 Student 类的实现。

```cpp
//ch5_4.cpp
# include < iostream >
using namespace std;
class Person {
protected:
    char name[10];                          // 姓名
    char sex;                               // 性别
public:
    // 基类构造函数
    Person(char name[],char sex):sex(sex){
        cout <<"基类构造函数运行"<< endl;
        strcpy(this->name,name);
    }
};
class Student : public Person{
private:
    int number;                             // 学号
public:
    // 派生类构造函数
    Student(int number, char name[],char sex):Person(name,sex){
        cout <<"派生类构造函数运行"<< endl;
        this->number = number;
    }
    //输出学生信息
    void print(){
    cout <<"Student ID:"<< number << endl;
    cout <<"name:"<< name << endl;
    cout <<"sex:"<< sex << endl;
    }
};
//主函数
int main(){
    Student s(1001,"Li Ming",'M');
    s.print();
    return 0;
}
```

程序运行结果如下：

```
基类构造函数运行
派生类构造函数运行
Student ID:1001
name:Li Ming
sex:M
```

在 main 函数中声明了一个派生类对象 s,这会引起派生类的构造函数运行,但是从运行结果看,首先被调用的是基类的构造函数。这是为什么呢?

上一节中介绍了派生类的成员是由两部分构成的,一部分是从基类继承来的成员,还有一部分是派生类新增的成员。派生类自己的构造函数只能对自己新增的成员进行初始化,

C++语言程序设计教程

而对继承来的成员的初始化,派生类是无法完成的,只能通过基类的构造函数来完成。派生类中的数据成员的初始化如图 5.7 所示。

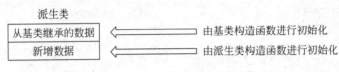

图 5.7　派生类数据的初始化

这样的话,要想创建一个派生类的对象,首先就会创建一个基类的对象,然后在这个基类对象的基础上构造一个派生类的对象。这两个对象的内存是在一起的,可以说一个派生类对象总是与它的基类对象绑在一起。

现在来学习派生类构造函数的定义方式。注意派生类构造函数首行的写法为:

```
Student(int number, char name[],char sex):Person(name,sex)
```

其一般形式为:

派生类名(参数总表)：基类名(基类构造函数参数表)

冒号前面的部分是派生类构造函数的主干,这与基类的构造函数的形式相似,参数总表的意思是构造基类所需的参数和初始化派生类新增成员的参数总和;冒号后面的部分是调用基类的构造函数;函数体部分是对派生类的新增成员进行初始化。

冒号后面显式调用基类的构造函数可不可以去掉呢? 尝试删掉冒号及冒号后面的部分,则提示编译错误"没有合适的默认的构造函数"。这又是为什么呢? 原来在派生类的构造函数中如果没有显式指定如何初始化基类的数据,那么系统认为这样的派生类调用的是基类默认的构造函数,但是如果找不到基类中默认的构造函数,编译就会提示错误。

第 3 章已经介绍过在构造函数中可以使用初始化列表的方式对类中的数据成员进行自动初始化,因此可以把例 5.4 中派生类的构造函数改成下面的形式:

```
Student(int number, char name[],char sex):Person(name,sex),number(number){ }
```

这样,派生类构造函数体为空,更显得简洁方便。可不可以把构造函数中 number 和 Person 初始化的声明顺序交换呢? 交换后改成下面的形式:

```
Student(int number, char name[],char sex): number(number),Person(name,sex){ }
```

此时编译不会有任何问题,初始化的顺序也不会发生任何变化,依然是先构造 Person 类,再初始化 Student 类的新增数据 number。

通过上面的例子可以看出,在构造派生类的时候,要完成两个工作。首先对基类继承来的数据进行初始化,然后对自己添加的数据进行初始化。第一项工作须由基类的构造函数完成,因此派生类的构造函数需要指出基类的构造方式,也就是向基类的构造函数传递参数的方式。如果没有显式的声明,编译器默认为使用了基类中默认的构造函数来初始化基类数据成员,如果基类中没有带有默认参数的构造函数,则编译错误。在顺利完成了对基类成员的初始化后,派生类的构造函数才能对自己新增的数据成员进行初始化。

也就是说,建立一个派生类对象,其构造函数的执行顺序是:

（1）派生类的构造函数先调用基类的构造函数对基类的数据成员进行初始化。

（2）执行派生类构造函数的函数体，对派生类新增数据进行初始化。

这个顺序与派生类构造函数的初始化列表的顺序无关。

5.6.2　组合单继承的构造函数

在前面的章节中已经介绍过，类的数据成员中还可以包含类对象，也就是内嵌对象，这时两个类是组合关系。含有内嵌对象的类在进行构造时应该指出其内嵌对象的构造方式，那么含有内嵌对象的派生类，其构造函数有什么特点呢？

现在回顾例 5.4，学生除了学号以外，还应具有所在学校的信息。学校有学校名，还有所在的城市信息。现在把学校设计为一个类，每个学生都属于一所学校，因此学生与学校是类的组合关系，具体程序见例 5.5。其中的 Person 类与例 5.4 完全一致。

例 5.5　组合单继承的构造函数的实现。

```
//ch5_5.cpp
# include < iostream >
using namespace std;
class Person {
        ⋮
};
class School {
private:
    char name[10];                        // 校名
    char city[10];                        // 所在城市
public:
    // 构造函数
    School(char name[],char city[]){
        cout <<"组合类构造函数运行"<< endl;
        strcpy(this -> name,name);
        strcpy(this -> city,city);
    }
    // 输出学校信息
    void print(){
        cout <<"school name:"<< name << endl;
        cout <<"city:"<< city << endl;
    }
};
class Student : public Person{
private:
    int number;                            // 学号
    School school;                         // 学校(内嵌对象)
public:
    // 派生类构造函数
    Student(int number,char name[],char sex,char s_name[],char city[])
        :Person(name,sex),school(s_name,city),number(number){
        cout <<"派生类构造函数运行"<< endl;
    }
    // 输出学生信息
```

```
        void print(){
        cout <<"Student ID:"<< number << endl;
        cout <<"name:"<< name << endl;
        cout <<"sex:"<< sex << endl;
        school.print();                    // 调用内嵌对象的公有函数
        }
};
//主函数
int main(){
    Student s(1001,"Li Ming",'M',"DLUT","dalian");
    s.print();
    return 0;
}
```

程序运行结果如下：

```
基类构造函数运行
组合类构造函数运行
派生类构造函数运行
Student ID:1001
name:Li Ming
sex:M
school name:DLUT
city:dalian
```

在这个例子中，派生类 Student 继承了基类 Person，同时还拥有一个内嵌对象 school，所以这个类的构造函数非常复杂。构造函数冒号前面是构造函数名及所有参数列表，包括基类、内嵌对象及派生类自己的参数；冒号后面依次是对基类、内嵌对象及派生类参数的初始化列表，如图 5.8 所示。

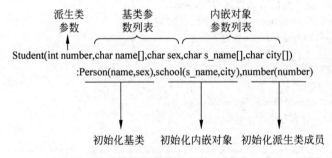

图 5.8　组合单继承构造函数的初始化类表

从程序运行的结果来看，基类的构造函数最先执行，然后是内嵌对象构造函数，最后是派生类自己参数的初始化。交换派生类构造函数冒号后面初始化列表的顺序，将 school 对象的初始化放到基类 Person 类前面，那么运行时构造函数的调用顺序会发生变化吗？答案是否定的。组合单继承派生类的构造函数执行初始化的顺序与构造函数中声明的初始化列表的顺序无关，系统一定会按照"先祖先，再客人，后自己"的顺序来执行。

5.6.3　多继承的构造函数

继承的方式除了单继承还有多继承的情况。那么在发生多重继承时,派生类的构造函数又具有什么样的特点呢?

例 5.6 是大学中的助教的例子。助教是由在校的学生兼职来担任的,平时他们与其他学生一样上课,在课余时间他们也承担了为教师助课的工作,他们也像教师一样为学生批改作业,也就是说作为助教这一群体,他们兼具了教师与学生两类人的特征。从类设计的角度,可以把助教(Assistant)类设计为多重继承,它既是学生类的派生类,也是教师类的派生类。

例 5.6　多继承派生类的构造函数的实现。

```cpp
//ch5_6.cpp
# include < iostream >
using namespace std;
class Student{
protected:
    char name[10];                      // 姓名
    char sex;                           // 性别
    int number;                         // 学号
public:
    // 构造函数
    Student(int number, char name[],char sex):number(number),sex(sex){
            cout <<"Student 类构造"<< endl;
        strcpy(this -> name,name);
    }
    //输出学生信息
    void print(){
        cout <<"Student ID:"<< number << endl;
        cout <<"name:"<< name << endl;
        cout <<"sex:"<< sex << endl;
    }
};
class Teacher{
protected:
    char t_name[10];                    // 姓名
    int age;                            // 年龄
    char title[10];                     // 职称
public:
    // 构造函数
    Teacher(int age, char t_name[],char title[]):age(age){
        cout <<"Teacher 类构造"<< endl;
        strcpy(this -> t_name,t_name);
        strcpy(this -> title,title);
    }
    // 输出教师信息
    void print(){
        cout <<"Teacher name:"<< t_name << endl;
        cout <<"age:"<< age << endl;
        cout <<"title"<< title << endl;
```

```
        }
};
class Assistant:public Student,public Teacher{
private:
        float salary;                               // 薪金
public:
        // 构造函数
        Assistant(int number,int age, char name[],char sex,char title[],float salary)
                :Student(number,name,sex),Teacher(age,name,title),salary(salary){
            cout <<"Assistant 类构造"<< endl;
        }
        // 输出助教信息
        void print(){
            cout <<"Assistant name:"<< name << endl;
            cout <<"title:"<< title << endl;
            cout <<"student ID:"<< number << endl;
            cout <<"age:"<< age << endl;
            cout <<"sex:"<< sex << endl;
            cout <<"salary:"<< salary << endl;
        }
};
// 主函数
int main(){
    Assistant a(1001,18,"Li Ming",'M',"assistant",987.65f);
    a.print();
    return 0;
}
```

程序运行结果如下：

```
Student 类构造
Teacher 类构造
Assistant 类构造
Assistant name:Li Ming
title:assistant
student ID:1001
age:18
sex:M
salary:987.65
```

这个程序用于说明多重继承的使用方法，因此对各个类的成员设计进行了简化，读者可以在理解了多重继承后对程序进行扩展。

注意 Assistant 类的构造函数：

```
Assistant(int number,int age, char name[],char sex,char title[],float salary)
                :Student(number,name,sex),Teacher(age,name,title),salary(salary)
{cout <<"Assistant 类构造"<< endl;}
```

其一般形式为：

派生类名(参数总表)：基类 1 名(基类 1 构造函数参数表)，基类 2 名(基类 2 构造函数参数表)，…，基类 n 名(基类 n 构造函数参数表)

{派生类新增数据成员初始化；}

冒号前面的部分是派生类构造函数的主干，这与基类的构造函数的形式相似，参数总表的意思是构造所有的基类所需的参数和初始化派生类新增成员的参数总列表；冒号后面的部分是依次调用基类的构造函数；函数体部分对派生类的新增成员进行初始化。因为 Assistant 类有两个基类，因此冒号后面要对两个基类分别进行初始化，最后又使用了自动初始化的方式对派生类新增的属性 salary 进行了初始化。

这个程序中值得注意的是 Student 类具有 name 属性，Teacher 类具有 t_name 属性，实际上都是名字，为什么要使用不同的变量名呢？原因是 Assistant 类使用了多重继承，因此这个类既继承了 Student 类的名字属性，也继承了 Teacher 类的名字属性。如果二者使用同样的变量名，那么在 Assistant 类的 print()函数中的下面的语句就会产生歧义：

```
cout <<"Assistant name:"<< name << endl;
```

系统无法知道此时程序想要输出的 name 属性是从哪一个类继承来的。所以在这里对于不同的基类的名字属性使用了不同的变量名来进行区分，如果一定要使用同名变量，那么就要使用到其他知识了，这个问题将在 5.7 节中详细介绍。

从程序的运行结果来看，在构造一个 Assistant 对象时先运行了 Student 类的构造函数，然后运行了 Teacher 类的构造函数，最后才执行自己的构造函数。是什么决定了两个基类构造函数调用的先后次序呢？可以尝试对 Assistant 类的构造函数做下面修改：

```
Assistant(int number, int age, char name[],char sex,char title[],float salary)
              : Teacher(age,name,title), Student(number,name,sex),salary(salary)
{cout <<"Assistant 类构造"<< endl;}
```

交换构造函数冒号后面基类初始化的顺序，将 Teacher 类的初始化放到 Student 类前面，那么运行时构造函数的调用顺序会发生变化吗？答案是否定的。实际上，影响多重继承基类构造函数调用顺序的是派生类定义时的继承列表。Assistant 类定义时的继承列表如下：

```
class Assistant:public Student,public Teacher
```

这一行决定了 Assistant 类构造函数的调用顺序一定是先 Student，再 Teacher。

总而言之，派生类构造函数的执行顺序一般按照如下次序进行。

(1) 调用基类的构造函数，如有多个基类，则按照它们被继承的顺序依次调用。基类的继承顺序就是派生类声明时"："后面基类的顺序，从左向右。

(2) 调用内嵌对象的构造函数，如果有多个，则按照它们在类的数据成员声明中的先后顺序依次调用。

(3) 执行派生类的构造函数体中的内容。

如果派生类没有内嵌对象，执行时会跳过第二步，直接执行第三步。

如果基类的构造函数没有参数或者具有默认参数，在派生类的构造函数中可以不显式列出初始化方式；如果内嵌对象的构造函数没有参数或者具有默认参数，在派生类的构造函数中可以不显式给出初始化方式。反过来，如果派生类的构造函数没有显式声明其基类和其内嵌对象的构造方式，那么系统按照"默认"方式对它们进行初始化，也就是调用它们的

C++语言程序设计教程

默认构造函数,如果基类或者内嵌类不具有这样的构造函数,那么就会出现编译错误。

5.7 派生类的析构函数

当发生继承时,析构函数与构造函数一样是无法被继承的。在第 3 章中已经介绍过,析构函数的作用是在对象撤销之前,进行必要的清理工作。当对象被删除时,其析构函数自动被调用。析构函数要比构造函数和复制构造函数都要简单,也没有任何参数。

派生类的析构函数要完成两项工作,清理自己向系统申请的内存,同时还应调用基类的析构函数清理基类对象占用的内存。派生类的析构函数调用其基类的析构函数比较简单,不需要在程序中做任何说明,由系统自动完成,但注意它的执行顺序正好同派生类的构造函数的执行顺序相反,也就是说,它会先执行派生类析构函数,然后再调用内嵌对象的析构函数,最后调用基类的析构函数。

修改例 5.6,助教除了拥有 salary 的信息以外,还应包含助课教师的信息,也就是助教要为哪位教师助课。这样,Assistant 类除了要继承 Student 类和 Teacher 类以外,还要具有一个内嵌对象 teacher,表示助教为哪位教师助课。见例 5.7,其中 Student 类与 Teacher 类的程序与例 5.6 完全一致,只是添加了析构函数,不再全部给出。

例 5.7 派生类的析构函数(修改自例 5.6)的调用。

```
//ch5_7.cpp
# include < iostream >
using namespace std;
class Student{
    ⋮
    // 析构函数
    ～Student(){cout <<"Student 类析构"<< endl;}
    ⋮
};
class Teacher{
    ⋮
    // 析构函数
    ～Teacher(){ cout <<"Teacher 类析构("<< t_name <<")"<< endl;}
    ⋮
};
class Assistant:public Student,public Teacher{
private:
    float salary;                        // 薪金
    Teacher teacher;                     // 助课教师
public:
    // 构造函数
    Assistant(int number, int age, char name[],char sex,char title[],float salary,
        int t_age,char t_name[],char t_title[]):Student(number,name,sex),
        Teacher(age,name,title),teacher(t_age,t_name,t_title),salary(salary){
        cout <<"Assistant 类构造"<< endl;
    }
    // 析构函数
    ～Assistant(){cout <<"Assistant 类析构"<< endl;}
```

```
        // 输出助教信息
        void print(){
            cout <<"Assistant name:"<< name << endl;      // 使用父类成员
            cout <<"title:"<< title << endl;              // 使用父类成员
            cout <<"student ID:"<< number << endl;        // 使用父类成员
            cout <<"age:"<< age << endl;                  // 使用父类成员
            cout <<"sex:"<< sex << endl;                  // 使用父类成员
            cout <<"salary:"<< salary << endl;            // 使用自身成员
            cout <<"助课教师信息: "<< endl;
            teacher.print();                              // 使用内嵌对象成员
        }
};
//主函数
int main(){
    Assistant a(1001,18,"Li Ming",'M',"assistant",987.65f,45,"Wang Feng","Professor");
    a.print();
    return 0;
}
```

程序运行的结果如下：

```
Student 类构造
Teacher 类构造(Li Ming)
Teacher 类构造(Wang Feng)
Assistant 类构造
Assistant name:Li Ming
title:assistant
student ID:1001
age:18
sex:M
salary:987.65
助课教师信息:
Teacher name:Wang Feng
age:45
title:Professor
Assistant 类析构
Teacher 类析构(Wang Feng)
Teacher 类析构(Li Ming)
Student 类析构
```

从运行结果中可以看出，助教对象在构造的时候先依次调用了两个基类 Student 和 Teacher 的构造函数，然后调用了内嵌对象 teacher 的构造函数，最后运行了自己构造函数中的语句。在析构的时候，派生类的析构函数依次执行了自身的析构函数、内嵌对象的析构函数和基类的析构函数，其执行的顺序与其构造函数执行的顺序正好严格相反。

5.8　继承中的同名成员访问

前面已经介绍过，在多重继承中如果两个基类具有同名的可被继承的数据成员，派生类中访问时会出现问题，如例 5.6 中，Assistant 类的两个基类 Student 和 Teacher 都有名字属性,为了不产生重名,所以一个使用了 name,另一个使用了 t_name。

派生类成员与基类成员也会出现同名问题,如例 5.1 中,基类 Student 和派生类 CollegeStudent 都具有 print 函数。

本节要着重介绍继承中的同名成员问题。

5.8.1　类名限定符

在第 1 章中已经介绍过,类名限定符"::"是 C++为了解决命名冲突问题而产生的。在继承中"同名"现象依然存在,有些还是可以通过类名限定符"::"来解决。其语法为:

类名∷成员

当在一个函数中出现了多个同名成员,而在具体使用某一个却无法确定它是哪一个时,就可以使用这种方式指出这个成员到底属于哪个类。

1. 派生类成员与基类成员同名

例 5.8　每个人都有身份 ID,也就是身份证号码,每个学生都具有学生 ID,也就是学生的学号,定义 Person 类和 Student 类,Student 类派生自 Person 类,两个类具有同名数据成员 id。

```cpp
//ch5_8.cpp
# include < iostream >
using namespace std;
class Person{
protected:
    char name[10];                          // 姓名
    char sex;                               // 性别
    int id;                                 // 身份证号
};
class Student : public Person{
private:
    int id;                                 // 学号
    char school[10];                        // 学校
public:
    void test(){                            //测试函数
        id = 123;
    }
};
//主函数
int main(){
    Student s;
    s.test();
    return 0;
}
```

作为 Person 类和 Student 类应具有构造函数、析构函数等其他成员,这个程序仅用来演示说明同名成员,其他成员就不一一定义了。

在这个程序中,基类 Person 中定义了数据成员 id,表示人的身份证号,派生类 Student 中也定义了数据成员 id,表示学生的学号,这两个成员同名。在现实世界中一个学生是可以同时具有多个 ID 的,作为公民的身份证 ID,作为学生的学号 ID,如果他是一名助教还可能拥有一个教工 ID,这些"同名属性"是可以共存的。那么作为一个派生类 Student 的对象 s,它的数据成员是怎样的呢? 它在内存中的情况如图 5.9 所示。

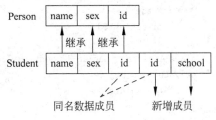

图 5.9 派生类成员与基类成员同名

从图中可以看到,在派生类 Student 中有两种成员,一种是从基类 Person 继承来的成员 name、sex 和 id,还有一种是自己新定义的成员 id 和 school,只是其中有一个继承的数据成员恰巧与新增成员同名。

此时在派生类 test 函数中访问数据成员 id,实际上访问的是派生类中新定义的 id 而不是从基类继承来的 id。派生类定义了与基类相同的成员,此时基类的同名成员在派生类内不可见,也就是派生类成员隐藏了同名的基类成员,这种现象称为**继承时的同名成员隐藏规则**。

这种情况下,要想对基类的同名成员进行访问必须通过类名限定符"::"。可以对例 5.8 程序中的 test 函数做如下改动:

```
void test(){                        // 测试函数
        id = 123;                   // 访问派生类成员
        Person::id = 456;           // 访问基类成员
}
```

此时系统根据"类名::成员名"的方式就可以明确访问的数据究竟是属于基类还是派生类了。

2．多重继承中不同基类成员同名

使用类名限定符"::"也可以解决多重继承中从不同基类继承的同名成员的访问二义性问题。在多重继承中,一个派生类继承多个基类,而在这些基类中可能存在成员同名的现象,如果不作特别声明,系统仅通过变量名或者函数名是根本无法判断到底调用的是哪个基类的成员的,这时就必须通过类名限定符"::"进行显式说明。

在例 5.6 中,两个基类 Teacher 和 Student 都具有名字属性,先将这两个属性的变量名都声明为 name,采用类名限定符解决命名冲突带来的二义性。

例 5.9 使用类名限定符访问多重继承中多个基类的同名成员。

```
//ch5_9.cpp
# include < iostream >
using namespace std;
class Student{
protected:
    char name[10];                  // 姓名
    char sex;                       // 性别
    int number;                     // 学号
};
class Teacher{
protected:
    char name[10];                  // 姓名
```

```
    int age;                              // 年龄
    char title[10];                       // 职称
};
class Assistant:public Student,public Teacher{
private:
    float salary;                         // 薪金
public:
    void test(){                          // 测试
        cout << Student::name << endl;
        cout << Teacher::name << endl;
    }
};
//主函数
int main(){
    Assistant a;
    a.test();
    return 0;
}
```

此程序不用于运行,仅用于说明类型限定符的用法。

在派生类 Assistant 的 test 函数中,如果不做任何声明访问 name,因为两个基类成员同名而导致系统无法确定到底要访问哪一个 name,这种错误称为**二义性**(ambiguous)错误;要想访问到基类的同名成员,只能使用"类名::成员名"的方式。因此 test 函数中的两个语句正是使用这种方式分别访问基类 Student 的 name 成员和基类 Teacher 的 name 成员。

通过类名限定符"::"就明确地唯一标识了派生类从不同基类中继承来的成员,达到了精确访问的目的,有效解决了成员重名的问题。

5.8.2 多重继承引起的二义性

上一节中介绍了在多重继承中,如果派生类从多个基类继承来的成员有同名现象,可以使用类名限定符"::"来进行区分。但是,这里有个前提:这些基类不是从一个共同的基类派生出来的。如果不具备这个前提条件,在访问同名成员时会出现问题。

修改例 5.6,人(Person)类可以派生出学生(Student)类和教师(Teacher)类,助教既是学生同时也兼职为教师承担部分助课的工作,所以它既继承学生类又继承教师类。人具有 id 属性表示人的身份证号码,学生具有 id 属性表示学号,教师具有 id 属性表示员工号。

例 5.10 多重继承引起的二义性。

```
//ch5_10.cpp
# include < iostream >
using namespace std;
class Person{
protected:
    int id;                               // 身份证号码
public:
    Person(){cout <<"Person 构造函数"<< endl;}
};
class Student : public Person{
protected:
```

```
        char school[10];                // 学校
        int id;                         // 学号
    public:
        Student(){cout <<"Student 构造函数"<< endl;}
    };
    class Teacher : public Person{
    protected:
        char title[10];                 // 职称
        int id;                         // 职工号
    public:
        Teacher(){cout <<"Teacher 构造函数"<< endl;}
    };
    class Assistant:public Student,public Teacher{
    private:
        float salary;                   // 薪金
    public:
        Assistant(){cout <<"Assistant 构造函数"<< endl;}
        void test(){                    // 测试
            strcpy(school,"dlut");      // 正确：访问 Student 类的 school
            strcpy(title,"assistant");  // 正确：访问 Teacher 类的 title
            Student::id = 1001;         // 正确：访问 Student 类的 id
            Teacher::id = 101;          // 正确：访问 Teacher 类的 id
            Person::id = 10001;         // 错误!
        }
    };
    //主函数
    int main(){
        Assistant a;
        a.test();
        return 0;
    }
```

在这个程序中，Person 类派生出了 Teacher 类和 Student 类，而 Assistant 类继承了 Teacher 同时也继承了 Student，这样就形成了一个"菱形"的继承结构，如图 5.10 所示。在派生类 Assistant 中，可以访问从 Student 继承来的 school 成员，可以访问从 Teacher 继承来的 title 成员。在所有的属性中 id 属性比较特殊，Person 具有 id 表示身份证号码，Student 具有 id 表示学号，Teacher 具有 id 表示职工号。在 Assistant 的 test 函数中可以使用 Student::id 访问继承的 Student 类的 id，也可以使用 Teacher::id 访问 Teacher 类的 id，但是如果试图使用 Person::id 访问最上层基类的 id 成员却提示编译有错误，这个错误编译器提示为二义性错误，这是为什么呢？

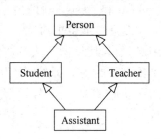

图 5.10　"菱形"派生关系图

为了解释这一问题，先把有问题的这一行注释掉，分析程序的运行结果，如下：

```
Person 构造函数
Student 构造函数
Person 构造函数
Teacher 构造函数
```

Assistant 构造函数

在主函数中构造了一个 Assistant 的对象 a,因为派生类对象的构造会引起它继承的基类的构造,所以读者可能会认为内存中应该有一个最上层基类 Person 对象,两个直接基类 Student 对象和 Teacher 对象,还有一个派生类 Assistant 对象。但从运行的结果来看,在内存中产生了 5 个对象,其中最上层基类的构造函数被调用了两次。这是如何发生的呢?

当在主函数中构造一个派生类 Assistant 对象时,它的构造函数被调用,之前已经介绍过,派生类对象的构造函数首先会调用其基类的构造函数,因此 Assistant 的两个直接基类的构造函数会被调用,也就是直接基类 Teacher 和 Student。同理,当 Teacher 的构造函数被调用时,它的基类 Person 的构造函数也被调用;当 Student 的构造函数被调用时,Person 的构造函数又一次被调用。它们的构造函数的调用关系见图 5.11。

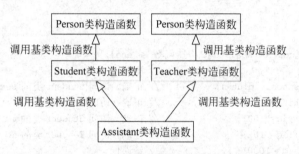

图 5.11　多重继承构造函数调用图

从这个图中可以看出,内存中实际上存在两个基类 Person 的对象,一个是由 Student 这一派生分支产生,另一个是由 Teacher 的派生分支产生的。也就是说,在 Assistant 的派生类对象中存在两个从基类 Person 继承来的 id 成员,因此,在 Assistant 类的 test 函数中,使用类名限定符“∷”无法传递给系统足够的信息,系统无法知道该语句到底要访问哪一个 id。Person、Teacher、Student 和 Assistant 的内存成员图如图 5.12 所示。

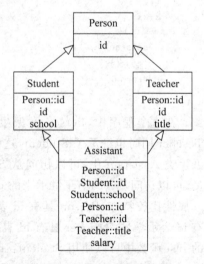

图 5.12　多重继承内存成员图

多重继承带来的这一问题不但对同名访问造成了困难,而且使得同一成员在内存中具有多个拷贝,增加了不必要的内存开销,因为在实际使用中没有必要占用两份内存。C++ 为了解决这一问题提供了虚基类技术。

5.9　虚基类

当某类多个直接基类是从一个共同基类派生而来时,这些直接基类中从上一级基类继承来的成员在内存中存在多个副本。而多数情况下,由于它们的上一级基类是完全一样的,在编程时,只需使用多个副本的任意一个。

在同一类中保存间接共同基类的多份同名成员,虽然有时是有必要的,但是在大多数情况下,这种情形是人们不希望出现的,不仅占用了较多的存储空间,还使得访问这些成员出现二义性错误。

　　C++语言允许程序中只建立公共基类的一个副本,将直接基类的共同基类设置为**虚基类**(virtual base class),这时从不同路径继承过来的该类成员在内存中只拥有一个副本,这样公共基类成员访问的二义性问题就不存在了。

5.9.1　虚基类的使用

　　虚基类的声明是在派生类继承基类时定义的,其语法形式如下:

class 派生类名: virtual [继承方式] 基类名

　　其中 virtual 的本意为"虚拟的",这里理解为"虚继承"。通过使用虚基类技术,就可以解决 5.7 节中出现的"多继承二义性问题"了。使用虚基类方法修改例 5.10 后程序如下。

　　例 5.11　虚基类在 Person 类族中的使用。

```cpp
//ch5_11.cpp
# include < iostream >
using namespace std;
class Person
{   …   };
class Student : virtual public Person      // 使用虚基类
{   …   };
class Teacher : virtual public Person      // 使用虚基类
{   …   };
class Assistant:public Student,public Teacher{
    …
    public:
        void test(){                       // 测试
            strcpy(school,"dlut");         // 正确: 访问 Student 类的 school
            strcpy(title,"assistant");     // 正确: 访问 Teacher 类的 title
            Student::id = 1001;            // 正确: 访问 Student 类的 id
            Teacher::id = 101;             // 正确: 访问 Teacher 类的 id
            Person::id = 10001;            // 正确: 访问 Person 类的 id
        }
};
//主函数
int main(){
    Assistant a;
    a.test();
    return 0;
}
```

程序运行结果如下:

```
Person 构造函数
Student 构造函数
Teacher 构造函数
Assistant 构造函数
```

注意：虚基类并不是声明基类时为"虚"，而是在声明派生类时，指定其继承方式为"虚"。经过这样的声明，当基类通过多条派生路径被同一个派生类继承时，该派生类只初始化该基类一次，这样就实现了在内存只保存最上层基类的一个副本。

从上面例子的运行结果可以发现，使用虚基类技术后，内存中的间接基类的构造函数只运行了一次，内存中只有一个 Person 的对象。因此，在 Assistant 类的 test 函数中可以使用 Person::id 对派生类继承来的间接基类的数据进行访问而不会产生二义性。在派生类 Teacher 和 Student 继承时声明为"虚"后，意味着基类通过多条派生路径被一个派生类所继承时，该派生类只继承该基类一次，也就是说内存中只保留一份基类 Person 的成员的副本。

5.9.2　虚基类的初始化

上面的例子是相对比较简单的情况，如果虚基类中定义了带参数的构造函数，而且没有定义默认的构造函数，那么它的所有派生类（包括直接派生类和间接派生类）中，都应该通过构造函数的初始化列表对虚基类进行显式初始化。

例 5.12　修改例 5.11 实现对虚基类的初始化。

```cpp
//ch5_12.cpp
#include <iostream>
using namespace std;
class Person{
protected:
    int id;                              // 身份证号码
public:
    // 构造函数
    Person(int id):id(id){
        cout <<"Person 构造函数"<< endl;
    }
};
class Student : virtual public Person{
protected:
    char school[10];                    // 学校
    int id;                             // 学号
public:
    // 构造函数
    Student(int p_id,int s_id,char school[])
            :Person(p_id),id(s_id){
        cout <<"Student 构造函数"<< endl;
        strcpy(this->school,school);
    }
};
class Teacher : virtual public Person{
protected:
    char title[10];                     // 职称
    int id;                             // 职工号
public:
    // 构造函数
    Teacher(int p_id,int t_id,char title[]):Person(p_id),id(t_id){
        cout <<"Teacher 构造函数"<< endl;
```

```
            strcpy(this->title,title);
        }
};
class Assistant:public Student,public Teacher{
private:
        float salary;                        // 薪金
public:
    // 构造函数
    Assistant(int p_id,int s_id,char school[],int t_id,char title[],float salary)
        :Person(p_id),Student(p_id,s_id,school),Teacher(p_id,t_id,title),salary(salary){
            cout <<"Assistant 构造函数"<< endl;
        }
    // 输出函数
    void print(){
        cout <<"人 id: "<< Person::id << endl;
        cout <<"学生 id: "<< Student::id << endl;
        cout <<"教师 id: "<< Teacher::id << endl;
        cout <<"学校: "<< school << endl;
        cout <<"职称: "<< title << endl;
        cout <<"薪金: "<< salary << endl;
    }
};
// 主函数
int main(){
    Assistant a(10001,999,"dlut",18,"assistant",543.21f);
    a.print();
    return 0;
}
```

程序运行结果如下：

```
Person 构造函数
Student 构造函数
Teacher 构造函数
Assistant 构造函数
人 id: 10001
学生 id: 999
教师 id: 18
学校: dlut
职称: assistant
薪金: 543.21
```

在这个程序中，Assistant 的构造函数与之前介绍的构造函数有所不同，以前，派生类的构造函数只需要对自己的直接基类进行初始化，再由直接基类对间接基类进行初始化。现在，由于直接基类对间接基类的继承方式都是 virtual，所以最上级基类的初始化工作只能由最后产生的派生类直接给出，这样才能保证内存中只存在间接基类的一个副本。

有的读者看到这个程序可能会质疑，Assistant 类在构造时完成了 Person 的初始化工作，Assistant 还会调用 Teacher 类和 Student 类的构造函数，这两个类的构造函数会不会又调用它们的基类，也就是 Person 类的构造函数呢？答案是否定的。C++编译系统只会执行

C++语言程序设计教程

最后的派生类对虚基类的构造函数,会忽略虚基类的其他派生类对虚基类的构造函数的调用,这就保证了虚基类的数据成员不会被多次初始化。

从这个例子还可以看出,使用多重继承时一定要谨慎,因为存在着二义性的可能。现在举出的还只是三级两重继承,如果继承结构更加复杂一些,程序的编写、调试和维护工作都要变得更加困难。因此,在实际开发过程中,如果问题能用单继承解决,就不要使用多继承,也正是这个原因,其他一些面向对象的语言(如 Java、C♯)都取消了多重继承的机制。

5.10 基类与派生类的转换

在 C++ 中,不同的数据类型在一定的规则下是可以进行转换的,比如整型数据可以直接赋值给双精度浮点型变量,但是反过来把双精度浮点型数据赋值给整型变量就会损失精度。这种不同类型间的自动转换和赋值,称为**赋值兼容**。能够进行赋值兼容的一个前提条件就是数据的精度不产生损失。比如,任意一个整型数据可以直接赋值给双精度浮点型变量的情形,整型数据的取值范围永远都不可能超出双精度浮点型变量的取值范围,因此,这种情况就符合赋值兼容的要求。

在发生继承的时候,派生类与基类之间存在这样的关系,它们都属于同一类事物,具有相类似的特点,基类相对抽象,派生类相对具体,可以说派生类是具体化的基类,它们之间能否进行转换呢? 这种转换是否符合赋值兼容规则呢?

从前面的分析中可以发现,3 种继承方式中,只有公有继承使派生类完整地保留了基类的所有特征,基类的公有和保护成员的访问权限在派生类中得以延续,在派生类外基类的所有公有和保护成员也可以通过派生类对象进行访问。公有派生类是基类的真正子类型,它完整地继承了基类,或者说,公有派生类具备了基类的所有功能。而另外两种继承方式都从某种程度上缩小了派生类的访问权限,不能在所有的条件下完全承担基类的功能。

现在可以得出结论:基类与公有派生类之间具有赋值兼容关系,凡是任何需要基类对象的地方,都可以使用公有派生类的对象来替代。假设存在以下的继承关系:

```
class A{
public:
    int i;
    ⋮
};
class B :public A{
public :
    int j;
    ⋮
};
```

基类 A 与派生类 B 间的赋值兼容关系具体表现在以下几个方面。

(1) 派生类对象可以直接赋值给基类对象。

```
A   a;
 B  b;
 a = b;
```

注意：赋值后 a 的数据类型依然是 A，因此不要企图使用 a 去访问派生类的成员，因此下面的语句是错误的。

```
a.j = 3;                          // 错误,A中不具有 j 成员
```

（2）派生类对象可以初始化基类的引用。

```
A & c = b;                        // c 是基类的引用,使用派生类对象 b 初始化 c
```

同样，一个函数的形式参数如果是一个基类的引用，在实际调用该函数的时候，可以传递一个派生类对象来代替基类对象。假设有一函数 function 定义如下：

```
void function(A & c)              // 形式参数是基类 A 的引用
{   cout << c.i << endl;   }      // 输出 A 的数据成员 i
```

实际调用该函数时使用如下的方式：

```
function(b);                      //实际参数是派生类 B 的对象
```

（3）派生类对象的地址可以赋值给基类的指针。

```
A * p = & b ;                     //基类指针 p 指向派生类对象 b
p -> i = 5 ;                      //使用基类指针对派生类对象的成员进行访问
```

或者

```
A * p = new B();
```

现在拥有了派生类与基类之间的赋值兼容规则后，在进行程序设计时，对于同一类族中的对象，可以使用相同的函数对它们进行统一的处理，而没有必要对于不同的对象根据它们所属的具体类逐一处理。具体的举例如下。

例 5.13　修改例 5.12，为 Person、Student、Teacher 和 Assistant 类加入 print 函数，用来输出每个类的信息。

```
//ch5 - 13.cpp
# include < iostream >
using namespace std;
class Person{
protected:
    int id;                              // 身份证号码
public:
    // 构造函数
    Person(int id):id(id){ }
    // 输出函数
    void print(){ cout <<"人 id: "<< id << endl; }
};
class Student : virtual public Person{
protected:
    char school[10];                     // 学校
    int id;                              // 学号
public:
    // 构造函数
```

```cpp
    Student(int p_id,int s_id,char school[])
            :Person(p_id),id(s_id)
    { strcpy(this->school,school);}
    // 输出函数
    void print(){
        Person::print();
        cout <<"学生 id: "<< id << endl;
        cout <<"学校: "<< school << endl;
    }
};
class Teacher : virtual public Person{
protected:
    char title[10];                          // 职称
    int id;                                  // 职工号
public:
    // 构造函数
    Teacher(int p_id,int t_id,char title[])
            :Person(p_id),id(t_id)
    {   strcpy(this->title,title); }
    // 输出函数
    void print(){
        Person::print();
        cout <<"教师 id: "<< id << endl;
        cout <<"职称: "<< title << endl;
    }
};
class Assistant:public Student,public Teacher{
private:
    float salary;                            // 薪金
public:
    // 构造函数
    Assistant(int p_id,int s_id,char school[],int t_id,
        char title[],float salary):Person(p_id),Student(p_id,s_id,school),
        Teacher(p_id,t_id,title),salary(salary){}
    // 输出函数
    void print(){
        cout <<"人 id: "<< Person::id << endl;
        cout <<"学生 id: "<< Student::id << endl;
        cout <<"教师 id: "<< Teacher::id << endl;
        cout <<"学校: "<< school << endl;
        cout <<"职称: "<< title << endl;
        cout <<"薪金: "<< salary << endl;
    }
};
//主函数
int main(){
    Person p(10001);                         // 创建 Person 对象
    Student s(20304,997,"dlut");             // 创建 Student 对象
    Teacher t(11100,7,"Professor");          // 创建 Teacher 对象
    Assistant a(40062,999,"dlut",18,"assistant",543.21f);  // 创建 Assistant 对象
    Person * group[4];                       // 声明 Person 的指针数组
```

```
        group[0] = &p;                          // 指向 Person 对象
        group[1] = &s;                          // 指向 Student 对象
        group[2] = &t;                          // 指向 Teacher 对象
        group[3] = &a;                          // 指向 Assistant 对象
        for(int i = 0;i < 4;i++)
            group[i] -> print();                // 调用 print 函数
        return 0;
    }
```

程序运行结果如下：

```
人 id: 10001
人 id: 20304
人 id: 11100
人 id: 40062
```

在这个例子的 main 函数中，使用一个 Person 类型的指针数组 group，在实际赋值时，这 4 个指针分别指向了 4 种不同类型的对象。在一个数组中所有的元素都是同一类型的，称为**同类收集**。但是这里的 group，实际指向对象的类型是不同的（都是 Person 类直接或者间接的派生类），因为存在继承中的赋值兼容规则，所以可以允许基类类型数组中的元素是派生类对象，这一现象称为**异类收集**。上面的例子说明，使用派生类对象为基类赋值或者让基类指针指向派生类对象是合法的、安全的，不会出现编译上的任何问题，而且使程序更加方便和简洁。

但是程序运行的结果却不尽如人意。从输出中可以发现，尽管 group 中的成员实际上是由基类和多种派生类对象组成的，但是在实际运行中，它们都执行了原来基类中的 print 函数，也就是说赋值兼容的结果是：尽管派生类代替了基类，但是仅仅发挥出了它的基类那部分的作用，而派生类特有的作用完全失效了，也就是"大材小用"的意思。

在保证赋值兼容的情况下，如何让基类和派生类对于同名函数产生不同的响应效果，这一问题将在下一章中进行介绍。

5.11　类与类之间的关系

C++ 中定义了如何使用"类"来封装（encapsulate）相关的属性和函数，在了解了类与对象的关系后，读者会发现，C++ 的程序是由类组成的。类和类之间不是彼此孤立的，就像现实世界中的万事万物一样，相互之间存在各种各样的联系。

第 3 章中介绍的"组合"是这些关系中的一种，反映的是"有一个"（has-a）的关系。如果类 B 中存在一个类 A 的内嵌对象，那么表示每一个 B 类型的对象都"有一个"A 类型的对象。B 类型与 A 类型之间是整体与部分的关系。例如，汽车与它的各个组成部分之间的关系。一般一辆汽车应具有一个发动机，4 个轮子等部件，汽车与它们之间的关系可以用"有一个"来描述，如图 5.13(a) 所示，在 C++ 中的程序实现如下（程序框架）。

```
class Engine{                                   // 发动机类
public:
    void work();                                // 发动机运转
        ⋮
```

```
};
class Wheel{                         // 车轮类
public:
    void roll();                     // 车轮转动
     ⋮
};
class Automobile{                    // 汽车类
private:
    Engine * engine;                 // 拥有一个发动机
    Wheel * wheel[4];                // 拥有 4 个车轮
public:
    void move(){                     // 汽车行进
        engine->work();              // 使用成员对象
        for(int i = 0;i < 4;i++)
            wheel[i]->roll();        // 使用成员对象
    }
     ⋮
};
int main(){
    Automobile auto;
    auto.move();
     ⋮
}
```

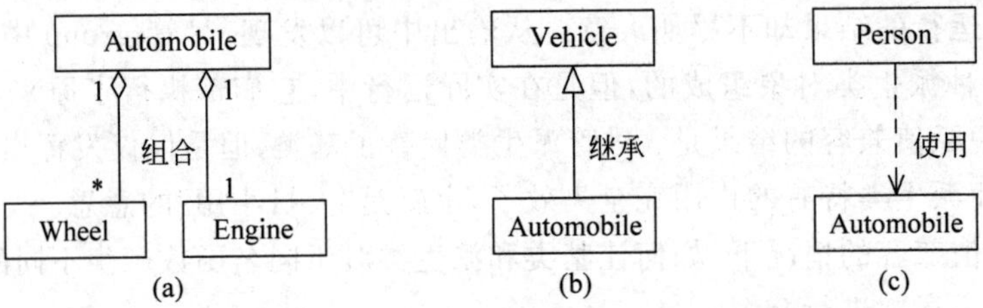

图 5.13　类与类之间的关系图

本章介绍的"继承"是这些关系中的另一种,反映的是"是一个"(is-a)的关系。如果类 A 是类 B 的基类(公有),那么表示每一个 B 类型的对象都"是一个"A 类型的对象。B 类型与 A 类型之间是特殊与一般的关系。在 5.9 节中所介绍的"任何需要基类对象的地方,都可以使用公有派生类的对象来替代"正是反映了这一关系。例如,汽车与交通工具之间的关系。汽车是一种交通工具,它具有交通工具应该具有的所有特征,并且也具有一些自己的特性,所以它们之间的关系可以用"是一个"来描述,如图 5.13(b)所示,在 C++ 中的程序实现如下(程序框架)。

```
class Vehicle{                       // 交通工具类
protected:
    double weight;                   // 重量
    float speed;                     // 速度
public:
    void run();                      // 运行
     ⋮
```

```
};
class Automobile:public Vehicle{            // 汽车类
private:
    int load;                               // 载客数
public:
    void move(){
        run();                              // 可以直接调用基类成员
    }
     ⋮
};
int main(){
    Automobile auto;
    auto.move();
    auto.run();                             // 直接拥有基类的成员
     ⋮
}
```

　　从 C++程序的角度对比一下这两种关系的异同。一个是 Automobile 拥有其他类对象 （类的组合），一个是 Automobile 类继承其他类（类的继承）。当组合时，Automobile 可以通过拥有的对象来访问这些对象的成员，如下面的函数：

```
void move(){
    engine − > work();                      //使用成员对象
    for(int i = 0;i < 4;i++)
        wheel[i] − > roll();                //使用成员对象
}
```

　　但是，在 Automobile 类的外面，如 main 函数中，通过 Automobile 对象却无法访问 engine，因为 engine 是它的私有成员。这点也很容易理解，汽车运行时会控制自己的引擎和车轮，但是在汽车外部直接去控制汽车的发动机显然是不合理的。

　　当发生继承时，Automobile 就是一种 Vehicle，所以首先在 Automobile 类中可以直接使用 Vehicle 所有可以被继承的成员（非私有），而且通过 Automobile 的对象可以直接使用 Vehicle 的非私有成员，如下面的函数：

```
int main(){
    Automobile auto;
    auto.move();
    auto.run();                             // 直接拥有基类的成员
     ⋮
}
```

　　因为汽车继承了交通工具，它就是一种交通工具，所以交通工具的行为和属性它都具有。

　　类与类之间还存在一种关系，反映的是"用一个"（uses-a）的关系。举一个例子：一个人去买车，人与车之间存在某种关系，这种关系不是继承关系，而人在买车时也并不拥有车，所以也不是组合关系，但是人买车时需要了解车的性能，可能还要试驾，使用 C++ 的程序实现如下：

```
class Person{
```

```
public:
    void buy(Automobile & auto){
        auto.move();
          ⋮
    }
};
int main(){
    Person person;
    Automobile auto;
    person.buy(auto);
      ⋮
}
```

在这个程序中,Automobile 的对象 auto 是 Person 类 buy 函数的参数,在 buy 函数中可以通过形式参数访问 Automobile 的成员,但是在 Person 类以外,Automobile 类的对象作为参数与 Person 产生关系,这两个类的关系就是一种使用关系,如图 5.13(c)所示。如果类 A 的某个函数中创建了类 B 类型的局部变量(或者形式参数),那么表示每一个 A 类的对象在运行该函数时都"使用了"B 类的对象。A 类与 B 类之间是使用与被使用的关系。

继承、组合和使用是面向对象程序设计中常采用的 3 种类关系,其中类与类的"继承关系"是最紧密的关系,而"使用关系"是相对比较松散的关系。在实际的程序设计中,究竟使用哪一种关系,要看具体的实际需要,灵活使用。

5.12　案例分析

在 3.12 节中曾提出了父亲给儿子钱这样一个问题,当时定义了两个类 Father 和 Son。其中父亲类包含数据成员 name(姓名)和 money(金钱),函数成员 receive(获取)、pay(支付)和 manage(管理);儿子类包含数据成员 name(姓名)、father(父亲)和 money(金钱),函数成员 receive(获取)和 pay(支付)。从它们的类图图 3.13 和图 3.14 中可以发现,这两个类有许多共性,因此很容易想到,可以利用本章的继承与派生的思想,抽象出这两个类相同的成员构成一个它们的公有基类人类(Person),这个类具有数据成员 name(姓名)和 money

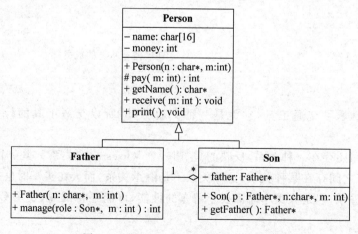

图 5.14　Person、Father 与 Son 的类图

（金钱），函数成员 receive（获取）和 pay（支付）。父亲类可以继承人类，并添加自己特有的成员函数 manage（管理）；儿子类也可以继承人类，并添加自己特有的数据成员 father 和函数成员 getFather。这种继承的设计一方面减少了派生类的代码量，另一方面有利于未来程序的扩充，如果现在需要在程序中加入母亲或者朋友，只需要从人这个基类直接派生就可以了。这里就不一一举例了。

基类 Person 的 name 属性声明为私有，提供公有的 getName 函数用于获取人的姓名，这样既不破坏基类的封装性，也有利于派生类及任何其他类的访问。基类的 money 属性也声明为私有的，提供公有的 receive 函数用于收钱，这点在 3.12 节中已经讨论过，派生类及任何其他类都可以向账户中存入钱款。但是 pay 函数不能是公有的，如果把这个函数声明为公有，那么任何人都可以随意地从账户中取钱了，这显然是不合理的。将 Person 类的 pay 函数设定为私有的，这样就安全了。但是又会产生问题：作为 Person 的派生类 Father 不能使用这个 pay 函数了，也就是无法付给任何人钱了（包括儿子）。这里 pay 函数应该是除了自身 Person 可访问外，Person 的派生类也应该可以访问，但是继承树外的类或函数不能访问，因此，pay 函数的访问权限应设定为保护的（protected）。人类、父亲类和儿子类的设计见图 5.14。类的定义及实现见例 5.14。

例 5.14　人、父亲与儿子类的定义与实现。

```cpp
//ch5_14.cpp
# include< iostream >
using namespace std;
class Person{                        //Person 类定义
private:
    char name[16];                   //姓名字符串
    int money;                       //持有钱数
protected:
    int pay( int m);                 //支付 m 元钱
public:
    Person(char * n, int m);         //构造函数
    char * getName();                //返回 name
    void receive(int m);             //接收 m 元钱
    void print();                    //输出函数
};
class Son;                           //Son 类声明
class Father:public Person{          //Father 类定义
public:
    Father(char * n, int m);         //构造函数
    int manage(Son * role, int m);   //授权管理
};

class Son:public Person{             //Son 类定义
private:
    Father * father;                 //父亲
public:
    Son(Father * p, char * n, int m); //构造函数
    Father * getFather();            //返回 Father
};
```

```
//Person 付钱函数
int Person::pay(int m){
    if(m<=0)                             //支付金额小于等于 0,支付 0 元
        return 0;
    if(money>=m){                        //支付金额小于等于持有钱数,支付 m 元
        money = money - m;
        return m;
    }else return 0;                      //支付金额大于持有钱数,支付 0 元
}
//返回 name
char * Person::getName(){
    return name;
}
//Person 类构造函数
Person::Person(char * n,int m){
    strcpy(name,n);
    money = m;
}
//Person 类收钱函数
void Person::receive(int m){
    if(m>0)                              //接收金额小于 0,放弃接收
        money = money + m;
}
//Person 类输出函数
void Person::print(){
    cout <<"name:"<< name <<"   money:"<< money << endl;
}
//Son 类构造函数
Son::Son(Father * p,char * n,int m):Person(n,m){
    father = p;
}
//返回 Father
Father * Son::getFather(){
    return father;
}
//Father 类构造函数
Father::Father(char * n,int m):Person(n,m){}
//授权管理函数
int Father::manage(Son * role,int m){                        //role 为支付对象,m 为支付金额
    if(strcmp(role->getFather()->getName(),getName()) == 0)      //支付对象的父亲是自己
        return pay(m);
    else
        return 0;
}
//主函数
int main(){
    Father f1("李四",10000);
    Son s1(&f1,"李小四",100);
    s1.receive(f1.manage(&s1,1000));
    f1.print();
    s1.print();
```

```
        return 0;
}
```

程序运行结果如下：

```
name:李四   money:9000
name:李小四  money:1100
```

本例着重体会以下两点：

（1）面向对象的设计首先要找出参与任务的对象并将其抽象为类，然后仔细观察多个类的特点，分析它们的共性与特性，用共性的部分抽象构成基类，然后在派生类中添加它们各自的特性。

（2）基类功能的权限范围设计应该忠实于实际情况，如本例的 receive 函数应该声明为公有的，而 pay 函数就应该声明为保护的。

本节给出的程序解决了 3.12 中 Father 与 Son 由相同类成员带来的程序冗余的问题，但是 Father 类的 manage 函数只能给自己的儿子付款，如果想给自己的妻子、朋友付款怎么办呢？假设孩子的母亲（父亲的妻子）Mother 类的定义如下：

```
class Mother:public Person{                //Mother 类定义
private:
    Father * husband;                      //丈夫
public:
    Mother(Father * p,char * n,int m);     //构造函数
    Father * getHusband();                 //返回 Father(丈夫)
};
…                                          //Mother 类实现略
```

父亲类的 manage 函数要如何设计呢？父亲不但可以付钱给儿子，也可以付钱给自己的妻子，所以可以把第一个参数的类型改为 Person：

```
int Father::manage(Person * role,int m);   //role 为支付对象,m 为支付金额
```

但是这样的话，就无法执行下面的语句：

```
if(strcmp(role->getFather()->getName(),getName()) == 0)  //支付对象的父亲是自己
```

因为 Person 类不具有 getFather 这样一个函数，那么这个问题该如何解决呢？这个问题将在第 6 章给出解决方法。

有了继承与派生的机制，本例还可以继续延展，儿子 Son 还可以继承学生 Student，而学生 Student 也由 Person 派生而来，这样儿子 Son 对学生 Student 和人 Person 既是多继承、又是虚继承。本书限于篇幅不再介绍。

习题

1. 简述 C++ 三种继承方式（公有继承、私有继承、保护继承）之间的相似与不同。
2. 阅读下面程序，回答问题。

```
class A{
```

```
      public:
          void f1();
          A() {i1 = 10; j1 = 11;}
      protected:
          int j1;
      private:
          int i1;
  };
  class B:private A{
      public:
          void f2(){}
          B() {i2 = 20; j2 = 21;}
      protected:
          int j2;
      private:
          int i2;
  };
  class C: public B{
      public:
          void f3(){}
          C() {i3 = 30; j3 = 31;}
      protected:
          int j3;
      private:
          int i3;
  };
  int main(){
      B b;
      C c;
      return 0;
  }
```

（1）派生类 B 中的成员函数 f2()能否访问基类 A 中的成员 f1()、i1 和 j1？

（2）主函数中的派生类 B 的对象 b 能否访问基类 A 中的成员 f1()、i1 和 j1？

（3）派生类 C 中的成员函数 f3()能否访问直接基类 B 中的成员 f2()、i2 和 j2？ 能否访问间接基类 A 中的成员 f1()、j1 和 i1？

（4）主函数中的派生类 C 的对象 c 能否访问直接基类 B 中的成员 f2()、i2 和 j2？ 能否访问间接基类 A 中的成员 f1()、j1 和 i1？

3. 派生类构造函数执行的顺序是怎样的？ 派生类的析构函数呢？

4. 定义一个图形类 Shape,在此基础上派生出正方形类 Square 和圆 Circle 类,三者都有 getArea()函数。在主函数中声明该类族中的所有对象,观察基类与派生类构造函数运行时的顺序及 getArea()的使用情况。

5. C++程序在什么情况下,必须使用虚基类？ 能够解决怎样的问题？

6. 基类与派生类的对象(或指针、引用)之间,何时可以隐式转换？

7. 类与类之间的关系有哪几种？ 请分别举例说明。

8. 利用面向对象的思想为"图书馆"设计一个图书管理程序。图书馆馆藏(Publication)可分为图书(Book)类、报纸(Newspaper)类和杂志(Magazine)类。所有馆藏都应保存它们的名称(书名、报纸名等)。此外图书应保存图书的作者信息；报纸需要保存它的发行时间；杂志需要保存它的发行时间和期刊号。要求：

(1) 设计出所有的类，只需要写出类最主要属性(本题中涉及的)和函数。

(2) 有一个图书馆类 Library，如下：

```
class Library{
    Publication * publications[100];      //所有馆藏,假设馆藏上限为100
    static int total;                     //实际馆藏数
    public:
    void add(Publication & p);            //添加新馆藏(此函数需完成)
    void show(){                          //输出所有馆藏的相应信息
        for(int i = 0;i < total;i++)
        publications[i] -> show();
    }
    //此函数可用于输出所有馆藏的相应信息
    // 如:    C++       zhengli
    //        Thames    2010/1/1
    //        DuZhe     2011/5/1   第 10 期
    //注意不同种类出版物会输出不同种类的信息
};
```

(3) 在主函数中构造几个出版物(图书、报纸、杂志)的实例，使它们加入图书馆，并使用图书馆的 show 函数输出信息。观察程序运行结果。

9. 扩展本章例 5.14。儿子 Son 还可以继承自学生 Student，而学生 Student 也由 Person 派生而来，这样儿子 Son 对学生 Student 和人 Person 既是多继承又是虚继承。请完成 Student 类，该类具有 school(学校)属性；请补充和修改 Son 类，注意多继承虚基类并含有内嵌对象的复杂构造函数的定义。

第 6 章　　　　　多　　态

面向对象设计借鉴了客观世界的多态性,体现在不同的事物收到相同的消息时会产生多种不同的行为。例如,在一般类"几何图形"中定义了一个"绘图"行为,但并不确定执行时到底画一个什么图形。特殊类"椭圆"和"矩形"都继承了几何图形类的绘图行为,但其功能却不同,一个是要画出一个椭圆,另一个是要画出一个矩形。这样一个绘图的消息发出后,椭圆、矩形等对象接收到这个消息后各自执行不同的绘图函数。这就是面向对象设计的多态性的表现。

本章主要内容

- 多态的概念及分类
- 虚函数与虚析构
- 纯虚函数与抽象类

6.1　理解多态

多态性(Polymorphism)是面向对象程序设计的又一重要特性。它指的是同样的消息被不同类型的对象接收时导致不同行为的现象。所谓消息是指调用不同类型对象的成员函数,不同的行为是指函数执行的内容。

在前面的学习中已经接触过多态的应用,例如函数的重载和运算符重载都属于多态现象,一个加法运算符"+"的运用就是一个消息,它可以完成整型、单精度型、双精度型、复数类型数据的加法运算,事实上,对不同类型的数据进行加法运算的函数是不相同的。但是这些产生不同行为的函数是用来响应同一个消息的,这个消息都是"+"。

程序是客观世界的体现,在现实世界中多态现象比比皆是。例如,学校的第一节上课铃声响过之后,学校中所有的人都会做出不同的响应:教师要走上讲台准备上课;学生在座位上做好上课准备;教务人员开始一天的事务性工作;学校实验室的工作人员开始准备实验设备……因为每个人在第一节上课铃声响起之前已经明确了自己的任务,因此,在得到铃声这样一个信息后,所有人都知道自己应当做什么,这就是多态性。如果这样一件事情不利用多态性来完成,那么就需要在学校第一节课上课的时间给每一种人传达不同的信息,先通知教师按时上课,然后通知学生做上课准备,接着通知教务开始工作,然后通知实验室准备实验设备等,学校不可能安排专人去做这样的通知工作,更不可能为每一种身份的人安排专用的铃声。现在利用了多态性机制,一次铃声响起之后,不需要任何人或者任何其他方式去区分每一种人应该做什么。各类人员在听到铃声后应当做什么并不是临时通知决定的,而是学校的工作机制事先安排决定好的。

本书第 5 章介绍了面向对象程序设计的继承性,本章介绍的多态性与继承性相结合,可以生成一系列虽彼此相似却又独一无二的类和对象。由于继承性,使得对象与对象之间产生许多相似的特征,比如"教师"和"学生"都继承了"校内人员"的特征,都具有"上课"、"下课"等相似的行为;由于多态性,针对相同的消息,不同的对象可以有独特的表现方式,实现特性化的设计,例如,同样是"上课"这一消息,"教师"与"学生"已经分别事先规定了他们的响应方式,因此会产生不同的行为。

6.2　多态的实现

多态从实现的角度可以划分为两类:静态多态与动态多态。静态多态是指在程序编译时系统就能够确定要调用的是哪个函数,因此这种多态也被称为编译时多态。静态多态性是通过函数的重载来实现的,这也包括运算符重载。动态多态性是指程序在编译时并不能确定要调用的函数,直到运行时系统才能动态地确定操作所针对的具体对象,它又被称为运行时多态。动态多态是通过**虚函数**(virtual function)来实现的。下面通过一个例子来解释这两种不同的多态形式。

例 6.1　先建立一个二维图形类(TwoDimensionalShape),然后以它为基类派生出正方形类(Square),包含数据成员边长(side),正方形类具有 getArea 函数,可以输出面积。基类和派生类都具有 show 函数,用以输出信息。

```
//ch6_1.cpp
# include < iostream >
using namespace std;
class TwoDimensionalShape {            //二维图形类
public:
    void show();                       //输出二维图形信息
};
class Square: public TwoDimensionalShape {   //正方形类(继承二维图形类)
private:
    double side;                       //正方形边长
public:
    Square();                          //默认构造函数
    Square(double);                    //构造函数
    void setSide(double);              //设置边长
    double getArea();                  //计算正方形面积
    void show();                       //输出正方形信息
};
```

```cpp
// 二维图形输出函数
void TwoDimensionalShape::show(){
    cout <<"这是一个二维图形"<< endl;
}
// 正方形默认构造函数
Square::Square():side(1){}
// 正方形构造函数,初始化边长
Square::Square(double side):side(side){}
// 设置正方形边长
void Square::setSide(double side){
    this -> side = side;
}
// 计算正方形面积
double Square::getArea(){
    return side * side;
}
// 输出正方形的信息
void Square::show(){
    cout <<"这是边长为"<< side <<"的正方形,面积为"
        << getArea()<< endl;
}
// 主函数
int main(){
    TwoDimensionalShape t;            //创建二维图形对象 t
    t.show();
    Square s1;                        //创建正方形对象 s1
    s1.setSide(8);
    s1.show();
    Square s2(3);                     //创建正方形对象 s2
    s2.show();
    return 0;
}
```

程序运行结果如下:

```
这是一个二维图形
这是边长为 8 的正方形,面积为 64
这是边长为 3 的正方形,面积为 9
```

在这个程序中正方形类使用了重载的构造函数,在构造对象时可以有多种方式(有参数或者没有参数),这是静态多态的应用。

这两个类还具有一个同名的 show 函数。根据第 5 章中叙述的同名隐藏原则,Square对象调用它与基类 TwoDimensionalShape 中定义的同名同参数的函数时,如果没有特别指定,那么调用的都是在 Square 类中声明的成员,如果要调用基类 TwoDimensionalShape 类中的同名成员必须使用类名限定运算符“::”。注意,这两个函数尽管同名,但不是函数重载,它们被分别定义在基类与派生类中,它们的作用域不相同。

因为在 TwoDimensionalShape 和 Square 中具有同名函数 show,第 5 章中介绍了基类与派生类的转化规则,能否使用一个数组来盛放在 main 函数中定义的 3 个对象,然后由数组中的元素循环执行 show 函数呢? 现在将例 6.1 的 main 函数做如下修改,程序其他部分不变：

```
int main(){
    TwoDimensionalShape t;              //创建二维图形对象 t
    Square s1;                          //创建正方形对象 s1
    s1.setSide(8);
    Square s2(3);                       //创建正方形对象 s2
    TwoDimensionalShape * members[3];   //二维图形指针数组
    members[0] = &t;
    members[1] = &s1;
    members[2] = &s2;
    for(int i = 0;i < 3;i++)
        members[i] - > show();
    return 0;
}
```

修改后程序运行结果：

这是一个二维图形
这是一个二维图形
这是一个二维图形

从 show 函数的输出结果可以看出，无论 members[i]指向的是哪种类型的对象，通过
members[i]->show()调用的都是基类 TwoDimensionalShape 中定义的 show 函数，也就
是说，两个正方形对象 s1 和 s2 被 TwoDimensionalShape 类型的指针指向后，其派生类的特
性均被隐藏，这显然违背了这段程序的初衷。如何来解决这个问题呢？这就需要应用虚函
数来实现多态性。

6.3 虚函数

如例 6.1 所示，在类的继承层次结构中，基类与派生类是可以定义同名同参数的函数
的，而且可以在函数体中为它们定义不同的功能。如果一个类族都具有某个函数，能否用同
一个函数调用形式实现对不同类型对象的同名函数的调用呢？如例 6.1 中的 show 函数，
能否使用一种通用的形式如：p->show()呢？这样系统可以根据运行时 p 指针指向对象
的具体类型来调用不同派生类中相应的函数，实现其各自不同的功能。

C++中的虚函数就是用来解决这个问题的。虚函数的作用是允许在派生类中重新定义
与基类同名的函数，并且可以通过基类指针或者基类引用来访问这个同名函数。

虚函数成员声明的语法为：

virtual 函数类型 函数名(参数列表);

这种声明方法实际上就是在定义普通的成员函数时，在前面使用 virtual。验证虚函数
的作用可以继续修改例 6.1，将基类 TwoDimensionalShape 中的函数 show 声明为虚函数，
修改如下。

例 6.2 基于虚函数计算正方形的面积。

```
//ch6_2.cpp
class TwoDimensionalShape {              //二维图形类
```

C++语言程序设计教程

```
public:
    virtual void show();                    //输出二维图形信息
};
    ⋮
// 主函数
int main(){
    TwoDimensionalShape t;                  //创建二维图形对象 t
    Square s1;                              //创建正方形对象 s1
    s1.setSide(8);
    Square s2(3);                           //创建正方形对象 s2
    TwoDimensionalShape * members[3];       //二维图形指针数组
    members[0] = &t;
    members[1] = &s1;
    members[2] = &s2;
    for(int i = 0;i < 3;i++)
        members[i] - > show();
    return 0;
}
```

再次编译和运行程序,注意程序运行结果的变化:

这是一个二维图形
这是边长为 8 的正方形,面积为 64
这是边长为 3 的正方形,面积为 9

仅仅在基类的同名函数前面加上"virtual"关键字,程序的运行就发生了奇妙的变化。members 作为基类 TwoDimensionalShape 类型的指针在调用 show 函数时,不是简单地把所有指向的对象作为基类对象来处理,而是可以根据实际指向的对象的类型,调用这一继承结构中相应的函数。main 函数中创建的第一个 t 是基类 TwoDimensionalShape 类型的,因此执行 members[i] - > show()语句时调用的是 TwoDimensionalShape 中的 show 函数;第二个和第三个对象 s1 和 s2 是派生类 Square 类型的,因此执行 members[i] - > show()语句时调用的是 Square 类中的 show 函数。这就是动态多态性,对于同一消息,在运行时不同的对象产生不同的响应方式。

这种多态性与使用函数重载实现的静态多态有明显的不同,那么它是怎样实现的呢?首先编译系统要根据已有的信息,对同名函数的调用作出判断。例如函数的重载,因为重载的同名函数具有不同的参数列表,系统会根据参数的个数或者参数的类型去寻找与之匹配的函数。而对于虚函数来说,同名函数的参数列表是完全相同的,唯一不同的就是函数所属的类不同,也就是调用函数的对象不同,所以系统会根据实际运行时对象所属的类型来寻找与之匹配的函数。

这种在同名函数中寻找匹配函数的过程称为**关联**(binding)。所谓关联在计算机词典中解释为将计算机程序的不同部分相互连接的过程,在这里是指将一个函数名与某个的具体成员对象函数捆绑联系在一起的过程。

函数重载时需要关联,因为在编译时即可确定其调用的函数是哪一个类的哪一个函数,所以称这种关联为**静态关联**(static binding),由于它是在运行前进行的关联,故又称为**早期关联**(early binding)。

再来看一下例 6.2 的这段代码：

```
for(int i = 0;i < 3;i++)
    members[i] -> show();
```

如果只是看调用同名函数的这一行语句，编译器是无法知道 members[i] 具体在运行时是何种类型的，更无从得知 show 函数要与谁关联了。因此编译阶段只对这段代码做语法检查，并不执行关联。

在这种情况下，编译系统把关联工作推迟到运行阶段来处理，也就是在运行时确定关联关系。到了运行阶段，基类指针变量 members[i] 被赋值，指向了具体的对象，此时 members[i] 的类型是确定无疑的，例如 members[0] 指向的是 TwoDimensionalShape 类型的对象，members[1] 指向的是 Square 类型的对象，这样当执行 members[0] -> show() 时，系统就可以将 show 函数与 TwoDimensionalShape 类的 show 函数关联起来，而执行 members[1] -> show() 时，系统就可以将 show 函数与 Square 类的 show 函数关联起来。因为这一关联过程只有到程序运行时才能执行，因此该过程被称为**动态关联**(dynamic binding)，由于它是在编译后执行的过程，因此也被称为**滞后关联**(late binding)。

从这个例子可以看出，C++ 正是使用虚函数实现了动态关联，从而使程序在运行时呈现出动态多态性。虚函数的声明使用了关键字 virtual，在使用时应注意以下两点。

（1）virtual 只能在类定义的函数原型声明中使用，不能在成员函数实现的时候使用，也不能用来限定类外的普通函数。

（2）virtual 具有继承性，在派生类覆盖基类虚成员函数时，既可以使用 virtual，也可以不用 virtual 来限定，二者没有差别，默认派生类中的重写函数是具有 virtual 的。

在声明了虚函数之后，系统会根据以下规则来判断函数的调用是否实现了动态多态。

（1）派生类的函数是否覆盖了基类的虚函数。如果派生类的函数与基类的虚函数有相同的函数名、参数列表和函数类型，那么这个派生类函数便覆盖了基类的虚函数。

（2）虚函数调用时，应通过基类的指针或者引用调用。

先假设创建一个派生类对象如下：

```
Square s(5,6);
```

下面的情况会发生动态绑定：

```
TwoDimensionalShape * t = & s;
t -> show();
```

这里是通过基类的指针调用虚函数。或者有一个函数如下：

```
void test (TwoDimensionalShape & t){  t.show();  }
```

向该函数传递 Square 类型的实参对象 s：

```
test(s);
```

那么 test 函数在运行时，t.show() 函数会发生动态绑定，这里也是使用基类的引用调用虚函数。但是如下情况不会发生动态绑定：

```
TwoDimensionalShape t = s;
```

C++语言程序设计教程

```
    t.show();
```

这里用派生类对象 s 对基类对象 t 进行了初始化,初始化时使用的是 TwoDimensionalShape 类的复制构造函数,t 就是一个基类对象,与派生类 s 在内存空间上是彼此分离的,此时通过 t 对象调用 show()不会发生动态绑定。

还有一种情况:

```
TwoDimension t ;
Square s ;
t = s;
t.show();
```

这里使用派生类对象 s 为基类对象 t 赋值,使用的是"="运算符,赋值后 t 与 s 在内存空间上也是彼此分离的,因此通过 t 对象调用 show()也不会发生动态绑定。

6.4   虚析构函数

为了说明虚析构的问题,首先给出一个程序的示例 6.3。

例 6.3   继承体系的析构函数的调用。

```cpp
//ch6_3.cpp
# include < iostream >
using namespace std;
class TwoDimensionalShape {                    //二维图形类
public:
    TwoDimensionalShape ();                    //构造函数
    ~ TwoDimensionalShape ();                  //析构函数
};
class Square : public TwoDimensionalShape {    //正方形类
private:
    double side;                               //正方形边长
public:
    Square();                                  //默认构造函数
    Square(double);                            //构造函数
    ~Square();                                 //析构函数
};
// 二维图形构造函数
TwoDimensionalShape:: TwoDimensionalShape (){
    cout <<"二维图形构造函数"<< endl;
}
// 二维图形析构函数
TwoDimensionalShape::~ TwoDimensionalShape (){
    cout <<"二维图形析构函数"<< endl;
}
// 正方形默认构造函数
Square::Square():side(1){
    cout <<"正方形构造函数"<< endl;
}
// 正方形构造函数,初始化边长
```

```
Square::Square(double side):side(side){
    cout <<"正方形构造函数"<< endl;
}
// 正方形析构函数
Square::~Square(){
    cout <<"正方形析构函数"<< endl;
}
// 主函数
int main(){
    TwoDimensionalShape * t = new Square(9);
    delete t;
    return 0;
}
```

程序运行结果如下：

二维图形构造函数
正方形构造函数
二维图形析构函数

在这段程序中，使用 new 运算符创建了一个派生类 Square 的对象，创建派生类对象时一定会引起其基类构造函数的运行，因此运行结果输出"二维图形构造函数"和"正方形构造函数"。程序用带指针参数的 delete 运算符来撤销对象时，因为该指针的类型是基类 TwoDimensionalShape 类型的，因此系统只会执行基类的析构函数，而派生类的析构函数并没有被执行。也就是说，派生类对象的内存空间在对象消失后，既不能被程序继续使用，也没有被完全释放。对于内存需求量较大、长期连续运行的程序来说，如果持续发生这样的错误是很危险的，最终将导致因内存不足而引起的程序终止。

避免上述错误最有效的方法就是将基类的析构函数声明为虚函数。

```
# include < iostream >
using namespace std;
class TwoDimensionalShape {                    //二维图形类
public:
    TwoDimensionalShape ();                    //构造函数
    virtual ~ TwoDimensionalShape ();          //虚析构函数
};
    …
```

程序的其他部分不变，再运行程序，程序运行结果如下：

二维图形构造函数
正方形构造函数
正方形析构函数
二维图形析构函数

从运行结果可以看出，程序在析构时，先调用了派生类的析构函数，再调用基类的析构函数，符合了此程序设计的要求。这样，当基类的析构函数为虚函数时，无论指针指的是同一类族的哪一个类对象，对象撤销时，系统会采用动态关联，调用相应的析构函数，完成该对象的清理工作。

虚析构的概念和用法很简单,一般在程序中习惯把析构函数声明为虚函数,即使基类并不需要析构函数,也显式地定义一个函数体为空的虚析构函数,以确保撤销动态存储空间时能够得到正确的处理。

值得注意的是,构造函数是不能声明为虚函数的。

6.5 纯虚函数与抽象类

有时一个类的某个或者某些函数在定义时无法具体化,比如交通工具具有"行进"这样的行为,但是交通工具到底如何"行进",这是无法具体化的;再比如平面图形可以"计算面积",但是如何"计算面积",这也是无法具体化的。这些行为无法具体化的原因在于交通工具和平面图形都是一些相对抽象的事物。在 C++的程序设计中,这种无法具体化的行为被设计为"纯虚函数",这类抽象的事物被设计为"抽象类"。

6.5.1 纯虚函数

本章的示例程序 6.1 和 6.2 使用了二维平面图形的例子。二维图形除了正方形以外,还有圆形,三角形等,它们的派生关系如图 6.1 所示。

所有的二维图形(如圆形、正方形等)都应该具有 getArea 函数,用来计算该图形的面积,比如圆形可以根据其半径计算面积,三角形可以根据其三条边长计算面积,这两个图形的 getArea 函数都是具有具体的计算方法的。但有时,函数的实现可能是无法被具体化的。

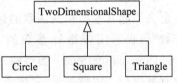

图 6.1 二维图形派生关系图

比如现在有一个 test 函数用来测试平面图形的信息,如下:

```
void test(TwoDimensionalShape & t){
    t.print();                              // 输出平面图形信息
    cout <<"面积为"<< t.getArea()<< endl;   // 输出平面图形面积
}
```

这个函数是以基类 TwoDimensionalShape 的引用为形式参数的,所以在调用该函数时可以向其传递基类或者基类的任意派生类对象,然后输出它们相应的信息。test 函数要求 TwoDimensionalShape 类作为所有二维平面图形类的基类应具有 getArea 函数,那么,这个 TwoDimensionalShape 类的 getArea 函数该如何定义呢? 定义如下:

```
virtual double getArea()
{ return 0;}
```

这里将该函数定义为虚函数,因为此函数将来会被派生类中的 getArea 函数重写;这里函数的返回值设定为 0,实际上这个函数的返回值是无法确定的。二维图形本身就是一个抽象的概念,所有的二维图形都应该具有面积,但是在图形没有确定的情况下,其面积也是不确定的,将面积的值设定为 0,其实是一种不得已的做法。

C++语言为这种无法具体化的抽象函数提供了一种声明的方式:

```
virtual double getArea() = 0;
```

这样就不需要写出无意义的函数体了,只给出函数的原型,并在后面加上"＝0",就把 getArea 函数声明为一个**纯虚函数**(pure virtual function)。纯虚函数是在声明虚函数时被"初始化"为 0 的函数,它的一般形式是:

virtual 函数类型 函数名(参数列表) ＝ 0;

注意:纯虚函数是没有函数体的,与下面的函数具有本质上的区别:

virtual void getArea(){ }

这是一个函数体中没有任何语句的函数体为"空"的虚函数,纯虚函数是根本不具有函数体的。纯虚函数最后面的"＝0"并不表示函数的返回值为 0,它只是起形式上的作用,告诉编译系统这个函数是纯虚函数。纯虚函数的作用是在基类中为其派生类保留一个函数的名字,以便派生类对它的行为进行重新定义。见下面的示例。

例 6.4 二维图形类具有计算面积函数 getArea 和输出函数 show,正方形类派生自二维图形类,圆形类也派生自二维图形类(此例修改自例 6.2)。

```cpp
//ch6_4.cpp
# include < iostream >
using namespace std;
class TwoDimensionalShape {           //二维图形类
public:
    TwoDimensionalShape();            //构造函数
    virtual ~TwoDimensionalShape();   //虚析构函数
    //纯虚函数
    virtual double getArea() = 0;     //计算面积
    virtual void show() = 0;          //输出函数
};
class Square:public TwoDimensionalShape{    //正方形类
private:
    double side;                      //正方形边长
public:
    Square(double);                   //构造函数
    virtual ~Square();                //虚析构函数
    double getArea();                 //计算正方形面积
    void show();                      //输出正方形信息
};
class Circle:public TwoDimensionalShape {   //圆形类
private:
    double radius;                    //圆半径
public:
    Circle(double);                   //构造函数
    ~Circle();                        //析构函数
    double getArea();                 //计算圆形面积
    void show();                      //输出圆形信息
};
// 二维图形构造函数
TwoDimensionalShape::TwoDimensionalShape(){
    cout <<"二维图形构造函数"<< endl;
}
```

```
//二维图形析构函数
TwoDimensionalShape::~TwoDimensionalShape(){
    cout <<"二维图形析构函数"<< endl;
}
//定义正方形构造函数,初始化边长
Square::Square(double side):side(side){
    cout <<"正方形构造函数"<< endl;
}
//正方形析构函数
Square::~Square(){
    cout <<"正方形析构函数"<< endl;
}
//计算正方形面积
double Square::getArea(){
    return side * side;
}
//输出正方形的信息
void Square::show(){
    cout <<"这是边长为"<< side <<"的正方形"<< endl;
}
//圆形构造函数,初始化半径
Circle::Circle(double r):radius(r){
    cout <<"圆形构造函数"<< endl;
}
//圆形析构函数
Circle::~Circle(){
    cout <<"圆形析构函数"<< endl;
}
//计算圆形面积
double Circle::getArea(){
    return radius * radius * 3.14;
}
// 输出圆形的信息
void Circle::show(){
    cout <<"这是半径为"<< radius <<"的圆形"<< endl;
}
```

从这个程序示例可以看出,纯虚函数的作用就是在基类中作函数的声明,函数在派生类中重写,也就是由派生来实现这个函数的具体内容。纯虚函数因为没有函数体,所以不能像其他普通函数或者普通虚函数那样直接被使用,它存在的目的就是为了派生类的重写。

6.5.2　抽象类

带有纯虚函数的类是抽象类,类 TwoDimensionalShape 因为带有纯虚函数 getArea 和 show,所以是抽象类。抽象类只能作为基类来使用。抽象类是无法实例化的,因此下面的语句是错误的:

```
TwoDimensionalShape t;
```

在现实世界中,抽象类的例子是很多的。比如"动物"是对所有哺乳、爬行、两栖类、昆虫、鱼类及鸟类等生物的统称,动物有寿命,有行进方式等属性,但是动物是一个抽象的概念,通常无法定义动物到底采用怎样的方式行进。但是作为动物的一个派生类——鱼类,通常是可以定义具体的行进方式的。因此,在面向对象的程序设计中,动物类通常被设计为抽象类,其"行进"函数通常被设计为纯虚函数。

　　抽象类虽然不能实例化,即不能创建一个抽象类的对象,但是可以声明一个抽象类的指针和引用。通过指针和引用,就可以指向并访问派生类的对象,进而访问派生类的成员。见下面的 main 函数(应用到例 6.4):

```
int main(){
    Square s(10);
    Circle c(5);
    TwoDimensionalShape * t1;
    t1 = & s;
    t1 -> show();
    cout <<"面积为"<< t1 -> getArea()<< endl;
    TwoDimensionalShape * t2;
    t2 = & c;
    t2 -> show();
    cout <<"面积为"<< t2 -> getArea()<< endl;
    return 0;
}
```

程序运行结果如下:

二维图形构造函数
正方形构造函数
二维图形构造函数
圆形构造函数
这是边长为 10 的正方形
面积为 100
这是半径为 5 的圆形
面积为 78.5
圆形析构函数
二维图形析构函数
正方形析构函数
二维图形析构函数

在主函数中先定义 Square 类对象 s 和 Circle 类对象 c,再定义两个基类 TwoDimensional-Shape 的指针 t1 和 t2,使用它们分别指向派生类对象 s 和 r,然后通过这两个指针调用 show 函数和 getArea 函数,因为这两个函数为纯虚函数,运行时产生动态关联,并不会调用基类中的纯虚函数,而是调用两个派生类分别重写的 show 函数和 getArea 函数,从而输出相应的运行结果。

　　还可以使用下面的 test 函数(应用到例 6.4):

```
// 测试二维图形函数
void test(TwoDimensionalShape & t){
    t.show();
    cout <<"面积为"<< t.getArea()<< endl;
```

```
}
// 主函数
int main(){
    Square s(10);
    Circle c(10);
    test(s);
    test(c);
    return 0;
}
```

程序运行结果如下：

```
二维图形构造函数
正方形构造函数
二维图形构造函数
圆形构造函数
这是边长为 10 的正方形
面积为 100
这是半径为 10 的圆形
面积为 314
圆形析构函数
二维图形析构函数
正方形析构函数
二维图形析构函数
```

test 函数的形式参数是 TwoDimensionalShape 类的引用，在主函数中分别向 test 函数传递 Square 类的对象 s 和 Circle 类的对象 c，这样也会产生动态关联，实际运行时并不会调用基类中的纯虚函数，而是调用两个派生类分别重写的 show 函数和 getArea 函数，这样程序输出的结果与第一种方式是一致的。

6.6 案例分析

本章将继续探讨父亲给儿子钱的问题。每个人都可以花自己的钱进行日常消费，所以可以为 Person 类添加消费函数 spend，父亲和儿子类都可以继承。但是，由于父亲和儿子在家庭中担任的角色不同，所以他们消费的具体项目是不一样的，父亲可能花钱买车、买房子，儿子可能用来交学费。这样，对于继承结构中的同名函数，不同的派生类会产生不同的行为。通过本章的学习，很容易就会联想到，可以使用虚函数来实现动态多态，以完成这样一种不同对象对同一指令产生不同相应的行为的效果。所以可以将基类 Person 中的 spend 函数设置为虚函数（virtual），在 Father 和 Son 中分别重新定义这个函数以实现各自不同的功能。这 3 个类的设计如图 6.2 所示，类的定义与实现如例 6.5 所示。

例 6.5 人、父亲与儿子类的定义与实现。

```
//ch6_5.cpp
# include < iostream >
using namespace std;
class Person{                          //Person 类定义
private:
```

```cpp
    char name[16];                        //姓名字符串
    int money;                            //持有钱数
protected:
    int pay(int m);                       //支付 m 元钱
public:
    Person(char * n, int m);              //构造函数
    char * getName();                     //返回 name
    void receive(int m);                  //接收 m 元钱
    void print();                         //输出函数
    virtual void spend(int m);            //消费函数
};
class Son;                                //Son 类声明
class Father:public Person{               //Father 类定义
public:
    Father(char * n, int m);              //构造函数
    int manage(Son * role, int m);        //授权管理
    void spend(int m);                    //消费函数
};

class Son:public Person{                  //Son 类定义
private:
    Father * father;                      //父亲
public:
    Son(Father * p, char * n, int m);     //构造函数
    Father * getFather();                 //返回 Father
    void spend(int m);                    //消费函数
};
//Person 付钱函数
int Person::pay(int m){
    if(m <= 0)                            //支付金额小于等于 0,支付 0 元
        return 0;
    if(money >= m){                       //支付金额小于等于持有钱数,支付 m 元
        money = money - m;
        return m;
    }else return 0;                       //支付金额大于持有钱数,支付 0 元
}
//返回 name
char * Person::getName(){
    return name;
}
//Person 类构造函数
Person::Person(char * n, int m){
    strcpy(name, n);
    money = m;
}
//Person 类收钱函数
void Person::receive(int m){
    if(m > 0)                             //接收金额小于 0,放弃接收
        money = money + m;
}
//Person 类输出函数
```

```
void Person::print(){
    cout <<"name:"<< name <<"    money:"<< money << endl;
}
//Person 类消费函数
void Person::spend(int m){
    cout << getName()<<"某种花费: ";
    cout << pay(m)<< endl;
}
//Son 类构造函数
Son::Son(Father * p,char * n,int m):Person(n,m){
    father = p;
}
//返回 Father
Father * Son::getFather(){
    return father;
}
//Son 类消费函数
void Son::spend(int m){
    cout << getName()<<"交学费: ";
    cout << pay(m)<< endl;
}
//Father 类构造函数
Father::Father(char * n,int m):Person(n,m){}
//授权管理函数
int Father::manage(Son * role,int m){                    //role 为支付对象,m 为支付金额
    if(strcmp(role->getFather()->getName(),getName()) == 0)     //支付对象的父亲是自己
        return pay(m);
    else
        return 0;
}
//Father 类消费函数
void Father::spend(int m){
    cout << getName()<<"买车: ";
    cout << pay(m)<< endl;
}
//主函数
int main(){
    Father f1("李四",10000);
    Son s1(&f1,"李小四",100);
    s1.receive(f1.manage(&s1,1000));
    Person * p[2];                                       //两个人消费,运行结果不同
    p[0] = &f1;
    p[1] = &s1;
    p[0]->spend(8000);
    p[1]->spend(600);
    p[0]->print();
    p[1]->print();
    return 0;
}
```

程序运行结果如下：

李四买车：8000
李小四交学费：600
name:李四　money:1000
name:李小四　money:500

现在来分析父亲给钱的问题，在 5.12 节中已经讨论过，孩子可以向父亲要钱，孩子的母亲也可以（可能还有父亲的朋友等），母亲 Mother 类也派生自 Person 类，Mother 类的定义如下：

```
class Mother:public Person{                        //Mother 类定义
private:
    Father * husband;                              //丈夫
public:
    Mother(Father * p,char * n,int m);             //构造函数
    Father * getHusband();                         //返回 Father(丈夫)
    void spend(int m);                             //消费函数
};
…                                                  //Mother 类的实现略
```

所以 Father 类的 manage 函数可以声明如下：

```
int Father::manage(Person * role,int m);           //role 为支付对象,m 为支付金额
```

如果当前是儿子向父亲要钱，role 指针指向的对象就是 Son，那么 manage 函数的函数体可以如下：

```
if(strcmp(role->getFather()->getName(),getName()) == 0)      //支付对象的父亲是自己
        return pay(m);
    else
        return 0;
```

但是如果是母亲向父亲要钱，role 指针指向的对象就是 Mother，那么 manage 函数的函数体应该如下：

```
if(strcmp(role->getHusband ()->getName(),getName()) == 0)      //支付对象的丈夫是自己
        return pay(m);
    else
        return 0;
```

但是作为形式参数 role 是 Person 类型的，并不具有 getFather 和 getHusband 这两个函数，因此需要给所有的人定义一个统一的接口用于获得付款者。所以，在 Person 类中增加成员函数 getPayer，函数声明如下：

```
virtual Person * getPayer();                        //返回付款者
```

但是对于 Person 来说，由于身份不明确，无法确定其付款者应该是谁，所以可将该函数定义为没有函数体的纯虚函数，定义如下：

```
virtual Person * getPayer() = 0;                     //返回付款者
```

这样派生类 Father、Son 和 Mother 就可以分别实现该函数，具体实现如下：

C++语言程序设计教程

```
...
class Person{                                      //Person 类定义
    ...
    virtual Person * getPayer() = 0;               //返回付款者
    ...
};
...
class Father:public Person{                        //Father 类定义
    ...
    Person * getPayer();                           //返回付款者
    ...
};
class Son:public Person{                           //Son 类定义
    ...
    Person * getPayer();                           //返回付款者
    ...
};
class Mother:public Person{                        //Mother 类定义
    ...
    Person * getPayer();                           //返回付款者
    ...
};
...
Person * Son::getPayer(){                          //Son 类返回付款者
    return father;                                 //Son 的付款者是 father
}
Person * Father::getPayer(){                       //Father 类返回付款者
    return this;                                   //Father 类的付款者是自己
}
Person * Mother::getPayer(){                        //Mother 类返回付款者
    return husband;                                //Mother 类付款者是 husband
}
```

此时就可以重新定义 Father 类的 manage 函数：

```
int Father::manage(Person * role,int m){                         //role 支付对象
    if(strcmp(role -> getPayer() -> getName(),getName()) == 0)   //支付对象的付款人是自己
        return pay(m);
    else
    return 0;
}
```

经过这样的修改，父亲就可以使用 manage 这一个函数，实现为不同的家庭成员支付钱款了。修改后类图如图 6.2 所示。

如果从 Person 类又派生出了 Friend(朋友)类，程序应如何扩展和修改呢？因篇幅关系，本书就不再给出介绍了，读者可以根据本章的学习自己来完成。

本节的例子读者应着重体会以下两点：

(1) 派生类的某些函数与基类同名，但是不同的派生类彼此之间功能又有不同，可以利用虚函数实现同名函数在不同类中的不同功能。

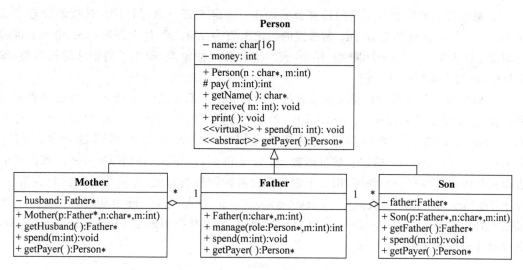

图 6.2 Person、Father、Mother 和 Son 类图

（2）基类中的某些功能本身并没有具体的作用，它的存在是为了给多个派生类提供一个统一的访问接口，具体功能是在派生类中根据实际对象的要求而实现的。

利用动态多态技术，可以使程序代码更加简洁，可以实现不同类型的对象对于同一指令产生不同的响应。

习题

1. C++ 语言支持几种多态性？它们分别通过什么方式来实现？
2. 阅读下面程序，回答问题。

```cpp
class A{
public:
    virtual void func1(){ }
    void fun2(){ }
};
class B:public A{
public:
    void func1() {cout <<"class B func1"<< endl;}
    virtual void func2() {cout <<"class B func2"<< endl;}
};
```

（1）基类 A 和派生类 B 中的哪些函数是虚函数？
（2）派生类 B 中的哪些函数重写了基类 A 中的函数？

3. 举例说明纯虚函数的声明方式以及它与抽象类的关系。

4. 有一个交通工具类 Vehicle，将它作为基类派生小车类 Car、卡车类 Truck 和轮船类 Boat，定义这些类并定义一个虚函数 show()，用来显示各类信息。

5. 定义猫科动物 Animal 类，由其派生出猫类 Cat 和豹类 Leopard，二者都包含虚函数 sound()，要求根据派生类对象的不同调用各自重载后的成员函数。

6. 某学校对教师每月工资的计算公式如下：固定工资＋课时补贴。教授的固定工资为 5000 元，每个课时补贴 50 元；副教授的固定工资为 3000 元，每个课时补贴 30 元；讲师的固定工资为 2000 元，每个课时补贴 20 元。定义教师抽象类，派生不同职称的教师类，编写程序，求若干教师的月工资。

7. 图形间的关系可以用图 6.3 来表现。所有的图形都可以称为 Shape。由这个类可以派生出二维图形 TwoDimensionalShape 和三维图形 ThreeDimensionalShape 类。每个 TwoDimensionalShape 类应包括成员函数 getArea 以计算二维图形的面积。每个 ThreeDimensionalShape 类包含成员函数 getArea 和 getVolume，分别用来计算三维图形的表面积和体积。编写一个程序，用一个数组存放各种图形类对象，并输出对象的相应信息，程序要能判断每个图形到底属于 TwoDimensionalShape 还是属于 ThreeDimenionalShape。如果某个图形是 TwoDimensionalShape 就显示其面积，如果某个图形是 ThreeDimenionalShape，则显示其面积和体积。

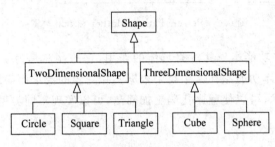

图 6.3　图形类族继承关系图

模　　板　　第7章

模板(template)是 C++ 中最复杂且功能最强大的特性之一。模板利用一种完全通用的方法来设计函数或类,而不必预先说明将被使用的每个对象的类型。利用模板功能可以构造相关的函数或类的系列,因此模板也可称为参数化的类型,从而实现了真正的代码可重用性。C++ 是一种"强类型"的语言,即对于一个变量,编译器必须确切地知道它的类型,而模板就是构建在这个强类型语言基础上的泛型系统。在 C++ 语言中,模板可分为类模板(class template)和函数模板(function template)。

本章主要内容

- 函数模板及其应用
- 类模板及其应用
- 标准模板库(STL)中的容器、迭代器及算法

7.1　理解模板

C++ 中提供了对函数重载机制的支持,使得在编写程序时可以对不同的功能赋予相同函数名,也可以定义多个同名函数来处理不同类型的数据,编译时会根据上下文(实参的类型和个数)来确定使用哪一个具体的函数。定义重载函数时必须明确要处理什么类型的数据,如果想对之后新出现的类型数据做相同的操作则要再次定义重载函数,显然这存在重复的编码工作。函数模板就解决了函数重载中多次定义函数的问题,通过定义一个函数完成对多种类型数据的类似操作,提高了编码的效率和扩展性。

C++ 程序包括一些类型和函数,编程就是设计并组织这些类型和函数。由于事物的相似性,设计的类型和函数有时也是相似的。比如要加热一杯水和一杯奶,虽然加热的物品不同,但是加热的过程是类似的。在程序设计中,一维整型数组和一维字符型数组或者其他类型的一维数组,除了数据元素类型不同以外,其他操作都是类似的,如存取元素操作。如果能定义一个通用类,描述各种类型元素的一维数组,编码就更加高效了。类模板就是对一批

仅仅成员数据类型不同的类的抽象,程序员只要为这一批类所组成的整个类家族创建一个类模板,给出一套程序代码,就可以用它来生成多种具体的类(这个类可以看作是类模板的实例),从而大大提高编程的效率。

模板是实现代码重用机制的一种工具,它可以实现类型参数化,即把类型定义为参数,从而实现了真正的代码可重用性。

7.2 函数模板

对重载函数而言,C++的类型检查机制能通过函数参数的不同及所属类的不同正确地调用重载函数。例如,为求两个数的最小值,定义如下的不同版本的 min()函数,从而处理不同的数据类型的数据。

```cpp
int min(int x,int y){ return(x<y)?x:y ;}
float min( float x,float y){ return (x<y)? x:y ;}
double min(double x,double y){ return (x<y)? x:y ;}
```

但如果在主函数中,定义了描述时间的 Clock 类型,并分别定义了 Clock 类型的对象 c1 和 c2;在执行 min(c1,c2);时程序就会出错,因为程序中没有定义处理 Clock 类型的 min()函数。

上述的 min()函数具有同样的功能,都是求两个数据的最小值。能否只写一套代码解决这个问题呢? 这样就能避免因重载函数定义不全面而带来的调用错误。C++中的函数模板可以解决这类问题。

函数模板,是对函数重载的简化,即建立一个通用函数,其函数类型和形参类型都可以不具体指定,用一个虚拟的类型来代表,这个通用函数就称为函数模板。凡是函数体相同的函数都可以用这个模板来代替,不必定义多个函数,只需在模板中定义一次。调用函数时系统会用实参的类型来取代模板中的虚拟类型,从而实现不同函数的功能。

例 7.1 编写一个简单的函数模板 min()求两个数的最小值,并能够处理任何基本数据类型及重载了小于运算符的自定义数据类型的数据。

下面的代码给出了函数模板 min()的定义,在主程序 main()中调用该函数模板来处理多种数据类型。

```cpp
//ch7_1.cpp
# include < iostream >
using namespace std;
//定义时间类型
class Clock{
public:
    int hour;
    int minute;
    int second;
public:
    Clock(int h, int m, int s):hour(h),minute(m),second(s){}
    void print(){
        cout << hour << ':'<< minute << ':'<< second << endl;
```

```
        }
        bool operator < (Clock& another){              //重载<运算符号
            int temp = (hour - another.hour) * 3600
                        + (minute - another.minute) * 60
                        + (second - - another.second);
            if(temp < 0) return true;
            else return false;
        }
    };
    //定义求两个数据的最小值的操作
    template < class T >
    T min(T a, T b){
        return (a < b)? a: b;
    }
    //定义测试函数 main
    int main(){
        int m_iv = 5;
        int m_iu = 10;
        double m_dv = 5.5;
        double m_du = 10.5;
        Clock c1(12,40,50);
        Clock c2(11,30,30);
        cout << min(m_iv,m_iu) << endl;
        cout << min(m_dv,m_du) << endl;
        min(c1,c2).print();
        return 0;
    }
```

程序运行结果如下：

```
5
5.5
11:30:30
```

可以看到，函数模板 min()可以处理 3 种参数类型(int,double,Clock)的调用。该函数模板还可以处理其他基本数据类型以及重载了小于运算符(<)的用户自定义类型的数据。

7.2.1　函数模板定义

函数模板定义由模板参数说明和函数定义组成，语法如下：

template < class 类型参数名 1 ,class 类型参数 2, ... >
函数返回值类型 函数名(形式参数表)
{　函数体　}

其中，template <...> 语句为模板参数说明。模板参数说明的每个类型参数必须在函数定义的形式参数表中至少出现一次。实际调用时可以传递用户自定义类型参数，也可以传递基本类型参数。

上述的求两个数据的最小值的函数模板形式为：

```
template < class T >
```

```
T min(T a, T b){
    return (a<b)? a: b;
}
```

T 是类型参数,实际是一个虚拟的类型名,表示模板中出现的 T 是一个类型名,但是在定义时并未指定它是哪一种具体的类型,要根据函数调用时实参的类型来确定 T 是什么类型。类型参数可以不用 T 而用任何一个合法的标识符。

需要注意的是,关键字 class 也可以使用关键字 typename;函数模板允许使用多个类型参数,但在 template 定义部分的每个形参前必须有关键字 typename 或 class,在 template 语句与函数模板定义语句的"函数返回值类型"之间不允许有别的语句,如:

```
template<class T>
int  x ;                                    //错误,不允许有别的语句
T min(T a, T b){
    return (a<b)? a: b;
}
```

编译器是如何处理函数模板的呢?编译器遇到函数模板定义时,不能确定所处理的数据类型,因此并不能产生任何代码。当函数模板被调用时编译器才产生代码。在例 7.1 中,编译器遇到函数调用 min(m_iv,m_iu)时,根据实参的类型 int,替换函数模板中的 T。这个过程叫做函数模板的实例化(instantiating)。函数模板实例化后称为模板函数。模板函数的生成就是将函数模板的类型形参实例化的过程。

函数模板类似于重载函数,但两者有很大区别:函数重载时,每个函数体内可以执行不同的动作,但同一个函数模板实例化后的模板函数都必须执行相同的操作。也就是说,函数模板只适用于函数的参数个数相同而类型不同、函数体相同的情况。如果参数个数不同,则不能用函数模板。

7.2.2　函数模板的特化

在某些情况下,函数模板可能不适合某种特殊的类型数据的处理,这时就需要为函数模板提供特化的定义。

在函数模板显式特化定义(explicit specialization definition)中,先是关键字 template 和一对尖括号< >,然后是函数模板特化的定义。语法如下:

```
template<> 返回类型 函数模板名(参数列表)
{
    函数体
}
```

该定义指出了模板名、被用来特化模板的模板实参以及函数参数表和函数体。例如对于两个字符串的比较,通常是根据英文字典序比较的,上面的求最小值的模板显然不适合计算两个字符串的最小值,为此可以定义一个特化函数来实现。

例 7.2　定义一个求最小值的特化函数来计算两个字符串的最小值。

```
//ch7_2.cpp
# include<iostream>
```

```
using namespace std;
template < class T >
T min(T a, T b){
    return (a < b)? a: b;
}
// const char * 显式特化：覆盖了来自通用模板定义的实例
template <> const char * min( const char * s1, const char * s2 ){
    return (strcmp(s1,s2)< 0 ? s1 :s2);
}
//测试函数 main
int main(){
    int m_iv = 5;
    int m_iu = 10;
    double m_dv = 5.5;
    double m_du = 10.5;
    cout << min(m_iv,m_iu) << endl;
    cout << min(m_dv,m_du) << endl;
    cout << min("hello","world") << endl;
    return 0;
}
```

程序运行结果如下：

```
5
5.5
hello
```

当程序中既定义了函数模板又定义了特化函数时，调用的匹配规则如下。

（1）如果参数类型以及返回类型完全匹配，则先选择普通函数，再选择模板显式特化函数作为调用的函数实例（VC 6.0 支持的不好）。

（2）否则，如果模板函数能够推导出一个参数类型以及返回类型完全匹配的函数实例，则选择函数模板。

（3）否则，如果调用函数的实参以及返回类型能够进行隐式转换成与普通函数或者模板显式特化函数的类型匹配，则选择普通函数或者模板显式特化函数。

（4）如果以上 3 条都不能匹配，则函数匹配失败，发生编译错误。

7.2.3　函数模板的应用

通常情况下，可以将常用的算法操作定义成函数模板，以便对多种不同类型的数据做相同的处理。

例 7.3　设计经典的冒泡排序算法的函数模板，并用于对于 int 型和 Clock 型数据元素的排序。

```
//ch7_3.cpp
# include < iostream >
using namespace std;
//定义时间类型
class Clock{
public:
```

C++语言程序设计教程

```cpp
        int hour;
        int minute;
        int second;
    public:
        Clock(int h = 0, int m = 0, int s = 0):hour(h),minute(m),second(s){}
        void print(){
            cout << hour << ':'<< minute << ':'<< second << endl;
        }
        bool operator < (Clock& another){          //重载<运算符函数
            int temp =  (hour - another.hour) * 3600
                        + (minute - another.minute) * 60
                        + (second -  - another.second);
            if(temp < 0) return true;
            else return false;
        }
};
//定义冒泡排序的函数模板
template < class T >
void BubbleSort(T * arr, int n){              // 对 arr 数组中的 n 个数据排序
    T temp;
    int i,j;
    for(i = 0;i < n - 1;i++)
        for(j = n - 1;j > i;j -- ){
            if(arr[j]< arr[j - 1]){
                //交换 arr[j],arr[j - 1]
                temp = arr[j];
                arr[j] = arr[j - 1];
                arr[j - 1] = temp;
            }
        }
}
int main(){
    int i;
    int m_iarray[5] = {10,8,20,15,5};
    Clock m_tarray[3] = {Clock(12,12,12),Clock(10,10,10),Clock(7,7,7)};
    BubbleSort(m_iarray,5);
    BubbleSort(m_tarray,3);
    for(i = 0;i < 5;i++)
        cout << m_iarray[i] << ' ';
    cout << endl;
    cout << " --------------- " << endl;
    for(i = 0;i < 3;i++)
        m_tarray[i].print();
    return 0;
}
```

程序运行结果如下：

```
5 8 10 15 20
----------------
7:7:7
```

```
10:10:10
12:12:12
```

7.3 类模板

模板的概念可以扩展到类,即类模板。类模板允许用户为类定义一种模板,使得类中的某些成员数据、某些成员函数的参数、某些成员函数的返回值能够取任意类型(包括系统预定义的和用户自定义的)。类模板,是对一批仅仅成员数据类型不同的类的抽象,程序员只要为这一批类所组成的整个类家族创建一个类模板,给出一套程序代码,就可以用它来生成多种具体的类(这个类可以看做是类模板的实例),从而大大提高编程的效率。类模板主要用于数据存储(容器类)。

7.3.1 类模板定义

定义类模板的语法是:

template</* 模板参数说明 */>
class 类模板名
{
　　类模板定义体
};

模板参数说明与函数模板中的模板参数说明相同。例如,定义如下一维数组的类模板:

```
//一维数组的类模板
template < class T >
class Array1D{
public:
    Array1D( int size = 0);
    Array1D( const Array1D < T > & v);         //复制构造函数
    ~Array1D(){delete []element; element = 0;}
    T& operator[](int i)const;
    int Size();
private:
    int size;                                  //数组的大小
    T * element;                               //一维数组的起始地址
};
```

类模板 Array1D 表示 int 型、char 型及其他类型的元素的一维数组的类家族。类模板中的成员函数可以在类模板中声明的同时直接定义,也可以在类模板之外定义。如果在类模板定义之外给出成员函数体,则要采用以下的形式:

template</* 模板参数说明 */>
函数返回值类型 类模板名<模板参数 1,模板参数 2, …>∷成员函数名(形参表)
{
　　函数体
}

例如,对上面的一维数组类模板的下标运算符函数和 Size 函数的定义如下:

```
template < class T >
T& Array1D < T >::operator[ ]( int i ){
    //返回第 i 个元素的引用
    if(i < 0 || i > = size) i = 0;
    return element[ i ];
}
template < class T >
int& Array1D < T >::Size(){
    return size;
}
```

　　类模板是一个类家族的抽象,它只是对类的描述,编译程序不为类模板(包括成员函数定义)创建程序代码,只有通过对类模板的实例化才可以生成一个具体的类以及该具体类的对象。与函数模板不同的是,函数模板的实例化是由编译程序在处理函数调用时自动完成的,而类模板的实例化必须由程序员在程序中显式地指定,实例化的一般形式是:

类模板名 <模板参数 1,模板参数 2,…> 对象名;

　　例如 Array1D<int> arr(10);这条语句表示将类模板 Array1D 中的模板类型参数 T全部换成 int 型,从而创建一个具体的类,并生成该具体类的一个对象 arr。这个替换模板类型参数的过程称为类模板的实例化。通过实例化类模板可以得到一个具体的类,并加以应用。

　　例 7.4　定义一维数组的类模板,实例化 int 和 char 型的数组对象并调用各个成员函数。

```
//ch7_4.cpp
# include < iostream >
using namespace std;
//一维数组的类模板
template < class T >
class Array1D{
public:
    Array1D( int size = 0);                          //构造函数
    Array1D(const Array1D < T >& v);                 //复制构造函数
    ~Array1D(){delete [ ]element; element = 0;}
    Array1D < T > & operator = (const Array1D < T >& rhs);//重载" = "运算符
    T& operator[ ]( int i)const;
    int Size(){return size;}
private:
    int size;                                        //数组的大小
    T * element;                                     //一维数组的起始地址
};
//定义类模板的成员函数
template < class T >
Array1D < T >::Array1D( int sz ){
    //一维数组的构造函数
    if(sz < 0) {
        cout << "argument error" << endl;
        exit(0);
```

```
    }
        size = sz;
        element = new T[size];
    }
    template < class T >
    Array1D < T >::Array1D(const Array1D < T > & v ){
        //一维数组的复制构造函数
        size = v.size;
        element = new T[size];
        for(int i = 0;i < size;i++)
            element[i] = v.element[i];
    }
    template < class T >
    Array1D < T > & Array1D < T >::operator = (const Array1D < T > & rhs ){
        if(this == &rhs)                        //是否为自身赋值
            return * this;
        delete [ ]element;
        size = rhs.size;
        element = new T[size];
        for(int i = 0;i < size;i++)
            element[i] = rhs.element[i];
        return * this;

    }
    template < class T >
    T& Array1D < T >::operator[ ](int i )const{
        //返回第 i 个元素的引用
        if(i < 0 || i > = size) i = 0;
        return element[i];
    }
    int main(){
        Array1D < int > array1(10);              //实例化成整型一维数组
        Array1D < char > array2(10);             //实例化成字符型一维数组
        int i;
        char ch = 'A';
        //为整型数组类 Array1D < int >对象 array1 及字符型数组类 Array1D < char >对象
    //array2 的各个元素赋值
        for(i = 0; i < 10;i++){
            array1[i] = i;                       //调用[]函数
            array2[i] = ch + i;                  //调用[]函数
        }
        //输出整型数组类 Array1D < int >对象 array1 的各个元素
        for(i = 0; i < 10;i++){
            cout << array1[i] << ' ';            //调用[]函数
        }
        cout << endl;
        //输出字符型数组类 Array1D < char >对象 array2 的各个元素
        for(i = 0; i < 10;i++){
            cout << array2[i] << ' ';            //调用[]函数
```

```
    }
        cout << endl;
    return 0;
}
```

程序运行结果如下：

```
0 1 2 3 4 5 6 7 8 9
A B C D E F G H I J
```

需要注意的是，类模板并不是具体的类，不能表示一种具体的数据类型，因此类模板在编译时不会产生具体的目标代码，只有实例化后才会生成具体的目标代码。

7.3.2　类模板的特化

与函数模板类似，也可以为类模板定义特殊的实现，这称为"类模板的特化"。定义一个类模板的特化的语法如下：

template <>
class 类模板名<具体的模板参数类型>
{
    成员数据声明；
    成员函数声明（定义）；
};

在特化类模板之外定义相应的成员函数的语法如下：

返回值类型　类模板名<具体的模板参数类型>::成员函数名（参数列表）
{
    函数体；
}

下面通过具体的例子来介绍类模板特化的用法。例如，如果对于字符型的一维数组增加更多的功能，则可以如下定义类模板 Array1D 的特化：

```
template <>
class Array1D < char >{
public:
    Array1D(const char * source);                        //根据指定的字符串来构造对象
    Array1D(const Array1D < char > & v);                 //复制构造函数

    ~Array1D(){delete [ ]element; element = 0;}
    Array1D < char > & operator = (const Array1D < char > & rhs);    //重载" = "运算符
    T& operator[ ](int i)const;
    int Size(){return size;}
    int Length()const{return strlen(element);}           //求有效字符个数
    int Compare(Array1D < char > & v)const;              //比较两个字符数组的内容
private:
    int size;                                            //数组的大小
    char * element;                                      //一维数组的起始地址
};
```

这里定义了一个具体的类 Array1D<char>，关键字 class 之前的语句“template <>”是进行特化时所需要的固定格式。由于被特化的是 Array1D 类，而不是 Array1D 的成员函数，因此在给出 Array1D<char>的成员函数时，不需要再写”template <>”。下面给出一个新增的成员函数的定义：

```
int   Array1D<char>::Compare(Array1D<char>& v)const{
    return strcmp(element,v.element);
}
```

除了特化类模板以外，还可以特化类模板中个别成员函数和个别静态数据成员，特化时必须在前面写“template <>”。

由于模板是按需要实例化的，因此在多文件结构中，函数模板、类模板成员函数和类模板的静态数据成员不能像普通函数、普通类的成员函数和普通类的静态数据成员那样把定义放在源文件中，把声明放在头文件中，而是要把声明和定义都放在头文件中。但是对于函数模板的特化函数、类模板中成员函数的特化函数和静态数据成员的特化，无论是否被使用，都会生成目标代码，所以其定义应放在源文件中。

7.4　泛型程序设计及 STL 简介

泛型程序设计是指编写完全一般化并可重复使用的程序，其效率不依赖于具体数据类型。所谓泛型（Genericity），具有在多种数据类型上皆可操作的含义，与模板有些相似。标准模板库 STL 是泛型程序设计的代表作品。STL 是一种高效、泛型、可交互操作的软件组件。STL 包含很多计算机基本算法和数据结构，而且将算法与数据结构完全分离。STL 已经并将继续影响软件开发的方法。STL 的内容较多，本书只介绍 STL 的 3 个主要组件：容器（container）、迭代器（iterator）与算法（algorithm），引导大家有效地使用 STL。

7.4.1　容器

容器（container）是能够保存各种类型对象的类。容器是 STL 的关键部件。STL 中的容器如表 7.1 所示，可分为 3 大类：顺序容器（sequence container）、关联容器（associative container）和容器适配器（container adapter）。

顺序容器是对象的线性集合，所有对象都是同一类型。STL 中有 3 种基本顺序容器：向量（vector）、列表（list）和双向队列（deque）。

关联容器内的元素是有序的，插入任何元素都按相应的排序准则来确定其位置。关联容器的特点是在查找时具有非常好的性能。STL 有 4 种关联容器：集合（set）、映射（map）、多集合（multiSet）和多映射（multiMap）。当一个关键字 key 对应一个值 value 时，可以使用 set 和 map；若对应同一关键字 key 有多个元素被存储时，可以使用 multiSet 和 multiMap。

顺序容器与关联容器统称为第一类容器。

容器适配器包括队列（queue）、栈（stack）和优先级队列（priority_queue）。

C++语言程序设计教程

表 7.1 STL 中支持的容器

容 器 名 称	描 述	实现头文件
向量(vector)	连续存储的元素；从后面插入/删除元素,直接访问任何元素	<vector>
列表(list)	由节点组成的双向链表,每个结点包含着一个元素；从任意位置插入/删除	<list>
双向队列(deque)	从前面或后面插入/删除元素,直接访问任何元素	<deque>
集合(set)	快速查找,无重复元素	<set>
多重集合(multiset)	快速查找,可有重复元素	<set>
映射(map)	由(键,值)对组成的集合,无重复元素,基于键查找	<map>
多重映射(multimap)	可有重复元素,基于键查找	<map>
以上统称为第一类容器		
栈(stack)	后进先出的值的排列	<stack>
队列(queue)	先进先出的值的排列	<queue>
优先队列(priority_queue)	元素的次序是由元素的关键字决定的一种队列,优先级最高的元素最先出队	<queue>

STL 中的所有容器都具有以下操作：

(1) 相当于按词典顺序比较两个容器的大小的运算符：=, <, <=, >, >=, ==, !=。

(2) empty()：判断容器中是否有元素。

(3) max_size()：容器中最多能装多少元素。

(4) size()：当前容器中元素个数。

(5) swap()：交换两个容器的内容。

只有第一类容器具有的操作是：

(1) begin()：返回指向容器中第一个元素的迭代器。

(2) end()：返回指向容器中最后一个元素后面的位置的迭代器。

(3) rbegin()：返回指向容器中最后一个元素的迭代器。

(4) rend()：返回指向容器中第一个元素前面的位置的迭代器。

(5) erase()：从容器中删除一个或几个元素。

(6) clear()：从容器中删除所有元素。

例 7.5 实现对两个 vector 容器进行比较的操作。

```cpp
//ch7_5.cpp
# include <vector>
# include <iostream>
using namespace std;                    //一定要使用 std 的命名空间
int main(){
    vector <int> v1;
    vector <int> v2;
    v1.push_back (5);
    v1.push_back (1);
    v2.push_back (1);
```

```
        v2.push_back (2);
        v2.push_back (3);
        cout << (v1 < v2) << endl;
        return 0;
}
```

程序运行结果如下：

0

对两个容器作比较的规则如下。

(1) 若两容器长度相同、所有元素相等,则两个容器就相等,否则为不等。

(2) 若两容器长度不同,但较短容器中所有元素都等于较长容器中对应的元素,则较短容器小于另一个容器。

(3) 若两个容器均不是对方的子序列,按照各个元素逐个比较。

在使用 STL 时,必须使用 std 的命名空间。下面介绍各个容器的特点及常用操作,便于在编程时准确使用。

1. 向量

向量(vector)是一个多功能的、能够存放各种类型对象的类模板,vector 中的元素是连续存储的,其行为和数组类似。可以将 vector 理解成是一个能够存放任意类型数据的动态数组,能够增加和删除元素。使用 vector 时,必须包含头文件 vector.h。访问 vector 中的任意元素或从末尾添加元素都可以在常量级时间内完成,而查找特定值的元素所处的位置或是在 vector 中插入元素则需要线性时间。对于 vector 对象 v,可以通过 push_back 方法向尾部插入元素,通过 size 方法返回元素个数以及通过下标[]运算符函数访问某个元素。表 7.2 给出了 vector 容器所具有的常用操作。

表 7.2　vector 容器的常用操作

函 数 原 型	函 数 功 能
vector();	构造一个空的 vector
vector(size_type n, const T& value);	构造一个初始放入 n 个元素的 vector
vector(const vector &from);	构造一个与 vector from 相同的 vector
vector(input_iterator start, input_iterator end);	构造一个初始值为[start,end)区间元素的 vector(半开区间)
= , < , <= , > , >= , == , ! =	对 vector 进行赋值或比较
void assign(input_iterator start, input_iterator end); void assign(size_type num, const T &val);	(1) 删除 vector 中已有元素,利用[start,end)之间的元素对 vector 赋值 (2) 删除 vector 中已有元素,将 vector 中的 num 个元素都指定为 val
T at(size_type loc);	返回指定位置 loc 的元素
T back();	返回最末尾的一个元素
iterator begin();	返回第一个元素的迭代器
size_type capacity();	返回 vector 所能容纳的元素数量(在不重新分配内存的情况下)
void clear();	清空所有元素

C++语言程序设计教程

函 数 原 型	函 数 功 能
bool empty();	判断 vector 是否为空(返回 true 时为空)
iterator end();	返回最末尾元素的迭代器(实际指向最末元素的下一个位置)
iterator erase(iterator loc); iterator erase(iterator start, iterator end);	(1) 删除指定位置 loc 的元素 (2) 删除区间[start, end)的所有元素,返回值是指向删除的最后一个元素的下一位置的迭代器
T front();	返回第一个元素

iterator insert(iterator loc, const T &val);
void insert(iterator loc, size_type num, const T &val);
void insert (iterator loc, input_iterator start, input_iterator end);
	(1) 在指定位置 loc 前插入值为 val 的元素,返回指向这个元素的迭代器
	(2) 在指定位置 loc 前插入 num 个值为 val 的元素
	(3) 在指定位置 loc 前插入区间[start, end)的所有元素

size_type max_size();	返回 vector 所能容纳元素的最大数量(上限)
void pop_back();	移除最后一个元素
void push_back(const T val);	在 vector 最后添加一个元素
reverse_iterator rbegin();	返回 vector 尾部的逆迭代器
reverse_iterator rend();	返回 vector 起始的逆迭代器
void reserve(size_type size);	设置 vector 最小的元素容纳数量
void resize(size_type size, T val);	函数改变当前 vector 的大小为 size,并将 vector 的元素赋值为 val
size_type size();	返回 vector 当前元素个数
void swap(vector &from);	交换两个 vector 中的元素

例 7.6 演示 vector 的存取及遍历操作。

```cpp
//ch7_6.cpp
# include < iostream >
# include < vector >
using namespace std;
int main()  {
    int i;
    int a[5] = {1,2,3,4,5 };
    vector < int >  v1(5);                      //创建具有 5 个元素的整型向量 v1
    cout << v1.end()  - v1.begin() << endl;     //计算元素个数
    for( i = 0;i < v1.size();i ++)  v1[i] = i;  //利用[]运算符函数给元素赋值
    v1.at(4) = 100;                             //利用 at 函数访问元素
    for( i = 0;i < v1.size();i ++)             //利用 size 函数获取元素个数
        cout << v1[i] << "," ;
    cout << endl;
    vector < int > v2(a,a + 5);                 //根据已有的整型数组 a 来构造向量 v2
    v2.insert( v2.begin() + 2, 13 );            //在 v2 的 begin() + 2 位置插入 13
    for( i = 0;i < v2.size();i ++)
        cout << v2[i] << "," ;
    cout << endl;
    return 0;
}
```

程序运行结果如下：

```
5
0,1,2,3,100,
1,2,13,3,4,5,
```

2. 列表

列表(list)容器相当于数据结构中的链表，与 vector 类似，提供了 begin,end,pop_back, push_back,clear,empty,erase,front,back,insert,size 等公有成员函数。但 list 没有重载下标运算符"[]"，从而不支持随机存取(random access)。vector 在读取与修改对象时效率较高，但插入或删除对象时则效率较低(为线性时间)；list 却恰好相反，在读取与修改对象时效率较低(为线性时间)，但在插入或删除对象时则效率较高。除了具有所有顺序容器都有的成员函数以外，list 还支持以下 8 个成员函数。

push_front()：在前面插入。

pop_front()：删除前面的元素。

sort()：排序(list 不支持 STL 的算法 sort)。

remove()：删除和指定值相等的所有元素。

unique()：删除所有和前一个元素相同的元素。

erge()：合并两个列表，并清空被合并的列表。

reverse()：颠倒列表。

splice()：在指定位置前面插入另一列表中的一个或多个元素，并在另一列表中删除被插入的元素。

表 7.3 列举了 list 的常用操作。

表 7.3 list 的常用操作

函 数 原 型	函 数 功 能
list();	构造一个空的 list
list(size_type n, const T& value);	构造一个初始放入 n 个 val 的元素的 list
list(const list &from);	构造一个与 from 相同的 list
list(input_iterator start, input_iterator end);	构造一个初始值为[start,end]区间元素的 list(半开区间)
void assign (input _ iterator start, input iterator end); void assign(size_type num, const T &val);	在迭代器 start 和 end 指示的范围为 list 赋值或者为 list num 个元素赋值为 val
reference back();	返回最后一个元素的引用
iterator begin();	返回指向第一个元素的迭代器
void clear();	删除所有元素
bool empty();	如果 list 是空的则返回 true
iterator end();	返回末尾的迭代器
iterator erase(iterator pos); iterator erase(iterator start, iterator end);	删除以 pos 指示位置的元素，或者删除 start 和 end 之间的元素；返回值是一个迭代器，指向最后一个被删除元素的下一个元素
reference front();	返回第一个元素的引用

C++语言程序设计教程

函 数 原 型	函 数 功 能

iterator insert(iterator pos, const T &val);
void insert(iterator pos, size_type num, const T &val);
void insert(iterator pos, input_iterator start, input_iterator end);
	插入元素 val 到位置 pos,或者插入 num 个元素 val 到 pos 之前,或者插入 start 到 end 之间的元素到 pos 的位置;返回值是一个迭代器,指向被插入的元素

size_type max_size();	返回 list 能容纳的最大元素数量
void merge(list &lst); void merge(list &lst, Comp compfunction);	把自己和 lst 列表连接在一起,产生一个整齐排列的组合列表。如果指定 compfunction,则将指定函数作为比较的依据
void pop_back();	删除最后一个元素
void pop_front();	删除第一个元素
void push_back(const T &val);	在 list 的末尾添加一个元素
void push_front(const T &val);	在 list 的头部添加一个元素
reverse_iterator rbegin();	返回指向第一个元素的逆向迭代器
void remove(const T &val);	从 list 删除元素
void remove_if(Predicate pred);	按指定条件删除元素
reverse_iterator rend();	指向 list 末尾的逆向迭代器
void resize(size_type num, T val);	函数把 list 的大小改变到 num。被加入的多余的元素都被赋值为 val
void reverse();	把 list 的元素倒转
size_type size();	返回 list 中的元素个数
void sort(); void sort(Comp compfunction);	为列表排序,默认是升序。如果指定 compfunction 的话,就采用指定函数来判定两个元素的大小

void splice(iterator pos, list &lst);
void splice(iterator pos, list &lst, iterator del);
void splice(iterator pos, list &lst, iterator start, iterator end);
	函数把 lst 连接到 pos 的位置。如果指定其他参数,则插入 lst 中 del 所指元素到现列表的 pos 上,或者用 start 和 end 指定范围

void swap(list &lst);	交换两个 list 的元素
void unique();	删除 list 中重复的元素

3. 双向队列

双向队列(deque)是一种可以从双向进行操作的队列(而对一般队列进行操作时,则只能从一端进行:通过 push 往队列尾部增添元素,通过 pop 从队列首部删除元素)。deque 提供成员函数 push_back、push_front 以及 pop_back、pop_front,分别实现向队列尾部或队列首部增添元素,以及从队列尾部或队列首部删除元素。

双向队列 deque 兼有 vector 和 list 的许多特征,具有的常用成员函数如表 7.4 所示。

表 7.4 双向队列容器 deque 的常用操作

函 数 原 型	函 数 功 能
deque();	创建一个空的双向队列
deque(size_type n);	创建一个具有 n 个元素的双向队列
deque(size_type n, const T& t);	创建一个具有 n 个 t 的拷贝元素的双向队列
deque(const deque&);	拷贝构造
deque(InputIterator f, InputIterator l);	根据参数指定的范围[f,l)的元素构造一个双向队列
< == =	比较和赋值
void assign (InputIterator first, InputIterator last); void assign (size_type n, const T& u);	设置双向队列的值
const_reference at (size_type n) const; reference at (size_type n);	返回指定位置元素的引用
reference operator[](size_type n); const_reference operator[](size_type n) const;	返回指定位置元素的引用
reference back(); const_reference back() const;	返回最后一个元素的引用
iterator begin(); const_iterator begin() const;	返回指向第一个元素的迭代器
void clear();	删除所有元素
bool empty() const;	返回真如果双向队列为空
iterator end(); const_iterator end() const;	返回指向尾部的迭代器
iterator erase(iterator pos); iterator erase(iterator first, iterator last);	删除元素
reference front(); const_reference front() const;	返回第一个元素
iterator insert(iterator pos, const T& x);	在 pos 之前插入一个元素 x 到双向队列中
void insert(iterator pos, InputIterator f, InputIterator l);	把[f,l]之间的元素插入到 pos 之前
size_type max_size() const;	返回双向队列能容纳的最大元素个数
void pop_back();	删除尾部的元素
void pop_front();	删除头部的元素
void push_back(const T& val);	在尾部加入一个元素
void push_front(const T& val);	在头部加入一个元素
reverse_iterator rbegin(); const_reverse_iterator rbegin() const;	返回指向尾部的逆向迭代器
reverse_iterator rend(); const_reverse_iterator rend() const;	返回指向头部的逆向迭代器
void resize(size_type n) ;	改变双向队列的大小
size_type size() const;	返回双向队列中元素的个数
void swap(deque& deq);	和另一个双向队列交换元素

4. 集合

集合容器(set)是关联容器,set 中的元素有关键字和值两部分,元素顺序根据关键字确定。set 中不可有关键字相同的元素,并且元素是有序存放的。集合容器 sct 重载了下标运算符"[]"。表 7.5 列举了 set 的常用操作。

表 7.5 set 的常用操作

函 数 原 型	函 数 功 能
set();	构造空集合
set(const key_compare& comp);	构造空集合,用 comp 作为比较因子
set(InputIterator f, InputIterator l);	根据[f,l)之间的元素来构造集合
set(InputIterator f, InputIterator l, const key_compare& comp);	根据[f,l)之间的元素来构造集合,并利用 comp 作为比较因子
iterator begin (); const_iterator begin () const;	返回指向第一个元素的迭代器
void clear ();	清除所有元素
size_type count (const key_type& x) const;	返回关键字为 x 的元素出现的次数
bool empty () const;	如果集合为空,返回 true
iterator end (); const_iterator end () const;	返回指向最后一个元素的迭代器
pair<iterator,iterator> equal_range (const key_type& x) const;	返回集合中与给定值相等的上下限的两个迭代器
void erase (iterator position); size_type erase (const key_type& x); void erase (iterator first, iterator last);	删除集合中的元素
iterator find (const key_type& x) const;	返回一个指向被查找到的元素的迭代器
pair<iterator,bool> insert (const value_type& x); iterator insert (iterator position, const value_type& x); template <class InputIterator> void insert (InputIterator first, InputIterator last);	在集合中插入元素
iterator lower_bound (const key_type& x) const;	返回指向大于(或等于)某值的第一个元素的迭代器
key_compare key_comp () const;	返回一个用于元素间比较的函数
size_type max_size () const;	返回集合能容纳的元素的最大限值
reverse_iterator rbegin(); const_reverse_iterator rbegin() const;	返回指向集合中最后一个元素的反向迭代器
reverse_iterator rend(); const_reverse_iterator rend() const;	返回指向集合中第一个元素的反向迭代器
size_type size() const;	集合中元素的数目
void swap (set<Key,Compare,Allocator>& st);	交换两个集合的元素
iterator upper_bound (const key_type& x) const;	返回大于某个值元素的迭代器
value_compare value_comp () const;	返回一个用于比较元素间的值的函数

5. 多重集合

与集合 set 不同的是,多重集合(multiset)中允许出现关键字相同的元素。表面上该容器是一个无序的集合(虽然系统实现时按有序元素来处理,以提高实现效率)。常用的成员函数有许多都与 set 相同,如表 7.6 所示。

表 7.6 多重集合 multiset 的常用操作

函 数 原 型	函 数 功 能
multiset()	构造空多重集合
multiset(const key_compare& comp)	构造空多重集合,用 comp 作为比较因子
multiset(InputIterator f, InputIterator l)	根据[f,l)之间的元素来构造多重集合
multiset(InputIterator f, InputIterator l, 　　　　const key_compare& comp)	根据[f,l)之间的元素来构造多重集合,并利用 comp 作为比较因子
multiset& operator=(const multiset&)	赋值运算
iterator begin (); const_iterator begin () const;	返回第一个元素的迭代器
void clear();	删除所有元素
size_type count (const key_type& x) const;	返回多重集合中元素 x 的个数
bool empty () const;	如果多重集合空则返回 true
terator end (); const_iterator end () const;	返回最后一个元素之后的位置的迭代器
pair<iterator, iterator> equal_range (const key_type& x) const;	返回多重集合中与给定值相等的上下限的两个迭代器
void erase (iterator position); size_type erase (const key_type& x); void erase (iterator first, iterator last);	删除多重集合中的元素
iterator find (const key_type& x) const;	返回一个指向被查找到的元素的迭代器
iterator insert (const value_type& x); iterator insert (iterator position, const value_type& x); template <class InputIterator> void insert (InputIterator first, InputIterator last);	在多重集合中插入元素
key_compare key_comp () const;	返回一个用于元素间比较的函数
iterator lower_bound (const key_type& x) const;	返回指向大于(或等于)某值的第一个元素的迭代器
size_type max_size () const;	返回多重集合能容纳的元素的最大限值
reverse_iterator rbegin(); const_reverse_iterator rbegin() const;	返回指向多重集合中最后一个元素的反向迭代器
reverse_iterator rend(); const_reverse_iterator rend() const;	返回指向多重集合中第一个元素前的位置的反向迭代器
size_type size() const;	多重集合中所有元素的数目
void swap(multiset<Key,Compare,Allocator>& mst);	交换两个多重集合
iterator upper_bound (const key_type& x) const;	返回一个大于某个值的元素的迭代器
value_compare value_comp () const;	返回一个用于比较元素间的值的函数

6. 映射

映像容器（map）是一种特殊的集合，有时也称为字典（dictionary）或关联数组（associative array）。映像容器提供对（key，value）类型数据进行有效存取与管理的机制。其中的关键字 key 是作为键出现的，而 value 则作为对应于该键的一个具体数据值。map 要求键 key 在容器中是唯一的，而其对应的 value 数据值则可以重复。系统按照排序后的 key 值来对容器中的元素进行维护。该容器也提供诸如 begin 及 end 这样的获得迭代器的操作；重载了下标运算符"[]"，以进行基于 key 值的存取与插入；容器还提供了 find()、count()、lower_bound()、upper_bound() 等成员函数，用于查找或统计关键字为 key 的元素。更多的操作如表 7.7 所示。

表 7.7　map 的常用操作

函 数 原 型	函 数 功 能
map()	构造空 map
map(const key_compare& comp)	构造空 map，用 comp 作为比较因子
map(InputIterator f, InputIterator l)	根据[f,l)之间的元素来构造 map
map(InputIterator f, InputIterator l, const key_compare& comp)	根据[f,l)之间的元素来构造 map，并利用 comp 作为比较因子
map& operator=(const map&)	赋值运算
iterator begin (); const_iterator begin () const;	返回第一个元素的迭代器
void clear ();	删除所有元素
size_type count (const key_type& x) const;	返回 map 中元素的个数
bool empty () const;	如果 map 空则返回 true
iterator end (); const_iterator end () const;	返回最后一个元素之后的位置的迭代器
pair<iterator, iterator> equal_range (const key_type& x) const;	返回 map 中关键字与给定值相等的元素的上下限的两个迭代器
void erase (iterator position); size_type erase (const key_type& x); void erase (iterator first, iterator last);	删除 map 中的元素
iterator find (const key_type& x); const_iterator find (const key_type& x) const;	返回一个关键字与指定值相等的元素的迭代器
iterator insert (const value_type& x); iterator insert (iterator position, const value_type& x); template <class InputIterator> void insert (InputIterator first, InputIterator last);	在 map 中插入元素
key_compare key_comp () const;	返回一个用于元素间关键字比较的函数
iterator lower_bound (const key_type& x) const;	返回关键字大于或等于某值的第一个元素的迭代器
size_type max_size () const;	返回 map 中容纳的元素的最大限值
T& operator[] (const key_type& x);	按照关键字存取元素对的 value 部分
reverse_iterator rbegin(); const_reverse_iterator rbegin() const;	返回指向 map 中最后一个元素的反向迭代器

续表

函 数 原 型	函 数 功 能
reverse_iterator rend(); const_reverse_iterator rend() const;	返回指向 map 中第一个元素前的位置的反向迭代器
size_type size() const;	返回 map 中元素的数目
void swap(map<Key,T,Compare,Allocator>& mp);	交换两个 map 中的元素
iterator upper_bound (const key_type& x); const_iterator upper_bound (const key_type& x) const;	返回一个大于某个值的元素的迭代器
value_compare value_comp () const;	返回一个用于比较元素间的值的函数,对 map 来说,就是对数据对作比较,实质上仍然是按照关键字比较的

7. 多重映射

与一般映像 map 不同的是,多重映像(multimap)中允许出现相同的键值。多重映像容器中没有重载下标运算符"[]"。该容器的成员函数"iterator find(const Key& key);"返回的是容器中第一个键值为 key 的迭代器(iterator)。其他成员函数与一般映像 map 相类似。

8. 容器适配器

STL 中的容器有 3 种具体类型:队列容器(queue),栈容器(stack)以及优先级队列容器(priority_queue)。这 3 种容器对元素的存取操作有一定限制,与数据结构中的队列、栈和优先级队列的存取机制相同。队列容器支持先进先出(FIFO)模式的数据存取;栈容器支持先进后出(FILO)模式的数据存取;优先级队列容器 priority_queue 每次从队列中取出的应是具有最高优先级(priority)的元素,而优先级则与每一个元素的值(value)相关联。

队列容器 queue、栈容器 stack 以及优先级队列容器 priority_queue 的常用操作见表 7.8~表 7.10。

表 7.8 队列容器 queue 的常用操作

函 数 原 型	函 数 功 能
T &back();	返回最后一个元素
bool empty();	如果队列空则返回真
T& front();	返回第一个元素
void pop();	删除第一个元素
void push(const T &val);	在末尾加入一个元素
size_type size();	返回队列中元素的个数

表 7.9 栈容器 stack 的常用操作

函 数 原 型	函 数 功 能
== <= >= < > ! =	比较栈
bool empty();	栈为空则返回真
void pop();	移除栈顶元素
void push(const T &val);	在栈顶增加元素
size_type size();	返回栈中元素的数目
T &top();	返回栈顶元素

C++语言程序设计教程

表 7.10   优先级队列容器 priority_queue 的常用操作

函 数 原 型	函 数 功 能
bool empty();	如果优先队列为空,则返回真
void pop();	删除第一个元素
void push(const T &val);	加入一个元素
size_type size();	返回优先队列中拥有的元素的个数
T& top();	返回优先队列中有最高优先级的元素

7.4.2　迭代器

迭代器(Iterator)是指针(pointer)的泛化,是一种检查容器内元素并遍历元素的数据类型。迭代器允许程序员以相同的方式处理不同的数据结构(容器)。迭代器在 STL 中用来将算法和容器联系起来,起着一种黏合剂的作用。几乎 STL 提供的所有算法都是通过迭代器存取元素序列进行工作的。迭代器提供了比下标操作更通用化的方法:所有的第一类容器都定义了相应的迭代器类型,而只有少数的容器支持下标操作。迭代器用法和指针类似。迭代器上可以执行++操作,以指向容器中的下一个元素。如果迭代器到达了容器中的最后一个元素的后面,则迭代器的值变成 past-the-end。使用一个 past-the-end 值的迭代器来访问对象是非法的,就好像使用 NULL 或未初始化的指针一样。通过对一个迭代器的解引用操作(∗),可以访问到容器所包含的元素。STL 中的迭代器分为 5 种类型,如表 7.11 所示。

表 7.11   STL 中的迭代器类型及功能描述

迭代器类型	描　　述
input_iterator	输入迭代器,提供读功能的向前移动迭代器,可进行增加(++),比较与解引用(∗)
output_iterator	输出迭代器,提供写功能的向前移动迭代器,可进行增加(++),比较与解引用(∗)
forward_iterator	前向迭代器,同时具有 input 和 output 迭代器的功能,并可对迭代器的值进行储存
bidirectional_iterator	双向迭代器,同时提供读写功能,同 forward 迭代器,但可用来进行增加(++)或减少(--)操作
random_iterator	随机迭代器,提供随机读写功能,是功能最强大的迭代器,具有双向迭代器的全部功能,同时实现指针般的算术与比较运算
reverse_iterator	反向迭代器,如同随机迭代器或前向迭代器,但其移动是反向的

不同的迭代器要求定义的操作不一样,如图 7.1 所示,箭头表示左边的迭代器一定满足右边迭代器需要的条件。比如某个算法需要一个双向迭代器(Bidirectional Iterator),你可以把一个任意存取迭代器(Random Access Iterator)作为参数;但反之不行。

不同的容器所支持的迭代器不同,具体如表 7.12 所示。

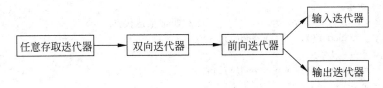

图 7.1　STL 中 5 种类型的迭代器

表 7.12　常见容器所支持的迭代器类型

容　　器	迭代器类别
vector	随机迭代器
deque	随机迭代器
list	双向迭代器
set/multiset	双向迭代器
map/multimap	双向迭代器
stack	不支持迭代器
queue	不支持迭代器
priority_queue	不支持迭代器

在利用迭代器访问一个容器的元素之前,先要定义迭代器。定义一个容器的迭代器的形式是:

容器类名::iterator　变量名;

或:

容器类名::const_iterator 变量名;　//不能通过 const 迭代器修改数据元素的值

通过对一个迭代器的解引用操作(*)即: * **迭代器变量名**,可以访问到容器所包含的元素。

例 7.7　利用迭代器访问向量 vector 中的元素。

```cpp
//ch7_7.cpp
# include < vector >
# include < iostream >
using namespace std;
int main(){
    vector < int > v;                          //一个存放 int 元素的向量,一开始里面没有元素
    v.push_back(1);
    v.push_back(2);
    v.push_back(3);
    v.push_back(4);
    vector < int >::const_iterator i;        //常量迭代器
    for( i = v.begin();i != v.end();i ++)
        cout << * i << ",";
    cout << endl;
    vector < int >::reverse_iterator r;      //反向迭代器
    for( r = v.rbegin();r != v.rend();r++)
        cout << * r << ",";
```

```
        cout << endl;
        vector < int >::iterator j;                //非常量迭代器
        for( j = v.begin();j ! = v.end();j ++)
            * j =   100;
        for( i = v.begin();i ! = v.end();i++)
            cout << * i << ",";
        cout << endl;
        return 0;
}
```

程序运行结果如下：

```
1,2,3,4,
4,3,2,1,
100,100,100,100,
```

例 7.8   编写程序来创建有 10 个元素的 vector 对象，用迭代器把每个元素改为当前值的 2 倍并输出。

```
//ch7_8.cpp
# include < iostream >
# include < vector >
using namespace std;
int main(){
    //定义一个 vector 并赋值输出
    vector < int > ivec;
    cout <<"Before * 2 the elements are:"<< endl;
    for(vector < int >::size_type ix = 0;ix ! = 10;++ ix){
        ivec.push_back(ix);
        cout << ivec[ ix]<<'\t';
    }
    //把每个值乘以 2 并输出
    cout << endl <<"After * 2 the elements are:"<< endl;
    for(vector < int >::iterator iter = ivec.begin();iter ! = ivec.end();++iter){
        * iter * = 2;
        cout << * iter <<'\t';
    }
    return 0;
}
```

程序运行结果如下：

```
Before * 2 the elements are:
0      1      2      3      4      5      6      7      8      9
After * 2 the elements are:
0      2      4      6      8      10     12     14     16     18
```

7.4.3 算法

C++标准类库提供了多达数十种的基本算法，通过它们可对容器中的数据进行诸如查找、排序、拷贝、置换、求值运算等各种不同的操作。这些算法的主要特点是都以迭代器类型为参数,和数据的具体实现分离,因此具有通用性,可以用到不同类型的对象上。STL 中提供的算法大多定义在 algorithm.h 文件中。根据算法的功能,可以将 STL 中的算法分成 4 种类型:

(1) 不改变顺序的操作(Non-mutating sequence Operations)。

(2) 改变顺序的操作(Mutating sequence Operations)。

(3) 排序及相关操作(Sorting and related Operations)。

(4) 常用的数字操作(Generalized numeric Operations)。

第一种类型中的操作不改变容器中的元素的顺序,包括对每个(for_each)、寻找(find)、邻居寻找(adjacent find)、计数(count)、不匹配(mismatch)、相等(equal)、搜索(search)等算法。

第二种类型中的操作会改变元素的顺序,包括拷贝(copy)、交换(swap)、变换(transform)、替换(replace)、填充(fill)、产生(generate)、迁移(remove)、唯一(unique)、翻转(reverse)、旋转(rotate)、任意洗牌(random shuffle)、分区(partitions)。如果某个算法的后缀有_copy,表示它要把一个迭代器区间的内容拷贝到另一个迭代器中。比如 replace 有变种 replace_copy。

第三种类型是与排序相关的操作,这类操作也会改变元素的顺序,包括排序算法、第 N 个元素(Nth element)、二分搜索(binary search)、合并(merge)、排好序的设置操作(set operations on sorted structures)、堆操作(heap operations)、最大最小(minimum and maximum)、词典比较(lexicographical comparison)、置换产生器(permutation generator)。

第四种类型的算法是些常用的数字操作,包括聚集(accumulate)、内部乘积(inner product)、局部和(partial sum)、邻近不同(adjacent difference)等算法。

例 7.9 说明了第一种类型的对每个(for_each)算法。这个算法的原型如下所示,其作用是对[first, last)的每个元素都做一个 Function 操作。

```
template < class InputIterator, class Function >
Function for_each(InputIterator first, InputIterator last, Function f) {
    while (first != last) f( * first++);
    return f;
}
```

例 7.9 利用 for_each 算法操作双向队列中的元素。

```
//ch7_9.cpp
# include < iostream >
# include < deque >
# include < algorithm >
using namespace std;
//定义一个打印字符的函数
void print(char& value){
    cout << value << ' ';
}
//测试函数 main
void main(){
    deque < char > d(3, 'a');                // 三个元素: 'a' 'a' 'a'
    for_each(d.begin(), d.end(), &print);  //对队列中的每一个元素,执行 print 操作
}
```

程序运行结果如下：

a a a

下面给出一部分常用算法的函数模板原型，对这些算法的使用格式与功能进行一般性描述。在本节之后给出一个演示多种算法使用方法的示例。

1. binary_search 算法

```
template < class Iter,class T > bool binary_search(Iter s,Iter e,const T& v);
```

使用二分查找算法，在有序对象序列[s,e)中查找 v。前两个参数 s 和 e 为迭代器，由它们指定容器中的对象范围。若对象序列中出现 v，则返回 true，否则返回 false。

2. copy 算法

```
template < class Iter1,class Iter2 > Iter2 copy(Iter1 s1,Iter1 e1,Iter2 s2);
```

参数 s1、e1 和 s2 均为迭代器。将[s1,e1)范围的对象序列，拷贝到以 s2 泛型指针所指定的位置处。函数返回值为迭代器，它指向新拷贝序列（s2 迭代器所指序列）之末。

3. count 算法

```
template < class Iter,class T > size_t count(Iter s,Iter e,const T& v);
```

统计对象 v 在由 s 与 e 指定范围[s,e)的对象序列中所出现的次数，并返回该次数。参数 s 和 e 为迭代器。

4. equal 算法

```
template < class Iter1,class Iter2 > bool equal(Iter1 s1,Iter1 e1,Iter2 s2);
```

参数 s1、e1 和 s2 均为迭代器。判断由 s1、e1 指定范围[s1,e1)的对象序列是否与 s2 泛型指针为首的对象序列一一对应相等，若是则返回 true，否则返回 false。

5. find 算法

```
template < class Iter,class T > Iter find(Iter s,Iter e,const T& v);
```

查找对象 v 在由 s 与 e 指定范围[s,e)的对象序列中首次出现的位置（参数 s 和 e 为迭代器），若找到则返回指向它的迭代器；如果序列中不出现 v，则返回 e。

6. for_each 算法

```
template < class Iter,class Func > Func for_each(Iter s,Iter e,Func f);
```

前两个参数 s 和 e 为迭代器，由它们指定容器中欲处理对象的范围[s,e)，第三参数 f 为一个函数（名），该函数将被应用于[s,e)的每一个对象上（依次以每一对象作为实参去调用一次 f 函数），函数返回值为 f。

7. lower_bound 算法

```
template < class Iter,class T > Iter lower_bound(Iter s,Iter e,const T& v);
```

返回 v 在已排序对象序列中第一次出现时的位置,迭代器 s 与 e 用来指定有序序列的对象范围[s,e)。若序列中不出现 v 的话,则返回的泛型指针指向第一个大于 v 的序列元素(若没有大于 v 的元素时,返回 e,e 指向序列末尾)。

8. max 算法

```
template < class T > const T& max(const T& x,const T& y);
```

返回 x 与 y 中的最大值。

9. max_element 算法

```
template < class Iter > Iter max_element(Iter s,Iter e);
```

找到对象序列[s,e)中的最大元素,并返回指向该元素(第一次出现的位置)的迭代器。

10. merge 算法

```
template < class Iter1,class Iter2,class Iter3 >
Iter3 merge(Iter1 s1,Iter1 e1,Iter2 s2,Iter2 e2,Iter3 s3);
```

将两个有序序列的对象进行归并(使结果序列仍有序)。迭代器 s1 与 e1 用来指定第一个有序序列的对象范围[s1,e1),而 s2 与 e2 则指出第二个有序序列的对象范围[s2,e2)。归并后的有序序列存放在以迭代器 s3 为起始的指定位置处。函数返回一个迭代器,它指向归并后的结果序列(尾部)。

11. min 算法

```
template < class T > const T& min(const T& x,const T& y);
```

返回 x 与 y 中的最小值。

12. min_element 算法

```
template < class Iter > Iter min_element(Iter s,Iter e);
```

找到对象序列[s,e)中的最小元素,并返回指向该元素(第一次出现位置)的迭代器。参数 s 与 e 为迭代器。

13. remove 算法

```
template < class Iter,class T > Iter remove(Iter s,Iter e,const T& v);
```

函数将移去由 s 与 e 指定范围[s,e)的对象序列中的所有 v(从而使序列得到了压缩),并返回压缩后的序列末尾的迭代器。其中的参数 s 和 e 为迭代器。

14. Replace 算法

```
template < class Iter,class T > void replace(Iter s,Iter e,const T& v,const T& w);
```

参数 s 和 e 为迭代器。由 s 与 e 指定范围[s,e)的对象序列中的所有 v 将被替换为 w。

15. reverse 算法

```
template < class Iter > void reverse(Iter s,Iter e);
```

由 s 与 e 指定范围[s,e)的对象序列,将被"反序"而重新排列。参数 s 和 e 为迭代器。

16. sort 算法

```
template < class Iter > void sort(Iter s,Iter e);
```

对容器中指定范围[s,e)之内的对象进行排序(升序排列),其中的两个参数 s 和 e 为迭代器。

17. swap 算法

```
template < class T > void swap(T& x,T& y);
```

交换对象 x 和 y 的值。

18. unique 算法

```
template < class Iter > Iter unique(Iter s,Iter e);
```

使具有连续相同值的对象只留下一份(其余的都删除掉),由 s 与 e 迭代器来指定被处理序列的对象范围[s,e),并返回压缩后的序列末尾的迭代器。

19. upper_bound 算法

```
template < class Iter,class T > Iter upper_bound(Iter s,Iter e,const T& v);
```

返回在已排序对象序列中"第一个大于 v 的元素"位置,迭代器 s 与 e 用来指定有序序列的对象范围[s,e)。若序列中不出现 v 的话,则返回的迭代器指向第一个大于 v 的序列元素(若没有大于 v 的元素时,返回 e,指向序列末尾)。

下面给出一个程序示例,演示了多种算法的调用方法及实现的具体功能。

例 7.10 应用多种算法操作容器中的数据。

```cpp
//ch7_10.cpp
# include < iostream >
# include < algorithm >
# include < vector >
using namespace std;
void main( ) {
    const int size = 10 ;
    int a[size] = {54,10,10,33,33,54,54,54,54,10};
    vector < int > v(a,a + size);              //说明容器 v,其大小为 size
    vector < int >::iterator start, end, it, pos ;   //声明 4 个迭代器
    start = v.begin();
    end = v.end();
    cout <<"v = { " ;                          //显示出 v 中各元素
    for( it = start; it != end; it++)
        cout << * it << " " ;
    cout <<" }"<< endl ;
```

```
        pos = max_element(start, end);                  //v 中第一个最大元素
        cout << "The maximum element in v is: " << *pos << endl;
        pos = min_element(start, end);                  //v 中第一个最小元素
        cout << "The minimum element in v is: " << *pos << endl;
        cout << count(start, end, 10)<< endl;           //查找对象 10 所出现的次数
        pos = find(start, end, 33);                     //查找对象 33 的首次出现(位置)
        cout << "After 'find(start, end, 33)', *pos = " << *pos << endl;
        for(it = pos; it != end; it++)                  //从第一个 33 往后的所有元素
            cout << *it << " ";
        cout << endl;
        pos = unique(start, end);                       //使具有连续相同值的对象只留下一份
        cout << "After 'unique', *pos = "<< *pos << endl;
        for(it = start; it != pos; it++)                //unique 操作后的对象序列
            cout << *it << " ";
        cout << endl;
        sort(start, pos);                               //排序
        cout << "After 'sort(start, pos);'"<< endl;
        for(it = start; it != pos; it++)                //排序后的结果序列
            cout << *it << " ";
        cout << endl;
        pos = remove(start, pos, 10);                   //移去所有的 10
        cout << "After 'remove(start, pos, 10);'"<< endl;
        for(it = start; it != pos; it++)                //移去所有 10 之后的序列
            cout << *it << " ";
        cout << endl;
        replace(start, pos, 54, 88);                    //将所有的 54 替换为 88
        cout << "After 'replace(start, pos, 54, 88);'"<< endl;
        for(it = start; it != pos; it++)                //替换之后的序列
            cout << *it << " ";
        cout << endl;
}
```

程序运行结果如下:

```
v = { 54 10 10 33 33 54 54 54 54 10   }
The maximum element in v is: 54
The minimum element in v is: 10
3
After 'find(start, end, 33)', *pos = 33
33 33 54 54 54 54 10
After 'unique', *pos = 54
54 10 33 54 10
After 'sort(start, pos);'
10 10 33 54 54
After 'remove(start, pos, 10);'
33 54 54
After 'replace(start, pos, 54, 88);'
33 88 88
```

7.5 案例分析

    STL 中提供的容器、迭代器和算法都具有较好的兼容性、有效性和健壮性,方便程序员更好地组织和访问数据。下面通过实现一个简单英汉对照电子字典的程序来演示 STL 的

强大功能。

例 7.11 实现一个简单英汉对照字典,主要存储(英文单词,汉语意思)类型的词条,提供插入、删除和查找的操作。

```
///dictionary.h
# ifndef DICTIONARY_H
# define DICTIONARY_H
# include < iostream >
# include < map >
# include < string >
using namespace std;
class Dictionary{
public:
    void DisplayAll();                  //按照英文单词:中文意思的格式输出所有词条
    void DelItem(string word);          //删除某个英文单词对应的词条
    void AddItem(string word, string explanation);   //增加一个(英文单词,中文意思)词条
    string Lookup(string);              //查找某个英文单词对应的中文意思,如果没有该单词,
                                        //      则返回"没有该词条"
private:
    map < string,string > dict;
};
# endif
//dictionary.cpp
# include < iostream >
# include < map >
# include < string >
using namespace std;
# include "dictionary.h"
//增加一个词条
void Dictionary::AddItem(string word,string explanation){
    dict.insert(make_pair(word,explanation));
}
//查找某个 word 对应的汉语意思
string  Dictionary::Lookup(string word){
    if(dict.find(word)! = dict.end()) return dict[word];
    else return string("没有该词条");
}
//删除某个 word 对应的词条
void  Dictionary::DelItem(string word){
    dict.erase(word);
}
//显示所有词条
void Dictionary::DisplayAll(){
    map < string,string >::iterator it;
    for(it = dict.begin();it! = dict.end();it++)
        cout << it - > first << ":" << it - > second  << endl;
}
//ch7_11.cpp
# include < iostream >
# include < map >
```

```
# include < string >
using namespace std;
# include "dictionary.h"
void main(){
    Dictionary dt;
    //验证　Dicationary::AddItem 函数
    dt.AddItem(string("one"),string("一,一个"));
    dt.AddItem(string("two"),string("二,二个"));
    dt.AddItem(string("China"),string("中国"));
    //验证　Dicationary::DisplayAll 函数
    cout << "字典中的所有词条如下:"<< endl;
    dt.DisplayAll() ;
    cout << endl;
    //验证　Dicationary::Lookup 函数
    cout <<"China 的意思是:"<< dt.Lookup(string("China"))<< endl;
    cout << "English 的意思是"<< dt.Lookup(string("English"))<< endl;
    cout << endl ;
    //验证　Dicationary::DelItem
    dt.DelItem(string("one"));
    cout << "删除 One 的词条后字典的所有词条如下"<< endl;
    dt.DisplayAll();
    cout << endl;
}
```

程序运行结果如下：

字典中的所有词条如下：
China:中国
one:一,一个
two:二,二个

China 的意思是:中国
English 的意思是:没有该词条

删除 One 的词条后字典的所有词条如下
China:中国
two:二,二个

习题

1. 什么是函数模板？函数模板的调用机制是什么？
2. 什么是类模板,如何实例化类模板？
3. 顺序容器包括哪些具体的容器类型？各自的特点是什么？
4. 迭代器都有哪些类型,哪些操作？
5. 编写一个函数模板,取 const vector 参数,并根据 vector 对象是否正向逆向都一样而分别返回 true 和 false 值,编写 main 程序来测试该函数模板。
6. 编写一个函数模板, 取 const list 参数,并根据 list 是否正向逆向都一样而分别返回

C++语言程序设计教程

true 和 false,编写 main 程序来测试该函数。

7. 编写一个 main 程序,使用 vector 存储用户从键盘输入的 n 个整数,利用 STL 中 sort 算法排序,并用 find 方法查找某个数。

8. 编写一个函数模板求两个集合 set 的交集,并通过求两个整型元素集合的交集来验证该函数模板。

9. 编写 main 函数,使用 map 来建立英文单词 zero,one,two,three,…,ten 与数字 0~10 的映射关系,根据用户输入的英文单词,输出其对应的数字,如输入英文数字 one 后输出数字 1。

10. 编写 main 函数,用 map 来统计一篇英文文章中单词出现的频率(为简单起见,假定从键盘输入该文章)。

异常处理　　第 8 章

应用程序在正常的运行环境中，同时用户也正确操作时，能够准确无误地执行，但是一旦运行环境出现意外或者用户进行了不正确的操作，程序就可能出现问题，甚至出现死机等灾难性的后果。这就要求在程序编写时要充分考虑各种意外情况，并针对出现的意外给予恰当的处理，使程序具有一定的健壮性和容错性，这就是所说的异常处理。

本章主要内容

- 异常处理的概念
- 异常处理的语法
- 异常处理的调用顺序
- 异常的重抛
- 异常类
- 异常匹配规则
- 函数声明中的异常指定
- assert 调试

8.1　理解异常

尽管程序编写者总是希望自己编写的程序是正确无误的，运行结果也是在意料之中的，但是事实并非如他们所愿。智者千虑必有一失，不怕一万就怕万一。

现实世界中也是如此，人们往往事先制定了周密的计划，但是各种意外依然会发生。以学生上课这件事为例，如果一切顺利，教师按照教学计划授课，学生按时上课听课，学生上课这件事就会正常发生。但是人们发现，凡事总有意外：学生有可能因病请假无法按时上课，上课当天可能因是法定假日而停课，即使正常上课了也有可能因为某种突发事件导致课程被中止。由此可见，现实生活中的异常现象时有发生。针对不同的具体情况，人们必须采取相应的处理措施：学生如果因病请假可能需要教师补课，也可能学生自学所缺的课程；上课当天如果是法定节假日，学校可能会安排时间统一补课等。这就是现实世界中的异常现象和针对异常的处理方法。

程序设计也是如此，程序编写者不仅需要考虑程序没有错误的理想情况，更需要考虑程序存在错误的情况，应该能够尽快地发现错误，纠正错误。

程序中可能出现的错误可以分为两大类：**语法错误**和**运行错误**。语法错误是程序编写者编写代码的时候，编译系统能检查出的错误，例如，关键字拼写错误；变量名未定义；语句末尾缺少分号；括号不配对等。对于这些错误，编译系统会在编译时告知用户在第几行出了错误，是一个什么样的错误。由于这种错误是在编译阶段被发现的，这类语法错误又被称为**编译错误**。有的初学者写的并不长的程序，在编译时会出现十几个甚至几十个语法错误，但是这种错误比较容易被发现，也很容易纠正。随着程序编写经验的积累，程序编写者会逐渐发现它们的规律，程序调试的时间就会大大减少。随着编译平台和开发环境的逐步换代升级，编译器的语法纠错能力愈发强大，提供的错误信息提示也越来越精确，一些开发平台甚至提供了实时语法错误提醒功能，也就是程序编写者在键入代码的同时开发平台就可以立刻给出错误代码的提示，这使得编译错误的发现与纠错变得相对较容易。

与语法错误不同，运行错误的发现与纠错要困难一些。一些程序虽然能够通过编译，也能投入运行，但是在运行过程中会出现异常，执行的结果与预想不同，有时程序无法正常运行，甚至出现死机的现象。例如，无法打开输入文件，因而无法读取数据；在一系列计算过程中，出现除数为 0 的情况；输入数据时，输入的数据类型有误等。如果程序中没有针对此类错误的防范措施，系统只能在执行到错误语句时终止运行。程序编写者如果缺乏经验或者程序的规模较大，这类错误常常很难被发现，查找和纠正这类错误往往比较困难，要耗费许多时间和精力。因此对于运行错误的处理成为程序调试的一个难点。程序异常通常指的就是运行错误，也被称为运行**异常**，简称**异常**（Exception）。编译系统检查出来的语法错误，导致程序运行结果不正确的逻辑错误，都不属于异常的范围。异常指的是一个可以正确运行的程序在运行中可能发生的错误。异常具有以下的一些特点：

（1）偶然性，程序运行中，异常并不总是会发生的。

（2）可预见性，异常的存在和出现是可以预见的。

（3）严重性，一旦异常发生，程序可能终止，或者运行的结果不可预知。

程序设计时，应当事先分析程序的内容，预测可能出现的各种意外情况，根据具体情形给出相应的处理方法，这就是异常处理（Exception Handling）。

在没有异常处理时，如果出现运行异常，由于程序本身不能处理，只能终止运行。如果在程序中设置了异常处理的机制，那么运行出现异常时，由于程序本身已经规定了对其处理的方法，于是程序的流程就转到异常处理的代码段，异常处理执行完毕后，程序按照预先设定的顺序继续执行，这就是异常处理的任务。

8.2　异常处理的语法结构

C++语言提供对异常处理情况的内部支持。try-catch 和 throw 语句就是 C++语言中用于实现异常处理的机制。有了异常处理，程序可以向更高层的执行上下文传递意想不到的事件，从而使程序能更好地从这些异常事件中恢复过来。

8.2.1　try-catch 和 throw 语句

如果某段程序中出现了不能处理的异常，就可以使用 throw 表达式抛出这个异常，将它抛掷给调用者。抛出异常的方式如下：

```
throw  表达式;
```

在上面的语句中，throw 后面的表达式可以是 C++语言中的基本数据类型，也可以是一个对象。程序执行到一个 throw 表达式时，一个异常就会被抛出，例如：

```
char c = 'a';
throw c;
```

这个语句表示程序运行到这里就会抛出一个异常，这个异常的类型是 char，而这个异常所包含的信息是字符'a'。

如果事先预料到某段程序代码或者某个函数的调用有可能发生异常，就应将它放入 try 块中，并配以相应的 catch 块处理这种异常。如果 try 块中出现多种不同类型的异常，应使用不同种类的 catch 来分别对它们进行处理。这一处理过程也被称为异常的捕捉。try-catch 结构的语法为：

```
try
{被检查的语句}
catch(异常类型 1 )
{进行异常处理的语句}
[catch(异常类型 2 )
{进行异常处理的语句}
…
catch(异常类型 n )
{进行异常处理的语句}]
```

try-catch 结构的说明如下：

（1）被检测的语句或者函数的调用（可能出现异常的语句）必须放在 try 块中，否则不起作用。

（2）try 块和 catch 块作为一个整体出现，它们都是 try-catch 结构的一部分，catch 必须紧跟在 try 之后，不能单独使用，在二者之间也不能插入其他语句。

（3）try 与 catch 块都是复合语句，即使块中只有一条语句也不能省略掉{}。

（4）一个 try-catch 结构中只能有一个 try 块，却可以有一个到多个 catch 块，以便捕捉多种不同类型的异常。catch 块的"异常类型"部分指明了 catch 子句处理异常的种类和异常参数名称，它与函数的形式参数是类似的，可以是某个类型的值，也可以是引用，类型可以是任何有效的数据类型，包括 C++的类。

（5）如果在 try 块中没有发生异常，那么跟在 try 块后面的 catch 块就不会被执行。

（6）如果在 try 块中有异常抛出，系统则按顺序逐一检查 try 块后面的 catch 块的"异常类型"，如果 catch 块的异常类型与抛出的异常一致，则此 catch 块捕捉到了这个异常，检查停止，系统执行此 catch 块中的语句。该 catch 块执行完毕后，当前的 try-catch 结构就执行完毕了，然后继续执行该结构后面的语句。

（7）如果抛出的异常信息找不到与之匹配的 catch 块，那么异常就继续向上层函数抛出，直至被抛出到主函数，系统就会调用一个系统函数 terminate，使程序终止运行。

整个异常捕捉的过程与函数的调用相似。函数形参的声明允许只指名类型而不给出参数名。同样地，catch 子句的异常处理声明中也允许不给出异常参数名称。异常捕捉时有多个 catch 子句，这与函数的重载类似，这些子句具有不同的参数类型，在异常类型匹配时会根据参数的类型找到相应的异常处理的方法。

例 8.1　连续输入两个实数，程序将计算并输出这两个数相除的商。要注意除数不能为 0。

```
//ch8_1.cpp
# include < iostream >
using namespace std;
int main(){
    double a = 0;
    double b = 0;
    try{
        cout <<"请输入两个实数 a 和 b: "<< endl;
        cin >> a >> b;
        if (b == 0) throw b;
        cout <<"a/b = "<< a/b << endl;
    }catch(double){
        cout <<"除数不能为 0."<< endl;
    }
    cout <<"完毕."<< endl;
    return 0;
}
```

程序运行时根据输入的实数不同，结果也就不同，当除数不为 0 时，运行结果为：

```
请输入两个实数：
1 2
a/b = 0.5
完毕.
```

当除数是 0 时，运行结果为：

```
请输入两个实数：
1 0
除数不能为 0.
完毕.
```

从运行结果中可以看出，当执行下列语句时在 main 函数中发生了异常：

```
if (b == 0) throw b;
```

因为该语句处于一个 try 块中，因此异常的"抛出-捕捉"机制起到了作用，异常抛出后，try 块中余下的语句不再执行，程序直接跳转到相应的 catch 块，catch 块执行完毕后，程序继续执行主函数最后的一条语句，输出"完毕。"。

try-catch 结构可以与 throw 出现在同一个函数中，也可以不在同一个函数中。对例 8.1 进行修改，把实数的相除计算变成一个 divide 函数，见例 8.2。

例 8.2 连续地输入两个实数,程序将使用 divide 函数计算这两个数相除的商,并输出结果。要注意除数不能为 0。

```cpp
//ch8_2.cpp
# include < iostream >
using namespace std;
// 相除函数
double divide(double a, double b){
    if(b == 0)
        throw b;
    return a/b;
}
// 主函数
int main(){
    double a = 0;
    double b = 0;
    try{
        cout <<"请输入两个实数 a 和 b: "<< endl;
        cin >> a >> b;
        cout <<"a/b = "<< divide(a,b)<< endl;
    }catch(double){
        cout <<"除数不能为 0."<< endl;
    }
    cout <<"完毕."<< endl;
    return 0;
}
```

运行结果与例 8.1 相同。

程序在输入的除数 b 的值等于 0 时函数 divide 在执行中会抛出除 0 异常。异常被抛出后,由于 divide 函数本身没有对异常进行处理,divide 的执行就会终止,回到 main 函数对 divide 函数的调用点。该调用点处于一个 try 块中,其后捕获 double 类型的 catch 块刚好能与抛出的异常的类型匹配,除 0 异常在这里被捕获,异常处理程序输出有关信息后,程序继续执行主函数的 try-catch 结构后面的语句。

8.2.2 抛出信息利用

有时,在 catch 块中进行异常处理时,常常需要知道被 throw 抛出的异常信息的具体内容。例如,数组越界异常发生时,往往希望知道访问哪一个元素时发生了越界;执行一段程序所需要的先决条件不满足而引起了异常时,往往希望知道具体不满足的条件是什么。此时 catch 应使用另外一种写法,即除了指定类型外,还指定变量名,格式如下:

catch (char c){进行异常处理的语句}

此时如果 throw 抛出的异常信息类型是 char 型的,则 catch 块在捕获异常信息的同时还得到了一个异常信息的副本 c。演示程序见例 8.3。

例 8.3 求一元二次方程式 $ax^2 + bx + c = 0$ 的实根。

```cpp
//ch8_3.cpp
# include < iostream >
```

```
# include < math. h >
using namespace std;
int main(){
    double a = 0;
    double b = 0;
    double c = 0;
    try{
        cout <<"请输入一元二次方程的系数 a,b,c"<< endl;
        cin >> a >> b >> c;
        double delta = b * b - 4 * a * c;
        if (delta < 0) throw delta;
        if (delta == 0) cout <<"方程有唯一根 "<<( - b/2/a)<< endl;
        else {
            cout <<"方程有两个根: "<< endl;
            cout <<(( - b + sqrt(delta))/2/a)<<"   ";
            cout <<(( - b - sqrt(delta))/2/a)<< endl;
        }
    }catch(double d){
        cout <<"delta = "<< d <<",根据此系数方程无实根."<< endl;
    }
    return 0;
}
```

程序运行结果如下：

请输入一元二次方程的系数 a,b,c
2 1 1
delta = - 7,根据此系数方程无实根.

在这个例子中,当 delta 的值为负数时,一个 double 类型的异常就被抛出,而它所包含的信息就是这个 delta 的计算值。程序中 catch(double d)的形参 d,类似函数的形式参数,这个 catch 块可以捕捉到 double 类型的异常,同时会发生"值传递",也就是被抛出的异常 delta 的值被传递给 d,或者说 d 就是 delta 的一个副本,这样在 catch 块中就可以利用 d 获取抛出异常的信息了。这样实现的 catch 块更易于展示异常的具体内容,便于分析异常的成因。

8.3   函数嵌套调用的异常处理

在一个大型软件中,由于函数之间有着明确的分工和复杂的调用关系,一些函数在执行的过程中出现了异常但可能不具备处理错误的能力,这时就会引发异常的抛出,希望它的调用者能够捕获并处理这个异常。如果它的调用者也不能处理这个异常,还可以继续传递给上级调用者去处理,这种传播会一直继续到异常被处理为止,如果程序始终没有处理这个异常,最后它会被传播到 C++ 运行系统那里,运行系统遭遇这个异常后,通常只是简单地终止这个程序。图 8.1 说明了异常传播的方向。

C++异常传导的机制使得异常的发生和处理不必在同一函数中,这样底层的函数可以着重解决具体逻辑问题,而不必过多

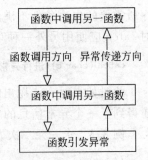

图 8.1   异常传播示意图

地考虑异常的处理,上层调用者可以在适当的位置设计针对不同类型异常的处理。

例 8.4　计算圆柱体体积的程序。

```cpp
//ch8_4.cpp
# include < iostream >
using namespace std;
// 圆面积计算函数
double area(double radius){
    if (radius < = 0) throw radius;
    return 3.14 * radius * radius;
}
// 圆柱体积计算函数
double volume(double radius,double height){
    double v = area(radius) * height;
    return v;
}
// 主函数
int main(){
    double radius = 0;
    double height = 0;
    cout <<"请输入圆柱的底面半径和高: "<< endl;
    cin >> radius >> height;
    try{
        cout <<"该圆柱的体积是"<< volume(radius,height)<< endl;
    }catch(double radius){
        cout <<"输入半径有误 radius = "<< radius << endl;
    }
    return 0;
}
```

程序运行结果如下:

```
请输入圆柱的底面半径和高:
- 3 9
输入半径有误 radius = - 3
```

在这个程序中,main 函数中可以输入圆柱的底面半径和高,调用 volume 函数计算圆柱的体积,volume 函数又调用 area 函数计算底面的面积,形成了函数的嵌套调用。在执行 area 函数时如果半径的设置不为正数,就会有一个 double 类型的异常 radius 被抛出。在 area 函数中并没有提供相应的异常捕捉机制,于是 area 函数的执行中断,异常 radius 被抛给 area 调用点所在的函数 volume,同样,volume 函数也没有提供对这种异常的处理,因此该异常又被抛给 volume 函数的调用函数 main。在 main 函数中 volume 函数的调用点位于 try-catch 结构中,并且能够找到与异常类型相匹配的 catch 块,执行该复合语句块。图 8.2 为这个例子的异常处理示意图。

对例 8.4 的 area 函数进行如下修改:

```cpp
double area(double radius){
    try{
        if (radius < = 0) throw radius;
```

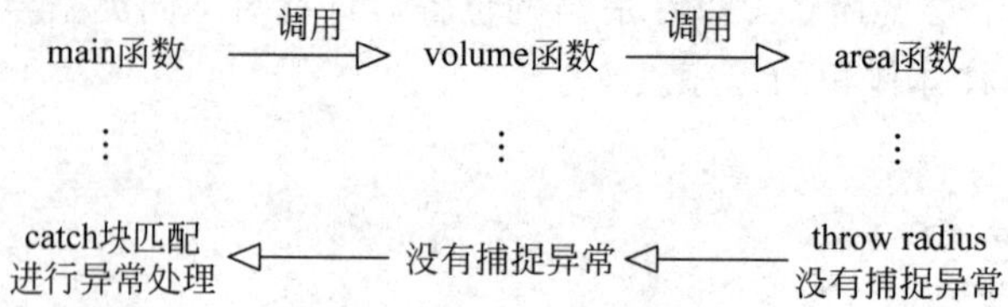

C++语言程序设计教程

图 8.2 异常处理示意图

```
}catch(double radius){
    cout <<"输入半径有误 radius = "<< radius << endl;
    cout <<"修正半径为 1"<< endl;
    radius = 1;
}
return 3.14 * radius * radius;
}
```

程序的其他部分不变,修改后程序的运行结果为:

```
请输入圆柱的底面半径和高:
-3 9
输入半径有误 radius = -3
修正半径为 1
该圆柱的体积是 28.26
```

此时抛出的异常 radius 立刻被 area 函数的 catch(double radius)捕获,于是此 catch 复合语句块的内容被执行。也就是说,area 函数所抛出的异常被自己的异常处理机制所解决,调用它的 volume 函数不再会有产生此类异常的可能,而调用了 volume 函数的 main 函数也就不会捕捉到任何异常了。

8.4 函数声明中异常的指定

在例 8.4 中,area 函数和 volume 都有可能因异常的发生而中断运行,area 函数是因为执行条件不满足而抛出异常,volume 是因调用了抛出异常的函数而引发了异常。对于 main 函数来说,是否需要将调用 volume 函数的语句置入 try-catch 结构是很难预测的,只能通过仔细阅读和分析调用的函数以及该函数嵌套调用的函数的内容才能知道,有时可能发生的异常已经在上一级函数中提供了具体的解决方案,比如在 area 函数中已经提供了 catch 块捕捉可能抛出的异常,此时如果再为 main 函数添加 try-catch 结构就画蛇添足了。

为了便于阅读程序,使函数的调用者在使用某函数时能够知道所用的函数是否会抛出异常及具体可能的异常类型,C++允许在声明函数时列出可能抛出的异常类型,例如可以将例 8.4 中的 area 函数的声明改写为以下形式:

```
double area(double radius) throw(double);
```

它表示 area 函数可能会抛出 double 类型的异常,使用该函数时要注意因为异常引起的程序中断。此时 volume 的编写者在调用该函数时只看到函数的声明就可以清楚地知道应该注意处理异常的抛出,如果 volume 函数也不能提供针对该异常的处理程序,那么也可以在函数的声明中指定这种可能抛出的异常。所以 volume 的声明可以改为以下形式：

```
double volume(double radius,double height) throw(double);
```

这样调用了 volume 的 main 函数就很容易知道 volume 函数可能会抛出 double 类型的异常，如果 main 函数不进行相应的异常处理，程序在执行的过程中就可能因为异常的抛出而导致执行中断，这样 main 函数就必须提供 try-catch 结构来捕捉这种异常。

如果在 area 函数中除了 double 类型的异常还会抛出 int 类型的异常，可以将 area 函数的声明改为如下方式：

```
double area(double radius) throw(double,int);
```

如果想声明一个不能抛出异常的函数，可以写成以下形式：

```
double area(double radius) throw();          //throw 无参数
```

这时即使在函数执行过程中出现了 throw 语句，实际上也并不执行，不会抛出任何异常信息。

8.5　异常的重抛

对于例 8.4 的程序，尽管 main 的 catch 块可以捕捉到异常信息，但是仅从运行的结果是无法知道异常最早是从哪里发生的，经过了几个函数的嵌套调用，最后被 main 函数的异常处理语句捕捉到的。

对于异常，不仅要进行捕捉，有时候还需要显示出每一次被调用的函数重抛出的过程，以便让使用者也能清楚地感受到这种异常。异常重抛的方法如下：

```
catch(异常类型){
…
throw;
…
}
```

使用这种结构可以把 catch 通过类型匹配刚刚捕捉到的异常重新抛出来。具体的使用见下面的程序。

例 8.5　计算圆柱体体积的程序（修改自例 8.4）。

```cpp
//ch8_5.cpp
# include < iostream >
using namespace std;
// 圆面积函数
double area(double radius)throw(double){
    try{
        if (radius <= 0) throw radius;
        return 3.14 * radius * radius;
    }catch(double radius){
        cout <<"area 函数抛出异常,半径 = "<< radius << endl;
        throw;
```

```
            }
        }
        // 圆柱体积函数
        double volume(double radius,double height)throw(double){
            try{
                double v = area(radius) * height;
                return v;
            }catch(double radius){
                cout <<"volume 函数抛出异常,半径 = "<< radius << endl;
                throw;
            }
        }
        // 主函数
        int main(){
            double radius = 0;
            double height = 0;
            cout <<"请输入圆柱的底面半径和高: "<< endl;
            cin >> radius >> height;
            try{
                cout <<"该圆柱的体积是"<< volume(radius,height)<< endl;
            }catch(double radius){
                cout <<"main 函数抛出异常,半径 = "<< radius << endl;
            }
            return 0;
        }
```

程序运行结果如下:

请输入圆柱的底面半径和高:
- 1 9
area 函数抛出异常,半径 = - 1
volume 函数抛出异常,半径 = - 1
main 函数抛出异常,半径 = - 1

在这个程序中,area 函数尽管已经把可能抛出异常的语句置于 try-catch 结构中,并且抛出的 double 异常也被相应的 catch 所捕捉,输出了异常的信息,但是立刻又被抛出。重新被抛出的异常无法被捕捉,因此 area 函数依然会在执行过程中抛出原有的异常(因此该函数的声明指定了会抛出 double 类型的异常)。在 volume 函数中同样的过程再次重复,异常被捕捉,输出信息,然后又被抛出。最后在 main 函数中最终捕捉到这个异常。

从本质上讲,这样捕捉,抛出,再捕捉,再抛出,反复进行异常的处理没有任何的作用,但是从运行的效果上看,异常在每一个函数中被向上抛出的过程一目了然。这种异常重抛的方式保留了异常的信息,并展示了异常抛出的链条,因此这种方式被称为"异常的链接"。如果相关的异常都采取这种方式,就能够使最上层使用者逐步深入地找到相关的异常信息。很多时候,每一次捕获异常就进行一次异常处理,然后再封装成新的异常继续向上抛。

8.6 异常处理中的析构函数

在函数调用时,函数中定义的局部变量将在栈中存放。结束函数调用时,这些局部变量就会从栈中弹出,不再占用栈的空间,这个过程被称为"退栈"(Stack unwinding)。其他结束动作还包括调用析构函数,释放函数中定义的对象。

　　但是,如果函数执行时出现异常,并且只是采用简单地显示异常信息,然后退出(exit)程序的做法,则程序的执行就会突然中断,结束函数调用时必须完成的退栈和对象释放的操作也不会进行。

　　C++异常处理的真正功能,不仅在于它能够处理各种类型的异常,还在于它具有为异常抛掷前构造的所有局部对象自动析构的能力。

　　异常被抛出后,从进入 try 块起到异常被抛出为止,这期间在栈上构造的所有对象都会被自动析构,析构的顺序与它们被构造的顺序相反。

　　例 8.6　异常处理中的析构函数的调用。

```cpp
//ch8_6.cpp
# include < iostream >
using namespace std;
class Triangle{
public:
    Triangle( int n):num(n){
        cout <<"构造函数调用,num = "<< num << endl;
    }
    ~Triangle(){
        cout <<"析构函数调用,num = "<< num << endl;
    }
    void set_sides(double a,double b,double c){
        //判断边长是否为正
        if(a <= 0||b <= 0||c <= 0) throw "边长必须为正";
        //判断三边长是否满足三角不等式
        if(a + b <= c||b + c <= a||c + a <= b) throw "边长不满足三角不等式";
        s1 = a;s2 = b;s3 = c;
        cout <<"三角形"<< num <<"三边设置完毕"<< endl;
    }
private:
    int num;
    double s1;
    double s2;
    double s3;
};
void test(){
    Triangle tri1(1);
    Triangle tri2(2);
    tri1.set_sides(3,4,5);
    tri2.set_sides(1,4,5);
}
//主函数
int main(){
    cout <<"main start"<< endl;
    cout <<"call test"<< endl;
    try{
        test();
    }catch(char * c){
```

```
        cout <<"异常: "<< c << endl;
    }
    cout <<"main end"<< endl;
    return 0;
}
```

程序运行结果如下:

```
main start
call test
构造函数调用,num = 1
构造函数调用,num = 2
三角形 1 三边设置完毕
析构函数调用,num = 2
析构函数调用,num = 1
异常: 边长需满足三角不等式
main end
```

分析这个程序的执行过程:执行 main 函数,在 main 函数中调用 test 函数,因为该函数可能抛出异常,所以将其置入 try 块中,然后流程转到 test 函数。在 test 函数中首先定义了两个 Triangle 对象 tri1 和 tri2,此时它们的构造函数被执行,输出"构造函数调用,num=1"和"构造函数调用,num=2",然后执行 tri1 的 set_sides 函数,流程跳到 set_sides 去执行,因为边长 3,4,5 可以构成一个三角形,因此成功输出"三角形 1 三边设置完毕"。但是在随后执行 tri2 的 set_sides 函数时,因为 1,4,5 是无法组成一个三角形的,因此程序运行在这个 set_sides 函数时抛出了异常。在 set_sides 函数中并没有对这种异常进行处理,这个异常被交给了调用它的 test 函数,但是 test 函数也没有提供异常处理,这个异常又被上交到 main 函数。在 main 函数中的 catch 处理器捕获了这个异常信息,这时异常处理的自动析构开始执行。

仔细分析整个流程,主函数中从 try 块开始到 throw 抛出异常信息这段过程中,先后建立了两个局部对象 tri1 和 tri2。如果下面这行语句

```
tri2.set_sides(1,4,5);
```

在执行时没有抛出任何异常,test 函数就可以正常完成它的执行,在执行完毕后,自动调用 tri1 和 tri2 的析构函数,完成退栈。但由于这行语句在执行时抛出了异常,test 函数的执行被中断了,实际上是没有完成执行,也就是并没有完成退栈,这样局部对象的内存清理工作就没有完成。这时 C++的异常处理的自动退栈就担负起了这一任务,在执行 catch 块的异常处理语句之前,需要释放对象 tri1 和 tri2,要调用析构函数进行清理工作,调用顺序与它们构造的顺序相反,因此依次输出"析构函数调用,num=2"和"析构函数调用,num=1"。内存清理完毕后再执行 catch 块中的语句,输出"异常: 边长需满足三角不等式",最后执行 main 函数中 catch 块后面的 cout 语句,输出"main end"。

8.7　异常类与标准异常处理

使用 throw 语句所抛出的异常,可以是各种类型的:整型、实型、字符型、指针等。也可以用类对象来传递异常信息。对象既有数据属性,也有行为属性,使用对象来传递异常,就

是既可以传递和异常有关的数据属性,也可以传递和处理异常有关的行为或者方法。

8.7.1 异常类

专门用来传递异常的类称为异常类(Exception Class)。异常类可以是用户自定义的,本身与普通的类没有不同。下面以安全数组为例介绍用户自定义异常类的使用。

C++中的数组没有提供下标越界时的访问控制,为了使用方便可以定义一个"数组下标越界异常类(ArrayIndexOutOfBounds)",专门用于描述数组下标越界异常。每个数组下标越界异常对象中都具有一个数据成员用于描述数组越界访问的具体位置,catch 块捕捉到这个异常后,可以显示出其包含的越界位置信息。

例 8.7 数组下标越界异常类的定义与使用。

```cpp
//ch8_7.cpp
# include < iostream >
using namespace std;
// 数组越界类
class ArrayIndexOutOfBounds{
public:
    ArrayIndexOutOfBounds(int index):index(index){}
    void show(){
        cout <<"数组下标越界访问异常 index = "<< index << endl;
    }
private:
    int index;
};
// 数组类
class MyArray{
private:
    int * p;                              //数组首地址
    int sz;                               //数组大小
public:
    MyArray(int s):sz(s) {                //构造函数
        p = new int[sz];
    }
    ~MyArray() { delete [ ] p ; }
    int size() { return sz; }
    int& operator[ ] (int i){             //重载[]运算符
        if(i< 0 || i > = sz) throw ArrayIndexOutOfBounds(i);
        return p[i];
    }
};
// 主函数
int main(){
    MyArray a(10);
    for(int i = 0;i < 3;i++){
        try {
            if(i! = 1) {
                a[i] = i;
                cout <<"a["<< i <<"] = "<< a[i]<< endl;
```

C++语言程序设计教程

```
            }
            else a[a.size() + 10] = 10;
        }catch( ArrayIndexOutOfBounds &a ){
            a.show();
        }
    }
    return 0;
}
```

程序运行结果如下：

```
a[0] = 0
数组下标越界访问异常 index = 20
a[2] = 2
```

注意这段程序的 catch 语句，使用了"ArrayIndexOutOfBounds &a"，如果改成

```
ArrayIndexOutOfBounds  a
```

那么 a 将是所捕捉到的异常的一个副本，也就是会发生复制构造，取"引用"会减少这次复制构造，catch 得到的就是异常对象本身。这一点与函数的参数传递是一样的。

异常的类型使用简单的 double、int、char 来表示，使用起来容易，但是异常不具有专一性，比如 catch 捕捉到了一个 int 类型的异常，尽管调用者知道程序在这里捕捉到了异常，其类型是 int，但是并不能确定这个异常具体代表什么，可能是执行的条件不满足，也可能是栈溢出。

使用类对象来描述一个异常有这样的优点，异常的类型具有专一性，一个类对应了一种特定意义的异常，这些异常类具有数据成员和函数成员，表现力更加丰富，使得程序的可读性更强。

8.7.2 异常的匹配

C++ 中，throw 能够抛出的异常既可以是任何基本类型的，如 int、double 等，也可以是类类型的。C++ 规定，当一个异常和 catch 子句参数类型符合下列条件时，则匹配成功。

（1）异常类型是基本类型时，catch 参数类型应是异常的类型或其引用，此时类型必须完全一致，不支持自动类型转换，如 catch(double) 只能捕捉到 double 类型的异常，如果异常的类型是 int 型的，这个 catch 是捕捉不到的。

（2）异常类型是类类型时，catch 参数类型应是异常对象的类型（或其引用）或者其公有基类类型（或其引用）。

（3）异常类型是类指针时，catch 参数类型应为该类指针或者其公有基类指针。

（4）当 catch 参数类型为 void * 时，异常类型可以是任何类型的指针。

（5）如果在 catch 子句中没有指定异常的类型，而使用了删节号"…"，则表示它可以捕捉任何类型的异常。这个语句块是可选的，它是 C++ 为所有不能匹配的异常提供的一个统一的处理方法。

要注意异常处理与函数重载的不同，异常处理是由最先匹配的 catch 子句处理，而不是由最佳 catch 子句处理，所以 catch 子句顺序是很重要的。往往把较具体的异常放到前面进行捕捉，较抽象的异常放到后面进行捕捉，catch(…) 子句应放到最后。

具体的匹配见例 8.8。

例 8.8　异常的类型匹配规则的演示程序。

```
//ch8_8.cpp
# include < iostream >
using namespace std;
class BaseExcept{ };                            //基类异常类
class DerivExcept:public BaseExcept{ };         //派生异常类
DerivExcept de;                                 //派生类对象
DerivExcept * pDe = &de;                         //派生类指针
BaseExcept * pBase = pDe;                         //基类指针
BaseExcept be;                                   //基类对象
// 测试函数
void testFun( int test){
    try{
        if(test == 3){
            cout <<"抛出 BaseExcept        ";
            throw be;
        }if(test == 2){
            cout <<"抛出 DerivExcept        ";
            throw de;
        }if(test == 1){
            cout <<"抛出 BaseExcept *        ";
            throw pBase;
        }if(test == 0){
            cout <<"抛出 DerivExcept *        ";
            throw pDe;
        }
    }catch(DerivExcept * ){
        cout <<"匹配 DerivExcept * "<< endl;
    }catch(BaseExcept * ){
        cout <<"匹配 BaseExcept * "<< endl;
    }
}
// 主函数
int main(){
    cout << "开始" << endl;
    for( int i = 0; i < 4; i++){
        try{
            testFun(i);
        }catch(BaseExcept& ){
            cout <<"匹配 BaseExcept"<< endl;
        }
    }
    cout << "结束"<< endl;
    return 0;
}
```

程序运行结果如下：

开始
抛出 DerivExcept *   匹配 DerivExcept *

抛出 BaseExcept *   匹配 BaseExcept *

抛出 DerivExcept   匹配 BaseExcept

抛出 BaseExcept   匹配 BaseExcept

结束

运行结果请读者自己对照类类型的异常匹配原则进行分析。

8.7.3　标准库异常类

C++标准库提供了标准库异常。这个类族以基类 exception 开始,该基类提供服务 what(),在每个派生类中重定义该函数,发出相应的错误消息。exception 类定义如下:

```cpp
namespace std{                                      //注意在名字空间域 std 中
    class exception{
    public:
        exception() throw() ;                        //默认构造函数
        exception(const exception &) throw() ;       //复制构造函数
        exception &operator = (const exception&) throw();  //赋值操作符
        virtual ~exception() throw() ;               //析构函数
        virtual const char * what() const throw() ;  //返回异常文本描述
    };
}
```

从 exception 这个根基类派生出了直接派生类 runtime_error 和 logic_error,这两个派生类又可以派生其他类。从 exception 中还可以派生因 C++语言特性而抛出的异常,例如 bad_alloc、bad_cast 还有 bad_typeid。

logic_error 类是几个标准异常类的基类,表示程序逻辑中的错误,可以通过编写正确的代码来防止。下面介绍其中的一些类。invalid_argument 类表示向函数传入了无效参数,length_error 类表示长度大于所操作对象允许的最大长度,out_of_range 类表示数组和字符串下标的值越界。

runtime_error 类是几个其他异常类的基类,表示程序中只能在执行时发现的错误。overflow_error 类表示发生运算上溢错误,underflow_error 类表示发生运算下溢错误等。标准异常类之间的关系如图 8.3 所示。

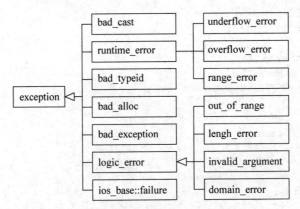

图 8.3　标准库异常类派生关系图

C++标准库异常类定义在以下 4 个头文件中。

（1）＜exception＞头文件中定义了异常类 exception，bad_exception。

（2）＜new＞头文件中定义了 bad_alloc 异常类。

（3）＜type_info＞头文件中定义了 bad_cast 异常类。

（4）＜stdexcept＞头文件中定义了几种常见的异常类，包括 logic_error 和 runtime_error。

C++标准库中的这些异常类在标准库中并没有全部被显式使用，因为 C++标准库中很少发生异常，但是这些 C++标准库中的异常类可以为编程人员，特别是类库的开发者提供一些经验。

例 8.9 日期类 Date 中设置日期的合理校验机制，并在校验失败后，终止对象的使用，使用标准异常类的 out_of_range 捕捉这种异常。

```
//ch8_9.cpp
# include < iostream >
using namespace std;
class Date{
public:
    Date(int y = 2000, int m = 1, int = 1) throw(out_of_range);
    void init(int y, int m, int d) throw(out_of_range);
    void show();
    int isleapYear(int y);                          // 判断闰年
private:
    int month;
    int day;
    int year;
};
int dd[12] = {31,29,31,30,31,30,31,31,30,31,30,31} ;
// 默认构造函数
Date::Date(int y, int m, int d)throw(out_of_range){
    init(y,m,d);
}
// 初始化日期
void Date::init(int y, int m, int d)throw(out_of_range){
    if(y > 5000||y < 1||m < 1||m > 12||d < 1||d > dd[m - 1]){
        throw out_of_range("设置的日期有误.");
    }else if(!isleapYear(y)&& d == 29){
        throw out_of_range("设置的日期有误.");
    }else{
        year = y;
        month = m;
        day = d;
    }
}
// 闰年判别函数
int Date :: isleapYear(int y ){
    return (y % 4 == 0&&y % 100! = 0)||(y % 400 == 0);
}
// 输出函数
```

```
void Date::show(){
    cout << month <<'/'<< day <<'/'<< year << endl;
}
// 主函数
int main(){
    try{
        Date d1(2003,12,6);
        d1.show();
        Date d2(2011,2,29);
        d2.show();
    }catch(out_of_range ex){
        cout << ex.what()<< endl;
    }
    return 0;
}
```

8.8 断言

程序中使用异常的目的在于处理程序运行过程中出现的不可控行为。而在程序编制过程中，还需要保证程序写得逻辑正确，则需要使用另一种机制：断言(assertion)。断言与异常不同，它是一种程序测试机制，目的是保证所书写的程序满足一定的条件，即保证程序的正确性。

有些时候，程序员预期程序中何时处于何种状态，例如某些情况下某个值必然是多少，这就是断言，断言有两种情况：成立或不成立。当预期结果与实际执行结果相同时，断言成立，否则断言失败。

断言在 ANSI C/C++标准库头文件中的声明如下。

C 语言：# include < assert.h >
C++：# include < cassert >

断言实现为两种形式：
(1) void assert(int expression);
它是以标准库函数(而不是以宏)的形式出现的，调试版和发布版都能使用。
(2) _ASSERT(expression)或_ASSERTE(expression)
它是以预定义宏的形式出现的，只能在调试版中使用，在 # include< assert.h >前面应有一行

```
# ifdef _DEBUG
```

判断预定义的 _DEBUG 是否存在，如不存在则断言不工作。

断言的作用是先计算表达式 expression，如果其值为假(即为 0)，那么它先使用标准错误流打印一条出错信息，然后通过调用 abort 来终止程序运行。如果 expression 表达式计算结果为真，则断言不产生任何作用，程序继续进行。举例：

```
# ifdef _DEBUG                    //只能用于调试版
# include< assert.h >
```

```
int main(){
    int x = 1, y = 0, z;
    _ASSERT(y! = 0)              //一旦 y == 0,程序就会报错,并自动退出
    z = x/y;
    return 0;
}
```

上面的例子,因为用了_ASSERT,起到了抛出异常的作用,但它只适合于调试版。在正式版中,可以在_ASSERT(y! ＝0)前一行加上:

＃define　NDEBUG

正式版就不执行_ASSERT 宏了。如果使用函数形式的 assert(y! ＝0)它忽略

＃ifdef _DEBUG 和＃define　NDEBUG

高级语言编译系统,一般都可生成目标代码的调试版和发布版,调试版目标代码的形式比较原始,没经过编译器优化,内部含有很多调试符号,目标文件大,运行慢。而发布版则经过优化。调试版更容易跟踪错误,如果程序员合理使用宏指令、预定义或自定义的宏,结合编译系统的调试器进行调试,往往会有更好的效果。

习题

1. 简述 C++中异常处理的语法结构,并说明为什么要有异常重新抛出? 异常重新抛出与处理的次序及过程是怎样的?

2. 说明当异常被组织成类层次结构时,对应 catch 子句应怎样排列? 为什么?

3. 简述 C++标准库的异常类的层次结构。

4. 完成 String 类。在 String 类的构造函数中使用 new 分配内存。如果操作不成功,则用 throw 语句抛出一个 char 类型异常,使用 try-catch 语句捕获该异常。同时将异常处理机制与其他处理方式对内存分配失败这一异常进行的处理对比,体会异常处理机制的优点。String 类的定义如下:

```
# include < iostream >
using namespace std;
class String{
public:
    String(const char * );
    String(const String&);
    ~String();
    void ShowStr(){cout << sPtr << endl;}
private:
    char * sPtr;
};
```

5. 定义一个异常类 Cexception,有成员函数 reason(),用来显示异常的类型。定义一个函数 fun1()触发异常,在主函数 try 模块中调用 fun1(),在 catch 模块中捕获异常,观察程序执行流程。

第9章　输入输出操作

　　计算机程序用于对数据进行计算，程序员需要考虑这些数据的来源和去向，即从哪里获取要处理的数据，处理后的结果存储到何处。几乎每个程序都需要对数据进行输入和输出（Input & Output，I/O），前面经常用到 C++ 基本的 I/O 操作，本章将详细分析输入输出流类，使读者能更为深入地理解 C++ 的 I/O 机制。

本章主要内容

- 输入输出流的概念
- 标准流对象
- 流操作相关函数及算子
- 流状态的检测
- 格式化 I/O 操作
- 文件流及对象
- 文本文件的读写操作
- 二进制文件的读写操作

9.1　理解流

　　许多计算机语言中输入输出是语言本身的组成部分，如在 Basic 语言中，Print 和 Write 是用于 I/O 操作的关键字。C++ 程序中可以使用标准库提供的输入与输出功能，但它们不属于 C++ 语言的基本部分，I/O 操作涉及的 cin 和 cout 不是关键字。最初把 I/O 操作留给编译器的设计者，目的是让实现编译器的程序员可以自由地设计输入输出函数，使之更适合目标计算机的硬件。后来 ANSI C++ 将其作为标准类库中不可或缺的组成部分。C++ 通过流类实现输入输出操作，在库文件 iostream 中声明了与 I/O 相关的一组类，这些类及其对象是 C++ 程序员接触最早的 C++ 类库。

9.1.1 输入输出流

流(stream)是 C++ 程序中对输入或输出操作的一种抽象,它表示了信息从源到目的端的流动。流传送的内容可以是 ASCII 字符、二进制形式的数据、图形图像、数字音频视频或其他形式的信息,这些数据被装配成字节流,无论什么格式的数据流都是由若干字节组成的字节序列。C++ 类库提供流类,建立外部设备和程序之间数据流动的通道。进行输入操作时,字节流从输入源流向内存中的程序;在输出操作时,字节流从程序内存流向输出端,可见"入"与"出"是相对于当前运行的程序而言的。输入流作为输入源与程序之间数据传输的通道,输出流负责将程序处理的结果传输到输出端,数据在输入源、程序与输出端之间流动如图 9.1 所示。

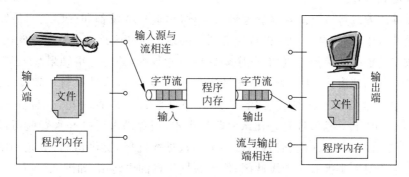

图 9.1 数据在输入源、程序内存与输出端之间流动

计算机程序的功能是处理数据,数据可以通过流对象传送到相关的 I/O 设备。程序从输入流中提取数据原料,输入数据可能来源于鼠标、键盘、磁盘文件或者其他应用程序。经程序加工后的数据传送到输出流中,不仅可以通过屏幕显示,也可以保存到外部存储设备的某个文件中,或者传送到其他程序中。信息时代中,程序有时需要在外部数据库中读写数据或通过网络进行通信。流所关联的物理设备可以是能传送字节数据的任何设备,C++ 把流作为输入输出操作的基础,希望使 I/O 操作能够独立于所涉及的物理设备。流作为程序和I/O 设备的桥梁,保证来源于不同设备的数据能够进行有效的传输。程序员不必担心每个设备的具体机制,处理不同 I/O 设备时也不必对代码做任何修改。

应用程序往往需要各种输入输出功能,为了实现数据的有效流动,C++ 提供了庞大的I/O 类库,主要包括以下 3 类:

(1) 标准 I/O

对系统指定的标准设备进行的 I/O 操作。用标准流对象 cin 和 cout 进行读写时,一般从键盘输入数据,结果通常输出到显示器屏幕。

(2) 文件 I/O

向外部存储器的文件进行的输入和输出。以文件为目标对象的 I/O 操作,包括从磁盘文件读入数据,或将数据写到磁盘文件中。

(3) 字符串 I/O

对内存中指定的空间进行的输入和输出,通常指定一个字符数组作为存储空间(实际上可以利用该空间存储任何信息)。

9.1.2 流类与缓冲区

数据需要在不同的物理设备之间进行传输,各个部件处理和传送数据的速度有天壤之别。比如程序需要从键盘获取数据,如果用户每输入一个字符就需要 CPU 开启 I/O 通道接收数据,那么输入输出操作会占用处理器很多资源,使它不能高效处理更重要的事件。如何协调它们之间的关系,最大程度地提高工作效率? 实际上每次键入一个数据,CPU 并没有停下来马上处理输入请求,直到用户发送回车字符才将之前输入的所有数据传送到内存。进行输入时标准流对象 cin 负责建立输入通道,并为数据临时开辟一个缓冲区(buffer),用来暂时存放未被接收的数据,待键入回车字符时将该缓冲的内容一并交付程序处理,即将数据批量传送到内存。

使用缓冲的方式可以更高效地处理输入与输出,信息从设备和程序之间传输时可以临时存储在缓冲区中,等待合适的时机再传送到目的地。缓冲区是一个临时存储区,用来匹配不同设备数据传输率的差异。例如,程序要处理一些数据,并将一组结果写入某个文件,由于读写磁盘文件的速度比 CPU 处理数据的速度慢得多,可以将结果暂存到缓冲区中,等缓冲区填满后把大量数据一次性传送给磁盘,并清空缓冲区以备后用,这称作刷新缓冲区(flushing the buffer)。这种原理好比水库收集雨水,当蓄满水后打开水管就可以获得连续的水流。C++中的 streambuf 类管理与流相关的数据缓冲区,提供访问、填充和刷新缓冲区的方法。每个流对象都拥有一个缓冲区,作为数据传输的中转站,如图 9.2 所示。

C++类库包括庞大的 I/O 类族,这些流类提供了丰富的成员函数和运算符实现输入输出操作。它们的继承层次关系如图 9.3 所示。常用 I/O 流类的意义和关系如下。

(1) 抽象基类 ios 类,包含一个 streambuf 类的指针作为数据成员。

(2) 输入流 istream 类是 ios 类的派生类,支持输入操作。

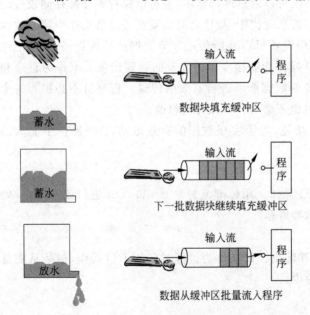

数据块填充缓冲区

下一批数据块继续填充缓冲区

数据从缓冲区批量流入程序

图 9.2 字节流经缓冲区传送至程序

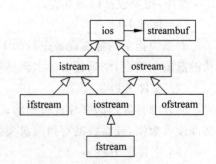

图 9.3 主要 I/O 流类的层次关系

（3）输出流 ostream 类是 ios 类的派生类，支持输出操作。

（4）输入输出流 iostream 类是 istream 类和 ostream 类共同的派生类。

（5）文件流 ifstream 类和 ofstream 类分别支持文件的输入和输出操作。

iostream 类库中不同类的声明放在不同的头文件中，常用的头文件包括以下几种：

（1）iostream. h：定义输入输出流进行操作所需的基本信息，提供无格式和格式化的 I/O 操作，声明 ios、istream、ostrem 和 iostream 类以及 cin 和 cout 等标准流对象。

（2）fstream. h：声明管理文件 I/O 的 ifstream、ofstrem 和 fstream 类，提供创建、读写文件的各种操作的方法。

（3）iomanip. h：提供各种格式化 I/O 操作算子，用于指定数据输入输出的格式。

9.1.3　使用流的优点

C 语言使用标准库函数进行输入输出，而 C++ 程序通过流实现 I/O 操作，流类保证数据的安全和有效传输。下面分析 C 的 printf() 和 scanf() 的缺陷，读者可以通过对比了解 C++ 流类的优点。

在学习 C 语言的时候，初学者为了掌握输入输出函数的使用方法吃尽了苦头，往往不能保证所输入输出的数据是安全可靠的。最大的问题是数据类型不匹配，例如有下面语句：

```
int iNum; double dNum;
scanf("%d %f", iNum, dNum);          //应为 scanf("%d %lf", &iNum, &dNum);
printf("%d","hello world!");         //输出的为字符串的地址,而非字符串内容
```

尽管函数原型使得编译系统对参数进行必要的类型检查，可以避免许多错误，但对于 printf() 和 scanf() 却无能为力。因为这两个 I/O 函数所期望的参数个数和类型是由格式字符串指定的，编译器对各种类型的错误视而不见。直到程序运行时，才能解析实参是否与指定格式一致，有时甚至不阻止错误的程序运行。由于 C 标准 I/O 函数对数据类型没有完备的检查机制，因此程序员可能会耗费很多精力来诊断此类错误。使用该类函数需要特别注意参数的类型与格式字符串要严格一致，需要费心记忆各种基本类型数据的格式字符，并保证严格按照格式字符串的格式输入输出数据。C++ 程序可使用流对象 cin 与 cout 简洁地进行输入输出操作。例如：

```
cin >> iNum >> dNum ;
cout << "hello world! "<< endl;
```

输出流类 ostream 中重载运算符“<<”，输入流类 istream 中重载运算符“>>”，使 cin 与 cout 能够识别各种基本类型的数据，自动按照指定的格式完成输入和输出操作。此外，流类对编译期间的错误检查作了许多工作，能够尽早发现类型错误。

除了类型检查机制的问题，函数 printf() 和 scanf() 还有不可扩展的局限。使用该函数只能输入输出基本类型的数据，无法直接对用户自定义类型的数据进行输入输出。例如：

```
struct Student
{
    char name[10];
    int id;
    double grade;
```

```
};
Student s = {"Gates",1001,3.5};
printf( "%Stduent", s);                    //语法错误
printf(" %s %d %lf", s.name, s.id, s.grade);   //分别输出各个变量
```

可扩展性是C++的I/O操作的重要特点之一,程序中存在很多类对象,其输入输出格式未能预先定义,但通过对运算符"<<"和">>"的重载,可以对各种类型数据进行简洁安全的输入输出操作。

9.2　标准流对象

C++的I/O流是对C的I/O函数的发展,流机制保证数据传输的类型安全性和可扩展性。流类提供外部设备与内存之间通信的通道,对数据进行装配和传输,并提供必要的数据缓冲。几乎所有程序都引用文件 iostream.h,便于使用标准流对象 cin 和 cout 进行 I/O 操作。前面为叙述方便,把它们称为 cout 语句和 cin 语句,其实它们并不是 C++ 提供的语句,而是流类对象。本节介绍流类中常用的成员函数与运算符,讨论使用标准流对象进行 I/O 操作的方法。

9.2.1　标准输出流对象

标准流对象是在 std 命名空间中定义的流对象,提供程序内存与常用外部设备进行数据交互的功能。它们在头文件 iostream 中定义:

```
extern istream cin;
extern ostream cout;
extern ostream cerr;
extern ostream clog;
```

程序通常使用输入流 istream 类对象 cin 负责建立数据输入通道,使数据从标准输入设备(通常为键盘)流向内存。使用 ostream 类对象 cout 进行输出,将数据从内存传送到标准输出设备(默认为显示器)。ostream 类对象 cerr 为标准错误流对象,ostream 类对象 clog 为标准日志流对象。标准流对象与设备间数据传输的形式如图 9.4 所示,下面分别介绍它们的特点。

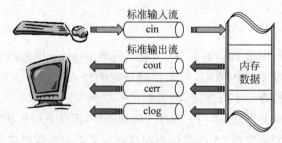

图 9.4　标准流对象

1. ostream 类对象 cout

cout (console output 的缩写)为在控制台的输出,该对象将程序中的数据传送到标准输出设备上。可以使用流插入运算符"<< 1"顺序地将数据插入到输出流中,通常将其在屏幕

上显示出来。例如：

```
int i = 0;   double d = 3.14;
cout << "i = " << i << '\n' << "d = " << d << endl;
```

标准的输入输出设备也可以被重定向，即 cout 可以将数据的输出端关联到其他 I/O 设备。

用对象 cout 配合流插入运算符输出数据时，为何可以不考虑数据类型，程序也能按指定的形式输出？查看 ostream 类的定义，可以发现其中对各种基本类型数据都重载了"<<"，因此系统根据实参的类型调用不同版本的 operator << ()。C++初学者可以使用 cout <<进行输出操作，而不必如 C 程序员饱受使用 printf 函数中的"%"格式之苦。

尽管 cout 能够识别数据的类型，但实际上无论什么类型的数据都被组装成字节序列，插入到流中输出。比如变量 d 在内存中占用 8B，在屏幕上输出的实际是包含 4 个字符的串"3.14"，而并不将原来内存中存储的数据简单拆分，因此 ostream 流类的任务之一就是将数据的内部表示(二进制)转换成字节序列。其实除了运算符"<<"，标准流对象 cout 还可以使用其他成员函数进行输出，如后面介绍的 put()和 write()等。

标准流对象 cout 为程序在内存中开辟了一个缓冲区，缓冲区通常为 512B 的倍数。数据不会立即输出到显示器，而是待到缓冲区充满后输出全部字符序列。如果希望缓冲区不被填满就输出其中的内容，可以强制刷新缓冲区。当向 cout 流插入控制符 endl 时，立即输出流中所有数据，并输出一个换行符，然后清空缓存。除了这个控制符，cout 还可以调用 ostream 中的成员函数 flush()刷新缓存。

2. ostream 类对象 cerr 与 clog

输出流对象 clog(console log 的缩写)的作用和 cerr(console error 的缩写)相同，都能在标准输出设备上显示出错信息，两个对象一般关联显示器进行输出。两者唯一的区别是 cerr 不经过缓冲区，直接向显示器上输出有关信息，而 clog 中的信息存放在缓冲区中，缓冲区满后或接收 endl 时输出。其实错误流对象输出信息的方式与 cout 类似，例 9.1 在除法操作异常时显示一条错误信息。

例 9.1　标准输出流与错误流的使用演示。

```
//ch9_1.cpp
# include < iostream. h>
void div ( int a ,   int b ){
    if  ( b == 0 )                      //显示错误信息
           cerr << "Zero encountered. "   << "The message connot be redirected. \n";
       else                        //输出结果
           cout << a << " / " << b << " = " << (a / b) << endl;
}
int  main (){
    div ( 20 , 2 );
    cout << "Call again:" << endl;
    div ( 20 , 0 );
    return 0;
}
```

两次调用函数 div() 的运行结果为：

```
20 / 2 = 10
Call again:
Zero encountered. The message connot be redirected.
```

cerr 流中的信息是由用户根据需要指定的，此流中的信息只能显示到屏幕上。当调试程序时，往往不希望程序运行时的出错信息被送到其他文件，而只要求在显示器上及时输出，这时应该用 cerr。这个标准流对象和 cout 的区别，除了输出的数据不能被缓冲外，关联的输出设备也不能够重定向。

9.2.2 标准输入流对象

标准输入流对象 cin 是 istream 类的对象，可以通过它给程序提供数据。例如：

```
int i ;  char c;  double d;
cin >> d >> c >> i;
```

从标准输入设备（通常为键盘）分别输入整数 1、字符" * "和小数 0.5 以及分隔符空格，它们以字符形式存储在缓冲区中，直到输入回车，cin 将字节流中的数据进行解析后传输给内存。使用流提取符" >> "从字节流中抽取若干字节（遇到分隔符为止），按接收变量类型的不同组装数据，即将字符型数据转换成二进制形式存储到变量中，如图 9.5 所示。

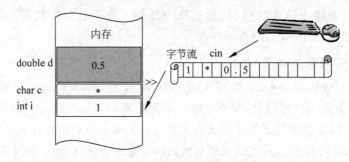

图 9.5 流对象 cin 向程序传送键盘输入的数据

使用这种流提取运算符输入称为格式化输入，因为需要将数据转换成指定的形式。cin 对象也可以使用 hex、oct 和 dec 等形式控制输入格式。例如：

```
cin >> hex >> i;
```

流提取运算符默认将字节流中的数据解释为十进制，控制符 hex 将输入解释为十六进制，当键入 ff 时表示十进制的 256。

C 程序中使用函数 scanf() 经常出问题，尤其进行数值型数据和字符型数据的混合输入时，无法区分分隔符和有效字符。而 C++ 中使用运算符" >> "从流中提取数据时，通常跳过输入流中的分隔符，包括空格、tab 键、换行符等。对于如下语句：

```
cin >> d >> c >> i;
```

如果输入形式为 1.23A4，即使输入没有分隔符，也会根据接受数据的变量类型解析字节流中的数据，使变量获得有效值。因此运行以上代码时，如果输入形式如下：

1.23　A　4

其中分隔符可以有多个空格，也不会有 C 程序中的麻烦。注意只有在输入完数据再按回车
键后，该行数据才由缓冲区发送到内存，运算符"＞＞"才能从中提取数据。

　　为了保证从流中能够正常地连续读取数据，必须保证输入数据的类型和顺序与接收它
们的变量类型和顺序一致。如果输入非法类型的数据，则从流中提取数据的操作失败，输入
流对象 cin 处于出错状态，无法继续进行输入操作。

9.3　流操作

　　除了使用流插入运算符与流提取运算符进行基本的输入输出操作，I/O 流类还提供了
丰富成员函数和算子，支持各种输入输出操作。下面分别讨论格式化的输入输出、字符及字
符串的 I/O 操作以及检测流状态的操作。

9.3.1　格式化输入输出

　　使用 otream 类对象与插入运算符输出时，字节流中的数据转化成文本的形式，一般采
用默认的格式输出：对于 char 型数据，若为可打印字符则显示在宽度为一个字符的字段
中；对于字符串数据，直接按其本身长度输出；而对于整型以十进制的方式输出符号和数
字，显示字符串的长度刚好是数据本身的位数；浮点型数据一般显示 6 位，小数部分末尾的
0 不显示，并且数据以定点形式还是科学记数形式输出取决于数据的大小。

　　有时希望按指定的格式输出数据。例如，输出货币时一般要求输出定点小数，有效数字
包括整数及小数点后两位；为了保持输出格式清晰对称，需要设置位宽以保证数据按特定
的长度显示。iostream 类库中提供了大量格式化输入输出的方法，流对象可以调用相应的
成员函数或使用控制符设置格式。

表 9.1　常用 I/O 流控制符

控　制　符	作　　用
dec	转换整数的基数为十进制
oct	转换整数的基数为八进制
hex	转换整数的基数为十六进制
showbase	在输出中显示基数指示符
uppercase	十六进制输出时一律用大写字母
scientific	科学记数法显示浮点数
fixed	定点小数形式显示浮点数
showpoint	把带有小数点的浮点数值输入到流中
showpos	正整数前加"＋"号
unitbuf	输出操作后立即刷新流
left	输出数据在本域宽范围内左对齐
right	输出数据在本域宽范围内右对齐

　　在基类 ios 中定义了相关的控制符（manipulator）和成员函数，常用的格式控制符的意
义见表 9.1。在头文件 iomanip 中还声明了一些普通函数，和 ios 类中的成员函数实现相同

C++语言程序设计教程

的功能,其作用和意义见表9.2。

表 9.2　常用格式控制符与成员函数

控　制　符	成　员　函　数	作　用
setfill(char c)	flag(char c)	设置填充字符为字符常量或字符变量 c
setprecision(int n)	precision(int n)	设置显示小数的精度为 n 位
setw(int n)	width(int n)	设置域宽为 n 个字符
setiosflags()	setf()	设置输出格式,参数指定格式内容
resetiosflags()	unsetf()	清除已设置的输出格式,设置参数指定格式的内容

下面通过一些例程来演示使用控制符和成员函数实现格式化输入的方法。

1. 设置数据的基数

输出流对象可以通过使用头文件 iostream 中定义的控制符 hex、oct 或 dec,直接控制显示整型数据的基数。例如:

```
cout << hex << 15 << ends << oct << 12 << endl;          //输出 f  14
```

标准流对象 cout 也可使用 ios 类的成员函数 setf 和控制符 setiosflags 设置数据基数,其中参数表示为格式状态 ios::hex、ios::oct 和 ios::dec 等。查阅头文件 iostream.h 可知,控制符 hex、oct、dec 以及 setiosflags 都是用 ios::setf 实现的。

例 9.2　设置输出数据的基数的程序演示。

```cpp
//ch9_2.cpp
# include < iostream. h >
# include < iomanip. h >
int main(){
    int a;
    cout <<"Input a int number: ";
    cin >> a;                                    //默认进制为十进制
    cout << "a = " << a << " , a * a = " << a * a << endl;
    //设置输出数的基数为 8
    cout << oct << "a = " << a << " , a * a = " << a * a <<" (octal)"<< endl;
    //使用操作符设置基数为 16
    cout << setiosflags(ios :: hex)    << "a = " << a << " , a * a = " << a * a <<   " (hex)" << endl;
    //默认进制为十进制
    cout. setf( ios :: dec, ios :: basefield );
    cout << "a = " << a << " , a * a = " << a * a <<" (decimal)"<< endl;
    return 0;
}
```

程序某次运行的结果如下:

```
Input a int number : 15
a = 15 , a * a = 225
a = 17 , a * a = 341 (octal)
a = f , a * a = e1 (hex)
a = 15 , a * a = 225 (decimal)
```

2．调整字段的宽度

可以看出上面的输出结果没有对齐，当程序要输出大量的数据时希望格式尽量整齐规范。使用成员函数 width(int n)或控制符 setw(int n)来设置数据的输出宽度，可以使长度不同的数字显示在等长的字段中。注意，控制符可以改变后续多个数据的基数，而控制宽度时只能作用于一个数据。

例 9.3 设置输出数据的宽度的程序演示。

```cpp
//ch9_3.cpp
# include < iostream.h >
# include < iomanip.h >
int main(){
    int n , i,pow = 1;
    cout <<"Input a int number:";
    cin >> n;
    cout << setw(10)<<"power of:"<< n << endl;
    //成员函数置输出宽度
    for(i = 1,pow = n; i < 5;i++)    {
        cout.width(3);
        cout << i;
        cout.width( 10 );
        cout << pow << endl ;
        pow * = n;
    }
    char * s = "end";
    cout.fill( '*' );                      //成员函数置填充符
    cout << setw(10)<< s << endl;
    cout << setiosflags(ios::left)         //控制符设置左对齐
        << setw(10) << setfill('!') << s << endl;
    //清除左对齐标志位,置右对齐
    cout << resetiosflags( ios::left) << setiosflags(ios::right );
    cout << setw(10)<< s << endl;          //输出默认格式 Hello
    return 0;
}
```

程序某次运行的结果如下：

```
Input a int number:100
power of:100
  1       100
  2     10000
  3   1000000
  4 100000000
******* end
end!!!!!!!
!!!!!!! end
```

从上面输出结果中可发现，默认情况下数据右对齐显示。如果数据长度小于输出字段的宽度，cout 输出时空缺位默认使用空格填充；如果数据长度大于指定位宽，则按实际长度输出。使用控制符 setiosflags(ios::left)设置左对齐输出，成员函数 resetiosflags(ios::left)

的作用是清除左对齐方式。此外,成员函数的 fill(char * c)可用于改变填充字符,该设置可以连续作用,保持有效直到重新设置填充字符。

3. 设置浮点数的显示精度

浮点数的存储精度与显示精度不同,前者取决于类型(float/double),而后者取决于输出的格式。可以使用控制符 setprecision(int n)与成员函数 precision(int n)设置浮点数据输出的位宽为 n 位。

例 9.4 设置输出小数的精度与形式的程序演示。

```cpp
//ch9_4.cpp
# include < iostream.h >
# include < iomanip.h >
int main(){
    double x = 22.0/7;
    int i;
    cout << "default output:\n" << x << ends << x * 1e5 << endl;    //默认输出 6 位有效数字
    cout << "output in fixed :\n";
    for( i = 1; i < = 5; i++) {
        cout.precision( i );         //成员函数设置定点小数点后 i 位有效数字
        cout << x << endl;
    }
    //清除原有设置,用控制符设置科学记数法输出
    cout << "scientific output:\n" << setiosflags(ios::scientific | ios::showpos );
    for( i = 1; i < = 5; i++)
        cout << setprecision(i) << x * 1e5 << endl;                //设置小数部分的输出精度
    return 0;
}
```

程序运行结果如下:

```
default output:
3.14286 3.14286
output in fixed :
3
3.1
3.14
3.143
3.1429
scientific output:
+ 3.1e + 005
+ 3.14e + 005
+ 3.143e + 005
+ 3.1429e + 005
+ 3.14286e + 005
```

程序中用 setiosflags(ios∷scientific | ios∷showpos)设置以科学记数法形式输出,并且强制输出符号。也可以用 setiosflags(ios∷showpoint)的方法,输出小数末尾的 0,例如:

```
double x = 3;
cout << x << ends << setiosflags(ios::showpoint )<< x << endl;        // 输出 3   3.000000
```

4. 成员函数 setf()

前面的程序中多次使用控制符 setiosflags 和成员函数 setf()控制输出形式,设置数据的基数、对齐方式和小数形式等。它们的参数为格式标识符,通常是在 ios 类中以枚举类型定义的常量,常用格式常量及其意义见表 9.3。

表 9.3　常用格式常量

格 式 常 量	意　　义
left/ right	左/右对齐
dec/ oct/ hex	整数的基数,十/八/十六进制
showbase	输出基数,使用前缀(八进制为 0,十六进制为 0x)
uppercase	对于十六进制输出,字母大写表示
fixed /scientific	小数的形式,定点/科学记数法
showpos	输出符号
showpoint	输出末尾小数

ios 类中的成员函数 setf 的声明有两种形式:

```
long setf(long _l);
long setf(long _f,long _m);
```

第一种形式的参数为格式常量,多个格式常量还可以用位运算符"|"并列设置。第二种需要两个参数,前者为需要设置的格式常量,后者指明需要清除哪个格式。例如,将原来的右对齐更改为左对齐的调用方法为:

```
cout.setf(ios :: left, ios :: right);
cout.setf(ios :: left, ios:: adjustfield) ;
```

其中 ios∷adjustfield 表明需要调整数据位宽。ios 类中有一些数据成员描述 I/O 格式状态信息,主要有以下 3 个:

```
static const long basefield;        // dec | oct | hex
static const long adjustfield;      // left | right | internal
static const long floatfield;       // scientific | fixed
```

又如,将数据基数恢复为十进制的方法为:

```
cout.setf( ios :: dec, ios :: basefield );
```

大部分格式的设置都可以使用成员函数 setf(),各种控制符都是利用它实现的。其他格式输入输出控制符和有关流对象成员函数的用法,本书不作详细讨论,有兴趣的读者请参阅相关的 C++使用手册。

9.3.2　字符数据的读写

istream 类与 ostream 类中定义了丰富的成员函数,除了用运算符">>"和"<<"进行格式化输入输出之外,流类还提供一些成员函数传送字符数据。本节介绍其中最常用的 3 个成员函数 ostream∷put()、istream∷get()及 istream∷getline()。

C++语言程序设计教程

1. 字符输出函数

```
ostream& ostream ::put (char ch);
```

该函数的功能是把一个字符写入流中,在屏幕上显示该字符。该函数的参数可以是字符常量、字符变量或字符的 ASCII 代码,也可以是一个整型表达式。其调用形式为:

```
cout.put ('A' + 32);                    //在屏幕上显示字符 a (字母 a 的 ASCII 代码值为 97)
```

由于 put( )函数返回输出流对象的引用形式,可以在一个语句中被连续调用,例如:

```
cout.put(char(71)).put(111).put('o').put('d').put('\n');   //在屏幕上显示 Good
```

输出流对象和流插入运算符"<<"配合能够输出包括字符型数据在内的任何数据,它与成员函数 put( )的区别在于:执行 cout << x 时,按照 x 的类型输出数据,而 cout.put(x)将 x 以字符的方式显示,x 的类型需与 int 兼容。如执行下列语句:

```
for( int letter =  'A'; letter < = 'Z'; letter++)
    cout << letter;                     //输出 65～90 的整数
for( int letter =  'A'; letter < = 'Z'; letter++)
    cout.put(letter);                   //输出所有大写字母
```

注意:put( )只能输出一个字符,而使用流插入运算符可以输出字符串。此外,除了标准流对象可以调用该成员函数,文件流对象也可以使用 put( )向文件中写入字符,例如:

```
ofstream out("file");                   //与 file 文件关联的文件流对象
out.put ('a');                          //向文件 file 写入字符 a
```

2. 字符输入函数

(1) int istream::get();

不带参数的 get( )函数,其功能是从流中读取任意 1 个字符,返回值为读入的字符。它可用于从键盘读取字符,也可用于从文件中读取字符。如果输入结束或达到文件末尾,该函数就返回字符 EOF(End of File),该标志字符常量在 iostream.h 中定义,不同编译系统该值不同(ANSI 标准要求 EOF 取负整数值,一般值为−1)。在 UNIX 和许多其他系统中,同时按 Ctrl 键和 D 键(<Ctrl-d>或^d)表示输入结束,而在 DEC 公司的 VAX VMS 或 Microsoft 公司的 MS−DOS 等系统中,表示输入结束为<Ctrl−Z>。测试符号化常量 EOF 而不是测试−1 能使程序更容易移植。

例如,调用 get( )连续输入字符 c 的形式为:

```
while((c = cin.get())! = EOF)            //连续从键盘获取字符
    cout.put(c);                        //输出字符
```

(2) istream& istream::get(char &ch);

带参数的 get 函数也能从流中读取一个字符,但所读取的字符存储在参数 ch 中。如果读取字符不成功,则设置错误标志并在 ch 中存储 EOF。前面的字符输入输出语句可替换为:

```
while(cin.get(c))  cout.put(c);
```

当输入"Hello World!"回车后,屏幕显示如下:

```
Hello World! (逐个输入字符)
Hello World! (直接输出一行文本)
```

此时光标停在下一行,可以继续输入并显示字符,直到输入∧Z结束输入。由此可见get()函数可以读入包括分隔符在内的任何字符,而如果将while语句改为:

```
while(cin >> c)   cout << c;
```

则输出没有空格的一行文本"HelloWorld!"。此时输入∧Z输入流cin被置EOF状态,无法继续输入操作,关于流的错误状态见9.3.3节。

3．输入字符串的函数

(1) istream& istream∷get(char * &pArray, streamsize n, char delim = '\n')

有3个参数的get函数,作用是从输入流中读取n−1个字符(通常为long型),赋给指定的字符数组pArray(或字符指针指向的数组),如果在读取n−1个字符之前遇到指定的终止字符delim,则提前结束读取。该函数的作用是读取一段文本,并将输入的字符串以及一个空字符一起存储,并将指定的终止符留在流中。如读取失败(遇到文件结束符)则流istream对象设置错误标志,不能继续进行输入操作。

如果设置终止字符为默认值'\n',则可以只传递两个参数。当遇到换行符号或到达文件尾部就停止读取,将读取的字符串存储在数组中(不包括换行符,但在读取字符序列最后追加空字符'\0')。例如执行下列语句:

```
cin.get (cArray, 5);                //等价于 cin.get (cArray, 5, '\n');
cin.get (cArray,10, '.');           //终止字符设置为"."
```

流提取运算符也可以用于读取字符串,比较使用">>"与get()的区别。请分析如下代码段:

```
char str[20];
cin >> str;
cout << str << endl;
```

当输入"Hello World !"并回车后,输出怎样的字符串? 运算符">>"提取空格之前的字符串,并只将"Hello"存储到字符数组str中,分隔符之后的字符串仍留在流中。如果想将包含分隔符的字符串存储到数组str中,可以使用cin.get(str, 20)实现。流提取运算符进行输出以空格、回车以及制表符为分隔符,而get()方法可以任意指定分隔符。读取带空格的多行文本,也可调用istream类中的相关方法,如下面介绍的getline()。

(2) istream& istream∷getline(char * &pArray, streamsize n, char delim = '\n');

istream类成员函数getline()的作用是从输入流中读取字符串,该函数的用法与(1)中的get函数类似。getline()从流中提取字符串后流对象删除分隔符,继续读取的字符串从分隔符后面的字符开始。

例 9.5　getline 函数的用法及特点。

```
//ch9_5.cpp
# include < iostream.h >
int main(){
```

```
    char ch1[20],ch2[20],ch3[20],ch4[20];
    cout << "Type a sentence:" << endl;
    cin >> ch1;                                      //输入字符串,以各种分隔符结束
    cout << " cin >> ch1 : " << ch1 << endl;         //输出不包含空格的字符串
    cout << "Type a line of text and press Enter:" << endl;
    cin.getline(ch2,20);                             //输入 19 个字符,以回车结束
    cout << "getline(ch2,20):" << ch2 << endl;       //输出包含空格的字符串
    cin.getline(ch3, 20);
    cout << "getline(ch3,20):" << ch3 << endl;
    cout << "Type a line of text and '.' to end:" << endl;
    cin.getline(ch4,20,'.');
    cout << "getline(ch4,20,'.'):" << ch4 << endl;
    return 0;
}
```

该程序某些运行的结果如下:

```
Type a sentence:
How are you?
cin >> ch1 : How
Type a line of text and press Enter:
getline(ch2,20): are you?
not bad.
getline(ch3,20): not bad.
Type a line of text and C to end:
And you?
I am fine.
getline(ch4,20,'.'):And you        //显示各种空格、回车等分隔符
I am fine                          //忽略终止符'.'
```

当第一次输入一行字符串"How are you?"并回车时,用 operator >>()提取数据,遇分隔符空格终止,因此只将第一个单词和'\0'存储在数组 ch1 中。当执行 cin.getline(ch2,20)时将缓存中剩余的字符串赋给 ch2,因此不用重新输入字符串,仍然能够输出"are you?",遇到分隔符'\n'终止。当再次执行 getline()函数时,指针跳过上一个回车继续从流中提取字符串赋给数组 ch3。最后执行 cin.getline(ch4,20,'.'),可以将输入的多行文本存储到数组 ch4 中,直到遇到流中的"."终止。该过程中输入流与数组的关系见图 9.6。

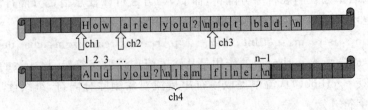

图 9.6 函数 getline()与相关联数组

如果将例 9.5 中的 getline()函数都换成 get()函数,当 get(ch2,20)遇上回车停止读取时,该终止符保留在流中。当 get(ch3,20)再次读取字符串时仍从回车开始,只能将'\0'存

储在 ch3 中。由于 get(ch4,20,'.')读取时终止符为'.',存储在 ch4 中的字符串是以回车开始的字符串。上面程序的运行结果变为：

```
Type a sentence:
How are you?
cin >> ch1 : How
Type a line of text and press Enter:
get(ch2,20):: are you?
get(ch3,20)::
Type a line of text and '.' to end:
I am Fine.
get(ch4,20,'.'):
I am Fine
```

使用 get()函数读取字符串,不能跳过分隔符,但是可以使用成员函数 ignore 跳过回车,使 ch2 为非空数组。其函数形式为：

```
istream& ignore (streamsize n = 1, char delim = EOF)
```

函数 ignore()可以跳过输入流中的若干字符,或在遇到指定终止符时提前结束(跳出包括终止符在内的 n 个字符)。该函数的调用形式为：

```
cin.igonre ( 10 , '\n ');        //跳过输入流中的 10 个字符,或遇到回车结束
cin.ignore ();                   //跳过 1 个字符,默认终止符为 EOF
```

9.3.3 输入输出流的错误

当 I/O 流传输数据时,可能会发生各种错误。例如,用户键入无效数据,文件读写错误,硬件问题或者故障,检测到了文件的结尾等。为了保证程序能够安全进行输入输出操作,C++提供了检测 I/O 流状态的成员函数与状态标志。在流类中包含一个描述流状态的数据成员 state,这个状态字中特定位记录流处于正常状态或不同的错误状态。流类共享的基类 ios 中以枚举形式定义流状态的标志常量,其含义见表 9.4。

表 9.4 流状态标志

标志常量	值	含　义
ios::goodbit	0x00	正常状态
ios::eofbit	0x01	文件结束符,当到达文件末尾时设置该标志
ios::badbit	0x02	I/O 操作失败,会造成数据丢失,不可恢复
ios::failbit	0x04	I/O 操作失败,后续操作失败但数据未丢失,状态可以恢复

当 I/O 流操作失败时,应该及时检测流状态,向用户报告错误原因,或者尝试恢复流的正常状态使程序继续进行。流类提供一些成员函数用于测试或设置流对象的状态,常用函数的功能见表 9.5。

C++语言程序设计教程

表 9.5　常用流状态检测函数

成 员 函 数	功　　能
good()	如果流对象状态正常,可以进行 I/O 操作,返回 true
eof()	如果在流对象中设置了结束标志位 eofbit,就返回 true
bad()	如果在流对象中设置了错误标志位 badbit,就返回 true
fail()	如果在流对象中设置了结束标志位 badbit 或 failbit,就返回 true
rdstate()	返回状态字 state 的值
clear()	恢复或设置状态字,默认将 state 设置为 0

当遇到读取文件结束符(EOF)或者输入结束标志(一般为^Z)时,输入流中自动设置 eofbit。可以在程序中使用成员函数 eof()检测是否已到达文件尾,或者流状态位 eofbit 是否被设置为 1。

当流中发生格式错误时状态位 failbit 置 1。例如,输入操作没有正确读取数据或输出操作不能成功地写入数据。成员函数 fail()用于判断流操作是否失败,这种错误通常可修复。

当发生导致数据丢失的严重错误时,如因为硬件问题而没能正确读写数据,设置流状态的 ios::badbit|ios::failbit。使用成员函数 bad()判断流操作是否失败,这种错误通常不可修复,产生错误时必须采取措施终止程序。

如果 eofbit、failbit 或 badbit 都没有设置,则设置流状态为 ios::goodbit。此时调用函数 bad()、fail()和 eof()全都返回 false,而成员函数 good()返回 true,程序能够进行正常的 I/O 操作。

成员函数 rdstate()用于返回流的状态字的值,检查 ios::eofbit、ios::badbit、ios::failbit 和 ios::goodbit 位是否被设置。测试流状态的较好方法是使用成员函数 bad()、fail()和 eof()和 good(),因为这些函数不需要程序员熟知状态字的值的意义。

当流出现错误时,某个错误位被置 1,程序不能进行正常的 I/O 操作。状态字的值一旦被设置就会一直保持下去,除非对其重新进行设置。为了保证程序顺利运行,可以调用成员函数 clear()重新设置 3 个错误标志位。通常用于把流的状态恢复为正常,使该流能继续执行 I/O 操作。调用形式如下:

```
cin.clear();
```

由于默认参数为 ios::goodbit,该语句功能清除 cin 错误状态,并为流设置 goodbit。有时 cin 执行输入操作或遇到问题时,用户可能需要按如下形式调用函数,将流的 failbit 状态位设置为 1:

```
cin.clear(ios::failbit)
```

此外,还可以使用运算符()和! 检测流对象的状态。前面的例子中有语句:

```
while(cin>> i) { … }
```

即当 cin 对象出错时返回 false,导致循环结束。而只要 badbit 和 failbit 中有一个被置位,成员函数 operator! ()就返回 true。这些函数可用于在处理文件过程中测试选择结构或循环结构条件的 true/false 情况。可以使用"!"测试 cin 的状态,判断流对象是否处于正常状态或提取操作是否成功。例如:

```
if(!cin)                           //if(!cin.good()) cout << "Error!";
```

例 9.6 检测流状态的方法的使用。

```
//ch9_6.cpp
#include<iostream>
#include<iomanip>
using namespace std;
int main(){
    cout << "Before a bad input operation:"           //输出正常流各状态值
        << "\n cin.rdstate(): " << cin.rdstate()
        << "\n cin.eof():      " << cin.eof()
        << "\n cin.fail():     " << cin.fail()
        << "\n cin.bad():      " << cin.bad()
        << "\n cin.good():     " << cin.good() << "\n\n";
    int grade = 0;
    cout << "Enter grade:";
    while(cin >> grade) {
        if(grade >= 60)
            cout << "  Congratulations! Passed!" << endl;
        else
            cout << "  Sorry! Failed! " << endl;
        cout << "Enter grade:";
    }
    //测试出流结束状态值
    cout << "After enter EOF:" << setiosflags(ios::boolalpha)
        << "\n  cin.rdstate(): " << cin.rdstate()
        << "\n  cin.eof():      " << cin.eof()
        << "\n  cin.fail():     " << cin.fail()
        << "\n  cin.bad():      " << cin.bad()
        << "\n  cin.good()      " << cin.good() << "\n\n";
    cin.clear();
    cout << "Expects an integer, but enter a character: ";
    cin >> grade;
    //测试出流出错状态值
    if(!cin.good())
        cerr << "\a\n Invalid number."
            << "\nError status in " << cin.rdstate();
    if(cin.eof()) {
        cerr << "\n End of file detected.";
        return 0;
    }
    else if( cin.fail())
        cerr << "\n Only int number allowed.";
    else if(cin.bad())
        cerr << "\n Keyboard is not working.";
    else
        cerr << "\n Error!";
    return 0;
}
```

C++语言程序设计教程

程序运行结果如下：

```
Before a bad input operation:
  cin.rdstate():    0
  cin.eof():        0
  cin.fail():       0
  cin.bad():        0
  cin.good():       1

Enter grade:79
  Congratulations! Passed!
Enter grade:34
  Sorry! Failed!
Enter grade:^Z

After enter EOF:
  cin.rdstate():  2
  cin.eof():      false
  cin.fail():     true
  cin.bad():      false
  cin.good()      false

Expects an integer, but enter a character: a

Invalid number.
Error status in 2
Only int number allowed.
```

例 9.6 演示了检测标准流状态的相关成员的使用方法，在文件操作中经常使用类似的方法，判断能否进行正确的文件读写。

9.3.4 重载流插入和提取运算符

C++中定义位左移运算符"<<"和位右移运算符">>"进行位运算，在流类中对它们进行了重载，使之作为流插入运算符和流提取运算符，用来对各种基本类型的数据进行输出和输入操作。

1. 重载流插入运算符<<

ostream 流类中为基本类型数据重载"<<"，作为成员函数，有如下形式：

```
ostream & ostream::operator << (int);              //向输出流插入 int 类型的数据
ostream & ostream::operator << (float);            //向输出流插入 float 类型的数据
ostream & ostream::operator << (char);             //向输出流插入 char 类型的数据
ostream& ostream::operator << (const void *);      //向输出流插入指针类型的数据
ostream& ostream::operator << (const char *);      //向输出流插入字符串
```

重载该运算符所有函数都返回流对象的引用，以便流对象能够连续使用"<<"向输出流中插入多个数据，实现输出。例如：

```
int i = 1, a[10] = {1,3,5};
cout << i <<'\t'<< a[0]<< endl;
```

```
cout << "adress" << a << endl;                          // 输出字符串"adress"和 a 的值(地址)
```

该运算符也可以输出各种类型的指针值,对于 C 语言中的 char * 字符串的重载方式有些特殊。当给输出流发送 const char * 型指针时,就会把它所指向的字符串插入流中,即输出串中所有字符而不是指针变量的值。

除了标准输出流对象 cout 使用"<<"向显示器传送数据外,文件流对象利用该运算符进行格式化的输出,详见 9.4 节。

第 4 章介绍过重载<<的方法,可以在用户自定义的类中重载该运算符,实现类对象的输出,如果 Complex 类中定义如下友元函数:

```
friend ostream& operator << ( ostream& out, const Complex&);
```

它可以将两个复数对象 Complex c1(-1.2),c2 以简洁的形式输出:

```
cout << c1 << c2;                              //显示器输出
out << c1 << c2;                               //文件输出
```

2. 重载流提取运算符>>

和流插入运算符"<<"相同,istream 类中重载了一组成员函数 operator >> (),对于各种基本类型 T 的数据,定义成员函数重载该运算符:

```
istream& istream ::operator >>( T& data);
istream& istream ::operator >>(char * );
```

流对象使用该运算符从输入流中提取数据,传输到类型 T 变量中,注意接收输入值的参数 data 必须设计为引用形式。此外,该运算符可以用于输入 char * 字符串,与 istream 类中其他输入函数(如 get(),getline())不同,使用">>"接收的字符串不能包括空格、回车等分隔符。

对于用户自己定义的数据类型 Type,如果希望利用该运算符进行输入,必须对其进行重载。与 operator <<()的重载方式类似,声明类的友元函数形式如下:

```
friend istream & operator >> ( istream &,  Type&);
```

重载函数的第一个参数必须是 istream& 类型,传递输入流对象;第二个参数是输入的类对象,为了用输入的数据修改该类对象的成员,必须传递引用参数。函数的类型为 istream& 类型,以便流对象能够使用流提取运算符进行连续输入。

例 9.7　重载流插入与流提取运算符实现学生信息的输入输出。

```
//ch9_7.cpp
# include < iostream. h >
# include < string. h >
# include < fstream. h >
# include < iomanip. h >
# include < stdlib. h >
//定义学生类,重载<<与>>
class Student
{
public:
    Student();
```

```
        friend ostream& operator <<( ostream&, Student&);
        friend istream& operator >>( istream&, Student&);
private:
    char name[20];
    int number ;
    double score;
};
Student::Student(){
    strcpy(name , " noname");
    number = 0;
    score =  -1;
}
ostream& operator <<( ostream& out, Student& s){
    out << setw(10) << s.number << setw(12)<< s.name
        << setw(10) << setprecision(5)<< s.score << endl;
    return out;
}

istream& operator >>( istream& in, Student& s){
cout << "Input id , name and score : "<< endl;
    in >> s.number >> s.name >> s.score ;
    return in;
}
int main(){
    Student s[3];
    cin >> s[1]>> s[2];                      //输入学生信息
    for( int i = 0; i < 3; i++)
        cout << s[i];                        //显示学生信息
    return 0;
}
```

程序输出结果如下：

```
Input id , name and score :
1001 linlin 67.5
Input id , name and score :
1002 lelele 100
         0    noname        - 1
      1001    linlin         67.5
      1002    lelele         100
```

　　该程序通过键盘输入学生信息，并将其输出到屏幕上显示。如果下次再运行程序还需要重新输入数据，如何将这些数据永久地存储起来？经常需要多次使用一些数据，可以将其存储在磁盘文件中，下面讨论文件的输入输出操作。

9.4　文件流

　　前面讨论的输入输出是以系统指定的标准设备为数据源或目的地。在实际应用中，常以磁盘文件作为输入输出的对象，即从磁盘文件读取数据，或将数据写入到磁盘文件。文件流对象调用类库中的成员函数进行文件读写,如 read()、write()、<<、>>、get()与 put()等。为了保证文件读写的正确性与连续性,还需要时常检测流状态,检测流状态可以利用上节介绍的相关函数。下面介绍文件流的概念以及读写文件的基本操作。

9.4.1　文件流类与对象

文件一般指存储在外部介质上的数据集合。一组相关数据通常是以文件的形式存放在外部介质上。操作系统是以文件为单位对数据进行管理。要在外部存储器中存储数据也必须先建立一个文件,才能向它输出数据。对用户来说,常用到的文件有两大类:一类是程序文件(program file),如 C++的源文件、目标文件和各种可执行文件等;另一类是数据文件(data file),用来存储程序运行过程中所需的数据和结果数据,以便今后再次使用这些数据。

文件流是以外存文件为输入输出对象的数据流。输出文件流是从内存流向外存文件的字节序列,输入文件流是从外存文件流向内存的字节序列。每一个文件流都有一个内存缓冲区与之对应。在 C++的 I/O 类库中定义了以下 3 种文件流,其中提供了丰富的成员函数进行文件读写操作。

(1) ifstream 类,它是从输入流 istream 类派生的,支持从磁盘文件向程序输入数据。

(2) ofstream 类,它是从输出流 ostream 类派生的,支持向磁盘文件输出数据的操作。

(3) fstream 类,它是从输入输出流 iostream 类派生的,支持磁盘文件的输入输出操作。

要以磁盘文件为对象进行输入输出,需要通过文件流类对象建立内存与磁盘之间数据传输的通道,文件流与磁盘文件的关联如图 9.7 所示。在创建文件流对象时,可以使用如下形式将其与指定的文件关联:

```
ifstream fIn ( "Input.txt");        //文件 Input.txt 与输入文件流对象 fIn 关联
```

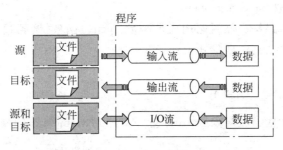

图 9.7　流与文件

也可以创建没有关联文件的文件流对象,在程序运行时使用成员函数 open()将其和特定文件建立关联,例如:

```
ofstream fOut;
  ⋮
fOut.open( "Output.dat") ;
```

流对象可以将指定的文件关联到程序中,可以设定使用该文件的方式,如读文本文件或写二进制文件。在流中传输的数据有两种形式:文本模式与二进制模式。在文本模式中,任何数据被解释为一系列的字符,内存中存储的二进制数据需要转换为字符的形式。而在

C++语言程序设计教程

二进制模式中,无须进行格式的转换,流中直接传送原始字节数据。例如有 int i = 100000,它在内存中存储 4B,如果以二进制格式直接输出,在磁盘文件中占 4B;如果按文本模式输出,需要将它转换为 6 个 ASCII 码(1 个'1'和 5 个'0'),在文件中存储为 6 个字符。若要从文本文件中读取该整数,在流中需要传输 6 个字符,然后将其转换为二进制形式的数据存储到内存中。

使用文本模式读写文件,用户打开文件后会清晰地看到各种数据,任何类型的数据都表现为字符的形式,这些字符组织为一行或者多行文本,并用换行符断开。在一些系统(如 Mircosoft Windows)中,将换行符转换成两个字符(回车和换行符),但在一些系统(如 UNIX)中则无须转换。在这两类系统上运行同一程序时,进行某些操作不能保证完全一致。文本模式的文件读写与系统相关,而使用二进制模式则会避免这种情况。此外,二进制模式读写文件,将内存中数据不加转换地直接传送到磁盘文件,因此具有很高的数据传输效率。

9.4.2　文件的打开与关闭

为了进行正确的文件读写操作,首先要连接程序与磁盘文件。文件流对象可以调用构造函数或成员函数 open()完成两者的关联。当程序不需要进行文件 I/O 操作时,流对象调用 close()中断两者的联系。

1. 打开文件

在文件读写之前需要一系列的准备工作,包括创建文件和程序之间的连接、指定文件的工作方式以及开辟数据缓冲区等。流对象通过打开文件操作完成以上工作,打开文件的方法有两种:

(1) 调用成员函数 fstream::open()

在程序中先建立流对象,然后调用成员函数 open()函数,该函数可以指定程序打开文件的路径、名字和方式。其一般形式为:

流类　对象名;
对象名 . open (文件名 , 方式);

例如,在程序中用输出流对象 outFile 打开文件 filename.txt 的操作为:

```
ofream outFile;                        // 输出文件流对象
outFile.open ("C:\\Ch9\\filename.txt");   // 打开名为 filename 的文件
```

流对象打开文件后准备写入,即程序会将数据输出到的文件 filename 中,该文件存放的路径为 C:\Ch9\。文件名是识别文件的标识符,可以包含路径、文件名称以及文件后缀。如果缺省路径则默认为当前目录下的文件,例如:

```
outFile.open ("filename.txt");              // 文件 filename 与程序存储在同一文件夹中
```

打开该文件时可以指定打开方式,这里 outFile 采用输出文件流默认的方式打开文件:如果该文件不存在,则在指定的路径下创建它;如果该文件已经存在,删除文件中的所有数据。outFile 将向输出流中插入数据构成文件的新内容,若打开文件后不写入新内容,则该文件为空。还可以通过 open()的参数设定文件操作方式,文件格式的设置将在后面详细讨论。

（2）创建文件流对象时指定参数

文件流类中声明了带参数的构造函数，提供打开磁盘文件的功能。在建立流对象时可以指定参数，直接连接外部文件。其一般形式为：

流类　对象名（文件名，方式）；

文件流对象常采用这种方式方便快捷地打开文件。例如：

```
ifstream inFile("Grade.dat",ios::in);
```

该语句定义输入流对象 inFile，并以输入方式打开文件 Grade，程序准备从该文件中读取数据。

2．关闭文件

当程序不再需要读写文件时，就应及时将其关闭，以释放相关的系统资源（如缓存空间）。文件流对象执行关闭文件操作时，先把缓冲区中的数据写入文件或内存，然后设置文件结束标志，最终切断文件流和外部文件的连接。

与文件打开方式相似，文本关闭操作也可以通过两种方式完成。当某个文件流对象的生存期结束时，调用析构函数自动关闭与之关联的文件。此外，文件流对象打开某个文件，当输入输出操作结束后，可以调用成员函数 close()关闭文件，以便可以使用该对象再打开其他文件。如果文件对象与不同的文件关联，必须先关闭前一个文件，再打开新的文件，例如：

```
ofstream   ofile;                    //创建输出文件流
ofile . open ( "file1" );            //ofile流与文件"file1"相关联
  ⋮                                  //读写文件"file1"
ofile . close ();                    //关闭文件"file1"
ofile . open ( "file2" );            //重用 ofile 流
  ⋮                                  //读写文件"file2"
```

使用同一对象可以读写多个文件，但要注意：在某一时刻一个文件最多和一个对象关联，也不能用多个对象读写同一个文件，以免发生数据传输的混乱。

3．文件的错误检测

在打开文件时有很多原因会造成操作失败。例如，欲打开已有文件进行读数据操作，在指定路径下找不到该文件；拟向一个新文件输出数据，在非法的路径下创建该文件；没有指定写文件的权限，企图向该文件写入数据。当出现这些情况时，对象调用 open 函数出错，流对象的状态位 ios::fail()被置 1。此时程序不会收到任何错误信息，也不会停止运行。为了保证文件的安全操作，打开文件后应该对流对象的状态进行测试。

调用 ios 流类成员函数 good()、bad()与 fail()可以检测文件是否成功打开，最常用的方法是在条件表达式中使用取反操作符（!）测试流状态，如：

```
if( !file2)    {                     //!file.good()
    cerr << " ereor: unable to open file2!";
    exit(1);
}
```

如果文件被成功打开,流对象状态正常 ios::good 被置 1,表达式! file2 的值为 false,否则该表达式的值为真,输出错误的提示信息,程序终止运行。

如果关闭未打开的文件,会造成操作失败。为了测试是否成功关闭文件,可以调用 fail()函数,例如:

```
file2.close();
if(file2.fail())
    cerr << "Error to close myfile2!;"
```

为了保证文件操作的顺利进行,应及时检测文件流的状态。

4. 设置文件的打开方式

ifstream 或 ofstream 对象可以设置文件的打开方式,以确定文件的操作模式。使用文件流类构造函数或成员函数 open()时,第二个参数指定打开方式。基类 ios 中定义的相关标志位,文件输入输出方式的意义见表 9.6。

表 9.6 文件流的输入输出方式

标 识 常 量	意　　义
ios::in	输入方式打开文件,进行读文件操作,默认为文本模式
ios::out	输出方式打开文件,进行写文件操作,默认为文本模式
ios::ate	打开文件时,文件指针指向文件尾,之后可以将指针移动到文件其他位置
ios::app	每次写操作之前,文件指针移动到文件尾,以追加方式向文件添加数据
ios::trunc	删除文件现有内容,把已有文件长度变为 0
ios::nocreate	如果文件不存在,则打开操作失败
ios::noreplace	如果文件存在,则打开操作失败
ios::binary	二进制读写方式,数据以字节的形式直接在内存与文件之间传送

打开一个已有文件 datafile. dat,准备读入数据的操作为:

```
ifstream infile;
infile.open( "datafile.dat" , ios::in );              //指输入方式打开文件
```

打开一个新文件 newfile. dat,准备向文件写数据的操作为:

```
ofstream outfile( "D:\\newfile.dat" , ios::out );      //以输出方式打开文件
```

若不存在输出文件 newfile. dat,则在 D 盘下自动该创建文件。若不希望创建新的文件,则可以指定 ios::nocreate 的打开方式。

当缺省打开文件参数时,则采用默认方式操作文件。对于 ifstream 对象,文件打开模式的默认值为 ios::in。对于 ofstream 对象默认值为 ios::out|ios::trunc,如果文件已存在则清除原有内容后输出,如果文件不存在则创建新的文件进行输出。此外,还可以用位或运算符"|"对输入输出方式进行组合。例如:

```
ifstream infile ( "datafile.dat" , ios::in );          //以输入方式打开文件
ofstream outfile ( "d:\\newfile.dat" , ios::out );     //以输出方式打开文件
fstream rwfile ( "myfile.dat" , ios::in | ios::out );  //读写方式打开文件
```

作为文件和内存之间流动的字节序列,文件流有很多重要的属性:它有长度,即流中的

字节数；它有开头，即流中第一个字节的位置（标号为 0）；它也有结尾，即流中最后一个字节的下一个位置，以 EOF(end of file)为标志。每个文件流对象都有一个文件指针，每次读写都是从文件指针的当前位置开始，随着数据的读写指针向后移动。文件指针的初始位置由打开方式指定，打开文件时文件指针默认指向开始位置。当设置 ios::app 方式打开文件准备接收数据时，文件指针直接移动到文件的末尾，将写入的数据添加在文件末尾，并不修改前面的数据。当设置 ios::ate 方式打开已有文件时，文件指针也指向文件末尾，但也可把指针移动到文件的其他位置，即将数据写入到文件指定位置，或者从指定位置处读取数据。文件指针的具体控制方式将在 9.4.4 中详细讨论。

C++提供低级的 I/O 功能和高级的 I/O 功能。前者为无格式化的 I/O 操作，即直接传送二进制数据。后者为格式化的 I/O 操作，即把若干个字节组合为一个有意义的单位，然后以字符形式输入和输出。这种方式需要对数据进行解析与转换，因此传输速度较慢，但文件中存储的是字符形式的数据，对于用户来说可读性较好。一般对大容量的数据传输使用无格式的文件读写方式，这种输入输出速度快、效率高，但用户无法直接从文件中识别二进制数据，使用文件时会感到不方便。读写文件默认情况下为文本模式，也可以设置成二进制模式：

```
ioFile (file1);                                    //文本模式读写 file1
ioFile.open( file2, ios::in|ios::out|ios::binary); //读写二进制文件 file2
```

9.4.3　文本文件的读写

打开文件时如果不指定 ios::binary 的模式，默认采用文本模式传输数据，即进行格式化的文件读写操作。程序可以使用流插入运算符“＜＜”向文件写入若干个字符，也可以使用流提取运算符“＞＞”从文件中读取若干字节的数据，还可调用文件流成员函数进行输入输出。对于如下代码，数据传输情况如图 9.8(a)和(b)所示。

```
int   i = 10;
char ch = 'a';
ofstream  out ( "c:\\my.txt ");              //以输出方式打开文本文件 c:\my.dat
out << i << '\t' << ch << '\n';              //使用 << 将数据写入文件
out . close ();                              //关闭文件,写入 EOF

ifstream   in ( "c:\\my.dat" );             //以输入方式打开文本文件 c:\my.dat
in >> i >> ch;                              //从文件中读取数据
cout << i << '\t' << ch << endl;            //标准流对象输出数据
```

例 9.8　用筛选法产生 25 个素数，将其写入 C 盘文件 primes.txt 中。

```
//ch9_8.cpp
# include < iostream >
# include < fstream >                        //使用文件流对象
# include < iomanip >                        //使用格式化算子
using namespace std;
int main() {
    const int max = 25;
    long primes[max] = {2, 3, 5};           //素数数组
```

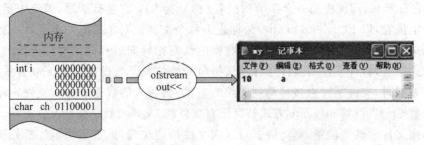

(a) 写文件操作

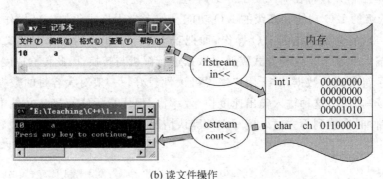

(b) 读文件操作

图 9.8　数据在内存与文件中的传输

```cpp
int count = 3;                          //记录素数的个数
long trial = 5;                         //被筛选数
bool isprime = true;                    //判断素数的布尔量
do {
    trial += 2;                         //更新被筛选数
    int i = 0;
    //判别素数
    do {
        isprime = trial % * (primes + i) > 0;
    } while(++i < count && isprime);

    if(isprime)
        * (primes + count++) = trial;   //将筛选出的素数存储到数组中
} while(count < max);

ofstream outFile("c:\\primes.txt");     //默认 ios::out| ios::trunc 方式打开文本文件
if (!outFile){
            cerr << " ereor: unable to open file!";
            return 1;
}
//格式化并将素数写入文件
for(int i = 0; i < max; i++) {
    if(i % 5 == 0)   outFile << endl;       //向文件流插入分隔符
    outFile << setw(10) << * (primes + i);  //将数组中的数据逐个写入文件
}
return 0;
}
```

定义 ostream 的对象 outFile 并将其与某个文件相关联,将数据输出到文件而不是显示器,只需用 outFile 代替 cout 即可。程序运行后屏幕上没有任何输出,程序自动创建文件 c:\primes.txt,把数组 primes 中的数据按文本格式写入该文件。可用任何文本编辑器查看文件内容。由于文本文件本身没有数据的逻辑结构,为了保证顺利从文件中读取数据,通常数据项之间用空白符、换行符、制表符等分隔,本程序设置输出数据的域宽为 10,以格式化的方式输出数据。下面将文件中的数据读取到程序中,并将结果显示到屏幕上。

例 9.9　读取所有文件 primes.txt 中的所有素数。

```
//ch9_9 读取文件数据
# include < iostream >
# include < fstream >                    //使用文件流对象
# include < iomanip >                    //使用格式化算子
using namespace std;
int main(){
    const char * filename = "C:\\primes.txt"; //文件名及路径
    ifstream inFile(filename);            //默认打开方式 ios::in 打开文本文件
        if(!inFile) {                     //流状态检测
            cout << endl << "Failed to open file " << filename;
            return 1;
        }
    long aprime = 0;
    int count = 0;
    while(!inFile.eof())                  //读取数据直到 EOF
    {                                     //从文件中读取数据,将数据格式化输出到屏幕
        inFile >> aprime;
        cout << (count++ % 5 == 0 ?"\n" : "   ")    << setw(10) << aprime;
    }
    cout << endl;
    return 0;
}
```

程序运行结果为:

```
2         3         5         7         11
13        17        19        23        29
31        37        41        43        47
53        59        61        67        71
73        79        83        89        97
```

程序创建 ifstream 流类对象 inFile,打开 C 盘下已有文件 primes.txt,使用流提取运算符将文件中的数据读取到流中,并依次存储在变量 aprime 中,最终输出到屏幕上显示。文本文件是顺序存取文件,如何判断读取多少数据才能到达文件尾? 程序在循环时使用 ios::eof()检测流状态,当读取到文件末尾(即 EOF)时循环结束。合理地设置循环条件,可以保证连续读取数据直到文件结束。

使用"<<"与">>"是否只能向文件中写入基本类型的数据? 能否将类对象直接存储在文件中,或者从文件中读出这些对象? 9.3 节中介绍的流操作的方法,也可以在文件流类中使用。例 9.7 中为学生类重载了流提取与流插入运算符,可以使用它们对学生对象进行

文件的读写操作。

从文本文件中读取字符串,最常用的方法是调用 getline(),下面程序演示了从文件中输入字符串的操作。

例 9.10 使用 getline 从文件中读取字符串。

```cpp
//ch9_10.cpp
# include < fstream >
# include < iostream >
using namespace std;
int main(){
    char filename[10] = "D://test",str[20];
    ofstream outfile(filename,ios::out|ios::app);    //追加方式打开输出文件
    outfile << filename << endl;
    cout <<"input a string:";
    cin.getline(str,20);                             // 键盘输入字符串
    outfile << str << endl;                          // 向文件写入字符串
    outfile.close();
    const int MAX = 50;
    char buffer[MAX];
    ifstream infile;
    infile.open(filename);                           //文本方式打开输入文件
    while( !infile.eof() )  {                         //读取文件中所有字符串
        infile.getline(buffer, MAX);                 //从文件中读取换行以前的字符,最多读取 49 个
        cout << buffer << '!'<< endl;                //向显示器输出字符串,并输出!
    }
    infile.close();
    return 0;
}
```

程序运行结果如下:

```
input a string:Tian linlin
D://test !
Tian linlin !
!
```

该程序中有多种 I/O 操作,首先利用标准输入流对象 cin 调用 getline()从键盘输入数据,然后用输出文件流对象 outfile 将内存中的字符串写入到文件中,接着通过输入文件流对象 infile 调用 getline()读取文件中的全部字符串,最后 cout 将读取的字符串逐个输出到显示器上。

使用 while 循环遍历文件,循环条件是"! infile.eof()",如果读取到文件末尾循环结束。注意观察输出结果,发现多读取一次文件,即 infile 调用 getline()从文件中两次读取字符串后,又读一次才读到文件终止标志 EOF,最后一次没有读取到有意义的字符串,因此 buffer 中只有'\0',第三次只输出结束符'!'。可以将循环修改为:

```cpp
while(infile.getline(buffer, MAX); )              // 向 buffer 读入字符串,读到 EOF 则结束循环
    cout << buffer << '!'<< endl;                 //向显示器输出
```

多次运行该程序,每次向文件 test 中追加字符串。修改后的 while 循环能够保证只输

出有效字符串。

9.4.4　文件的随机读写

前面的文件读写都是顺序进行的,即将数据依次写入文件,或者从文件开始处遍历读取其中的所有内容。二进制模式便于进行随机的文件读写操作,通过移动文件指针将数据写入文件的指定位置,或者任意读取文件中的某个数据,本节简单介绍实现文件随机读写的相关函数。

二进制文件一般执行非格式化的读取操作,除了使用 get()、getline()与 put()之外,还可以使用流类中的成员函数 read()与 write()读写文件,它们可以读取任何类型的数据,适合高效便利地传输数据块。

1. 读文件函数

对二进制文件的读取常用 istream::read()来实现,该成员函数的原型为:

```
istream& istream::read(char * buffer, int len);
```

从二进制文件读取 len 个字节的数据,将它们存放在内存中 buffer 指向的内存空间。该函数的用法与 getline()类似,但 buffer 可以转换为其他类型的指针,read()不仅可以读取字符数据,也可以读取其他类型的数据。例如,将一个文件中的数据读入整型数组中:

```
int iNum , iAry[3];
ifstream input("file1.dat",ios::binary|ios::in);   //打开文件 file1,二进制输入模式
input.read((char * ) (&iNum), sizeof(int)) ;        //读取 4B,存储到变量 iNum 中
input.read((char * ) iAry, 3 * sizeof(int)) ;       //读取 12B,存储到数组 iAry 中
iNum = input.gcount()/sizeof(int);                  //统计读取的字节数,计算读入的整数个数
for(int i = 0; i< iNum;i++)
    cout << dAry[i] << ends;
```

语句"input.read((char *) iAry, 3 * sizeof(int));"最多读取 12B 的数据,为了统计实际从文件中读入的字节数,使用 gcount()返回读取的字节的数量,从而控制 for 循环的循环次数。这里将 int * 型的指针 iAry 强制转换为 char * 指针,最好使用 C++的标准类型转换形式:

```
input.read(reinterpret_cast< char * >(iAry), 3 * sizeof(int));
```

read 函数常用来读取文件中结构化的记录,例如有关学生数据的结构 Stu,定义函数读入一条学生记录:

```
Bool readStudent(Stu& student, ifstream& fStudent)
{
    fStudeng.read((char * )&student, sizeof(Stu));
    boo ioFlag = fStudent.good();              //是否成功读取
    retrun ioFlag;
}
```

2. 写文件函数

与 read()函数对应,有二进制文件进行写操作的函数 write(),其函数原型为:

```
ostream& ostream ::write(const char * buffer, int len);
```

该函数读取指针 buffer 指向的内存空间,传输 len 个字节数据并将其写入文件。调用的方式为:

```
Ofstream output("file2.dat",ios::binary) ;
ouput.write((char * ) iAry, 3 * sizeof(int));
char str[] = "file2.dat";
output.write( str, sizeof(str)) ;
```

write 函数也可以用来向文件写入一条结构记录 Stu aStudent:

```
Ofstream out("stu.dat",ios::binary | ios ::out | ios ::app) ;   // 追加写入
out.write((char * )&aStudent, sizeof(Stu));                      //将一条记录写入文件末尾
```

这种方法只能将新增的学生记录写入文件末尾,如果希望按照学生的学号顺序,写入文件的指定位置,需要移动文件指针。

3. 定位文件指针的函数

前面提到过,每个文件流对象都有一个文件指针,该指针指向流中某个位置,流类 ios 中定义相关枚举常量作为参照位置:

```
enum  ios::seek_dir { beg = 0; cur = 1 , end = 2 };
```

文件指针的初始位置由打开方式指定,打开文件时指针默认指向开始位置 ios::beg,如果打开文件时指定 ios::app 或 ios::ate,则指针指向文件末尾 ios::end。每次读写都是从文件指针的当前位置 ios::cur 开始,随着数据的读写指针向后移动。文件指针以及位置关系如图 9.9 所示。流提供一些控制流指针位置的成员函数,可以获取和改变当前文件指针的位置,以便在文件指定的位置进行读写操作。下面简单介绍用于文件指针定位和查找的函数。

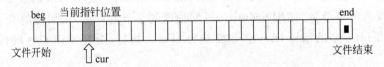

图 9.9 文件指针及其位置

1) istream :: tellp() 与 ostream :: tellg()

此类函数返回文件指针当前位置相对于文件开始位置的偏移量,即以字节为单位的绝对位置。若该函数返回 0 则表明文件指针位于 ios::beg;若该指针指向文件的第二个字节处,则返回 1,表示该位置距文件开始有 1B 的偏移量。可以使用 tell 函数查找文件流中数据的位置:tellg()函数用于输入文件流,返回读指针当前所指位置的值;tellp()用于输出文件流,返回写指针当前所指位置的值。其调用形式为:

```
Streampos location;               //streampos 为 long int 型
location = inFile.tellg();         // ifstream inFile ;
location = outFile.tellp();        // ofstream outFile;
```

2）istream ∷seekp（）与 ostream ∷ seekg（）

对文件指针的定位操作常采用 seek（）函数，可移动指针指向文件中的某一位置。函数 seekg（）用于确定输入文件流的指针位置，seekp（）用于定位输出文件流的指针位置，其函数原型为：

```
istream& istream ∷seekg(streampos );
istream& istream ∷seekg( streampos off, ios::seek_dir where);
ostream & ostream:: seekp (streampos);
ostream & ostream:: seekp (streampos off, ios::seek_dir where);
```

函数 seekg 与 seekp 都有两个版本，分别定位文件流指针的绝对位置和相对位置，调用形式为：

```
inFile.seekg( 256L);                //文件指针移动到文件开头后 256B
outFile seekp( - 40, ios::end);      //文件指针从文件尾部向前移动 40B
outFile.seekp(sizeof(Stu),ios::cur); //文件指针指向当前位置的下一条 Stu 记录处
inFile.seekg( location, ios::beg);   // 等价于 inFile.seekg( location);
```

下面程序演示使用以上成员函数实现文件的随机读写。

例 9.11 随机文件读写的程序演示。

```cpp
//ch9_11.cpp
# include < fstream. h >
void main (){
    fstream f( "DATA.dat" , ios::in | ios::out | ios::binary );
    int i;
    for( i = 0; i < 20; i ++)                    //先写入 20 个整数
        f.write((char * )&i, sizeof(int) );
    long pos = f.tellp();                        //记录当前写指针位置值
    for( i = 20; i < 40; i ++)                   //再写入 20 个整数
        f.write( (char * )&i, sizeof(int) );
    f. seekg(pos);                               //将指针移到 pos 所表示的位置
    f. read((char * )&i, sizeof(int) );          //读出一个数据
    cout << "The data stored is " << i << endl
        << "file pointer pass: " << f.tellp() - pos << endl;  //读文件后指针移动字节数
    f. seekp( 0, ios::beg );                     //指针移到文件开始
    for( i = 0; i < 40; i ++)                    //显示全部数据
    {
        f. read( (char * )&i, sizeof(int) );
        cout << i << ends;
    }
    cout << endl;
}
```

执行程序后文件 DATA. dat 中写入了 40 个连续的整数，将文件指针移动至文件开头，从文件读取若干数据，程序运行结果如下：

```
The data stored is 20
file pointor pass: 4
0 1 2 3 5 6 7 8 9 10 11 12 13 14 15 16 17 18 19 20 21 22 23 24 25 26 27 28 29
```

30 31 32 33 34 35 36 37 38 39

请思考：如果缺少语句 f. seekp（0，ios::beg），能否从文件中读取所有数据？应输出怎样的结果？

9.5 字符串流

串流类是 ios 的派生类，C++定义了 3 种字符串流类 istringstream、ostringstream 和 stringstream。串流对象一般关联 string 对象或字符数组，可以把字符串中的数据通过流传送到一组变量中，也可以把一组数据转换为字符串写入 string 对象中。图 9.10 显示了这些类与流对象或字符数组的关系。

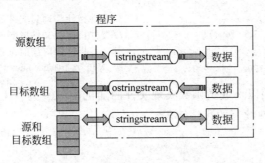

图 9.10　stringstream 类对象

这些类的操作与文件流相同，是针对 string 对象的 I/O 操作。尽管它们可以使用从对应基类中继承来的所有 I/O 函数，但字符串流常与插入和提取运算符一起使用，因为它们的主要应用是在内存中格式化数据或分析输出。串流 I/O 具有格式化功能，串流提取数据时对字符串按变量类型解析；插入数据时把类型数据转换成字符串。下面程序演示字符串如何与流建立关联，并通过流对字符串进行读取的方法。

例 9.12 从字符串流中提取数据。

```cpp
//ch9_12.cpp
# include < iostream >
# include < sstream >
# include < string >
using namespace std;
int main()
{
    string testStr ( "Input test 256 * 0.5" );
    string s1, s2 ,s3;
    double x, y;

    istringstream input( testStr );                //串流对象与C字符串关联
    //将字符转换为二进制格式赋予相应的变量或对象
    input >> s1 >> s2 >> x >> s3 >> y;
    cout << s1 << ends << s2 << ends
        << x << s3 << y << " = " << x * y << endl;
```

```
        return 0;
    }
```

程序运行结果如下：

```
Input test 256 * 0.5 = 128
```

下面程序演示如何写入字符串，使用字符串流对象格式化一个字符串中的数据后，可以使用 str() 函数提取和打印字符串。

例 9.13　向字符串流中插入数据。

```
//ch9_13.cpp
# include < iostream >
# include < sstream >
using namespace std;
int main()
{
    ostringstream Output;                        //字符串流对象与匿名 string 对象关联
    double x, y;
    cout << "Input x and y : ";
    cin >> x >> y;
    //将数据写入流中
    Output << x << " * " << y << " = " << x * y << endl;
    cout << Output.str();                        //显示字符串
    return 0;
}
```

运行该程序的输出结果为：

```
Input x and y: 3 4.5
3 * 4.5 = 13.5
```

如果要将字符串流对象与字符数组建立关联，可以通过调用带参数的构造函数来实现。其构造函数原型包括：

```
ostrstream::ostrstream(char * buffer, int n, int mode = ios::out); //建立输出字符串流对象
istrstream::istrstream(char * buffer, int n);                      //建立输入字符串流对象
strstream::strstream(char * buffer, int n, int mode);              //建立输入输出字符串流对象
```

采用这种方法在建立流对象时通过给定参数来确定字符串流与字符数组的连接，例如：

```
char buf[80];
ostrstream Output( buf, sizeof(buf) );
```

由于该字符数组没有相应的结束标志，用户要指定特殊字符作为结束符号，例如：

```
Output << x << " * " << y << " = " << x * y << ends;                //加入'\0'
```

与字符串流关联的字符数组或字符串对象相当于内存中的临时仓库，可以用来存放各种 ASCII 形式的数据，在需要时再从中读出来。它的用法相当于标准设备（显示器与键盘），但标准设备不能保存数据，而字符数组中的内容可以随时用 ASCII 字符输出。它比外

存文件使用方便,不必建立文件(不需打开与关闭),存取速度快。但它的生命周期与其所在的模块(如主函数)相同,该模块的生命周期结束后,字符数组也不存在了,因此只能作为临时存储空间。

9.6　案例分析

为书店开发一个图书管理系统,对图书的销售和进货情况进行记录和统计,实现基于文件操作的销售账目管理功能,支持添加书目、删除书目以及根据进货和销售数目更新库存数等操作。

账目记录的具体结构在头文件 book. h 中声明。结构体 bookData 包含如下成员:书号(TP)、书名(bookName)和库存量(blance)。用普通函数实现图书的入库、销售以及查询操作。

```cpp
//book.h
# ifndef BOOK_H
# define BOOK_H
# include < iostream. h>
# include < fstream. h>
# include < stdlib. h>
# include < string. h>
struct bookData
{
    int TP;                     //书号
    char bookName[40];          //书名
     long balance;              //库存
};
void append(fstream&);          //入库
void sale( fstream&);           //销售
void inquire( fstream&);        //查询
void createTxt( fstream&);      //建立文本
# endif
```

主函数提供选择菜单,选择菜单包括 5 个选项:入库、销售、查询、建立文本以及退出。根据用户输入选择 1~4,分别调用函数 append()、sale()、inquire()和 createTxt(),选择 0 退出系统。main 函数打开二进制文件 booksFile. dat,准备读写账目记录。

```cpp
//Ch9_14.cpp    图书管理系统
# include "book. h"
void main(){
    fstream iof( "d:\\booksFile.dat" , ios::binary|ios::in|ios::out|ios ::ate );
    if ( !iof ) {
        cerr << "文件不能打开" << endl;
        return;
    }
    //建立选择菜单
    int choice;
     while (1) {
```

```
        cout << " ********** 书库管理 ********** \n 请键入操作选择\n"
            << "1：入库 \t 2：售出 \t 3：查询 \t 4：建立文本 \t 0：退出\n";
        cin >> choice;
        switch ( choice ) {
            case 1 :  append(iof);    break;
            case 2 :  sale(iof);      break;
            case 3 :  inquire(iof);   break;
            case 4 :  createTxt(iof); break;
            case 0 :  cout << " 退出系统\n"; return;
            default : cout << "输入错误,请再输入\n";
        }//end of switch
    }//end of while
}//end of main
```

入账操作函数定义在 append.cpp 中,实现添加新书目录以及记录入库图书功能。如果是新书目,在文件末尾追加一条记录；如果是已有书目,则在文件中读取原有记录,增加库存数后重写回文件。

```
//append.cpp
# include "book.h"
void append( fstream& f )
{
    bookData book;
    int choice;
    int key;
    long num;
    f.seekp( 0, ios::end );                 //读指针移到文件末尾
    long posEnd = f.tellp();                //记录文件尾位置
    cout << " ********** 入库登记 ********** \n";
    while (1) {
        cout << "请键入操作选择:" << " 1: 新书号\t2:旧书号\t0 退出\n";
        cin >> choice;
        switch ( choice ) {
            case 1:                             //追加新记录
                cout << "书号(TP) , 书名 , 数量 : \n ";
                cin >> book.TP;
                cout << " ? ";        cin >> book.bookName;
                cout << " ? ";        cin >> book.balance;
                f.write( (char * ) & book , sizeof( bookData ) );//写入文件
                break;
            case 2:                                 //修改记录
                f.seekp( 0, ios::beg );             //写指针移到文件头
                cout << "书号(TP) : \n ";       cin >> key;   //输入书号
                do{               //按书号查找,读数据赋给结构变量 book
                    f.read((char * ) & book , sizeof(bookData));
                } while ( book.TP != key && f.tellp() != posEnd );
                if ( book.TP == key ) {                 //找到记录
                    cout << book.TP << '\t' << book.bookName << '\t' << book.balance;
                    cout << "\n 入库数量: ?";
                    cin >> num;
                    if ( num > 0 )  book.balance += num;      //修改库存量
```

```
            else{
                cout << "数量输入错误\n";      continue;
            }
            f.seekp( -long( sizeof( bookData ) ), ios::cur );   //指针复位
            f.write( ( char * ) & book , sizeof( bookData ) );   //写入文件
            cout << "现库存量: \t\t" << book.balance << endl;
        }
        else
            cout << "书号输入错误\n";
            break;
    case 0 :   return;
    }//end of switch
    }//end of while
}//end of append
```

销售登记函数功能是根据书号查找文件记录。如果找到,用销售数修改库存量。图书的销售和入库都要实现某条记录的查询,Inquire 函数实现该功能。对于以上 3 个函数,有很多相似的功能,后两个函数请读者自行设计实现。

为便于管理者浏览账目,createTxt()中用文本流对象 ftxt,把从二进制文件读出的记录格式化地写入文本文件。

```
//createTxt.cpp
# include "book.h"
void createTxt(fstream f) {
    fstream ftxt("c:\\booksFile.txt" , ios::out);               //写方式打开文本文件
    bookData book;
    f.seekg( 0, ios::end );
    long posEnd = f.tellg();                                   //记录二进制文件末尾位置
    f.seekg( 0, ios::beg );                                    //移动读指针到文件头
    cout << " ********** 建立文本文件  ********** \n";
    do {
        f.read((char * ) & book , sizeof(bookData));           //从二进制文件读记录
        //把记录写入文本文件:
        ftxt << book.TP << '\t' << book.bookName << '\t' << book.balance << endl;
    } while ( f.tellg() != posEnd );
    ftxt.close();
}
```

本例侧重演示简单数据管理系统的文件操作,仅给出文件操作相关的部分代码。为了便于操作未定义完整的图书类。请读者封装 Book 类,将文件相关操作重新规划,为图书类重载运算符并定义成员函数,开发面向对象的图书管理系统。

习题

1. 比较 C++与 C 语言的 I/O 机制,分析使用流进行输入输出的特点。
2. C++的标准流对象有哪些?它们的用途分别是什么?
3. 对字符及字符串读写的方法有哪些?它们能否用于进行文件操作?

4. 编写程序比较使用 iostream 类成员函数 geline()与 get()读取字符串的区别。用 getline()和 get()输入带有空字符的字符串。get 函数不读取分隔符,分隔符仍保留在输入流中,并让 getline 函数从输入流中读取并删除分隔符。把未读取的字符留在输入流中会发生什么情况?

5. 程序中何时需要检测输入输出流的状态,如何检测流的状态?

6. 能否直接使用流插入运算符与流提取运算符对类对象进行输入输出操作? 为类 T 重载这两个运算符,一般形式如下:

```
friend ostream& operator << ( ostream& out, const Complex&);
friend istream & operator >> ( istream &,   T&);
```

参数是否必须为引用形式,函数返回类型为何设计成流类的引用?

7. 编写程序统计某个文本文件中包含单词的个数和单词的平均长度,假设文本文件中的内容为英文,每个单词由空格、逗号、句号和换行符分隔。

8. 设计员工管理系统记录员工信息,每个员工记录包括职员的姓名、工号和周薪,实现如下操作:

(1) 从键盘输入员工信息,把 5 个员工的信息存到磁盘文件中。

(2) 将磁盘文件中的第 1、第 3、第 5 个员工数据读入程序,并显示出来。

(3) 将第 3 个员工的数据修改后存回磁盘文件中的原有位置。

(4) 从磁盘文件读入修改后的 5 个员工的数据并显示出来。

9. 实现一个通讯录程序,每条记录包括姓名、电话、住址等信息。用文件读写操作实现记录的添加、删除、查询和修改操作。

10. 建立用户自定义复数类 Complex,类中包括 private 整数数据成员 real 和 imaginary,重载流插入和流读取运算符实现输入输出操作。

(1) 必须按标准格式输入,如(3,-8)、(-4,0)。判断输入的数据是否合法,如果是非法数据或者格式不匹配,则指示输入不正确。

(2) 按照标准格式进行输出,如 3-8i、-4 和 5i,当实部或者虚部为 0 时不显示 0,虚部为负时不显示加号"+"。

(3) 编写函数 main 进行测试,从键盘输入 10 个 Complex 对象,将其写入文件中;从文件中读取最后一个数据,将其输出到屏幕上。

11. 对于 0~100 之间 10 个随机整数,使用字符串流操作完成以下功能:

(1) 用一个字符数组中存放 10 个随机数,以空格相隔。

(2) 从字符数组中提取 10 个数据,存储在整型数组中,再按升序进行排序。

(3) 将排序后的整数存放回字符数组 c 中,输出整个字符串。

第 10 章　　　Windows 编程

　　Windows 是个人计算机上具有图形用户接口的多任务和多窗口的操作系统，它是对 MS-DOS 操作系统的扩展和延伸。与 MS-DOS 操作系统相比，Windows 操作系统提供了比字符界面更为直观、友好的图形用户界面；其次，Windows 操作系统可以一次运行多个程序，方便了用户的操作，提高了机器的利用率；另外，Windows 还具有更好的虚拟内存管理和设备无关特性等。由于 Windows 具有以上突出优点，基于 Windows 操作系统的编程，即 Windows 编程已经成为软件开发和程序设计的主流。

　　本章主要内容：
- Windows 编程特点及基本概念
- Windows 程序的基本结构
- 利用 MFC(Microsoft Foundation Class Library)创建 Windows 程序
- MFC 处理 Windows 消息的类型及方法

10.1　什么是 Windows 编程

10.1.1　事件驱动的程序设计

　　C++初学者通常是用 C++编写基于控制台的 Windows 程序。基于控制台的 Windows 程序由一系列预先定义好的操作序列组成，具有一定的开头、中间过程和结束。这是一种过程驱动的程序设计方法，基本模型如图 10.1 所示。过程驱动的程序设计方法是面向程序而不是面向用户的，交互性差，用户界面不够友好。

　　Windows 编程则是一种事件驱动的程序设计方法。由事件驱动的程序不是由事件的顺序来控制的，而是由事件的发生来控制的。事件的发生是随机的、不确定的，并没有预定的顺序，这样就允许

图 10.1　过程驱动模型

用户用各种合理的顺序来安排程序的流程。事件驱动程序设计方法是一种面向用户的程序
设计方法,它在程序设计过程中除了完成所需功能
之外,更多地考虑了用户可能的各种输入,并针对
性地设计相应的处理程序。程序开始运行时,处于
等待事件状态,然后取得事件并作出相应反应,处
理完毕又返回并处于等待事件状态。事件驱动程
序的基本模型如图 10.2 所示。

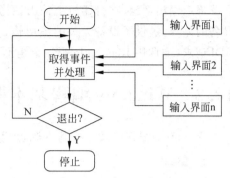

图 10.2 事件驱动程序模型

在图 10.2 中,输入界面并没有固定的顺序,用
户可以随机选取,以任何合理的顺序来输入数据。

事件驱动是由消息循环来实现的。所谓消息,
是指由用户或操作系统引发的动作,消息的示例有
击键、单击鼠标、一段时间的限制,或从端口接收数据等。消息是一种报告有关事件发生的
通知。消息类似于控制台程序下的用户输入,但比控制台程序的输入来源要广,Windows
应用程序的消息来源有以下 4 种:

(1) 输入消息:包括键盘和鼠标的输入。这一类消息首先放在系统消息队列中,然后
由 Windows 将它们送入应用程序消息队列中,由应用程序来处理消息。

(2) 控制消息:用来与 Windows 的控制对象,如列表框、按钮、检查框等进行双向通信。
当用户在列表框中改动当前选择或改变了检查框的状态时发出此类消息。这类消息一般不
经过应用程序消息队列,而是被直接发送到控制对象上去。

(3) 系统消息:对程序化的事件或系统时钟中断作出反应。一些系统消息,像 DDX 消
息(动态数据交换消息)要通过 Windows 的系统消息队列,而有的则不通过系统消息队列直
接送入应用程序的消息队列,如创建窗口消息。

(4) 用户消息:这是程序员自己定义并在应用程序中主动发出的,一般由应用程序的
某一部分内部处理。

Windows 消息首先被 Windows 捕获,分析后发送给某个应用程序,进入到应用程序的
消息队列。应用程序的任务就是不断读取消息队列,获取消息、分析消息并处理消息,直到
退出为止。

10.1.2 图形输出

Windows 程序在输出上与控制台的应用程序也有很大区别,主要表现为:

(1) 控制台程序独占整个显示屏幕,其他程序在后台等待。Windows 应用程序只对屏
幕的一部分窗口进行处理。

(2) Windows 程序的所有输出都是图形。Windows 提供了丰富的图形函数用于图形
输出,这对输出图形是相当方便的,但是由于字符也被作为图形来处理,输出时的定位要比
控制台程序复杂得多。

Windows 应用程序支持丰富的用户接口对象,包括窗口、图标、菜单、对话框等。程序
员只需添加设计,就可以设计出非常漂亮的图形用户界面。而在控制台程序环境下,则需要
大量的代码来完成同样的工作,而且效果也没有 Windows 提供的那么好。

(3) Windows 输出是设备无关的。Windows 下的应用程序使用图形设备接口

(Graphics Device Interface,GDI)来进行图形输出。GDI 是系统原始的图形输出库,它用于在屏幕上输出像素、在打印机上输出硬拷贝以及绘制 Windows 用户界面。GDI 屏蔽了不同设备的差异,提供了设备无关的图形输出能力,Windows 应用程序只要发出与设备无关的GDI 请求(如调用 Rectangle 画一个矩形),由 GDI 去完成实际的图形输出操作。

10.2　Windows 编程基本概念

Windows 编程涉及一些基本概念,本节给出简单介绍。

1. 窗口

窗口是 Windows 程序的基本操作单元,是应用程序与用户之间进行交互的接口,也是系统管理应用程序的基本单位。编写应用程序其实就是创建一个或多个窗口,程序的执行过程是窗口内部、窗口与窗口之间以及窗口与系统之间进行数据交换与处理的过程。

在 winuser.h 中定义了代表窗口的 WNDCLASS 结构类型:

```
typedef struct tagWNDCLASS {
    UINT            style;                  // 窗口风格
    WNDPROC         lpfnWndProc;            //指向窗口处理函数的函数指针
    int             cbClsExtra;             // 窗口结构中的预留字节数
    int             cbWndExtra;             // 本窗口创建的其他窗口结构中的预留字节数
    HINSTANCE       hInstance;              // 注册该窗口类的实例句柄
    HICON           hIcon;                  // 代表该窗口类的图标句柄
    HCURSOR         hCursor;                // 该窗口客户区鼠标光标句柄
    HBRUSH          hbrBackGround;          // 该窗口背景颜色句柄
    LPCSTR          lpszMenuName;           // 指向窗口菜单名的字符指针
    LPCSTR          lpszClassName;          // 指向窗口名的字符指针
} WNDCLASS, * PWNDCLASS, NEAR * NPWNDCLASS, FAR * LPWNDCLASS;
```

与窗口相关的概念还有窗口的标题栏、边框、菜单栏、系统菜单、最大最小化及关闭按钮、工具栏、状态栏、滚动条、图标、光标等。对话框也是一种窗口,其中包含的按钮、编辑框、静态文本等,称为控件。控件也是一种窗口,一般作为对话框的子窗口。

2. 事件与消息

Windows 程序设计是面向事件的。在 Windows 环境下,应用程序启动后,系统等待用户在图形用户界面内的输入选择,如鼠标按键、键盘按键以及窗口被创建、关闭、改变大小、移动等,在 Windows 看来,这些都是事件。只要有事件发生,系统立即产生特定的消息,驱动相应的处理函数进行处理,因此 Windows 应用程序也称为事件驱动程序。消息描述了事件的类别,包含相关的信息,Windows 应用程序利用消息与系统及其他应用程序进行信息交换。

由于 Windows 事件的发生是随机的,程序的执行先后顺序也无法预测,系统采用消息队列来存放事件发生的消息,然后从消息队列中依次取出消息进行相应的处理。

在 winuser.h 中,消息结构的定义如下:

```
typedef struct tagMSG {
    HWND            hWnd;                    //指定消息发向的窗口句柄
```

```
UINT              message;                 //标识消息的消息值
WPARAM            wParam;                  //消息参数
LPARAM            lParam;                  //消息参数
DWORD             time;                    //消息进入队列的时间
POINT             pt;                      //消息进入队列时鼠标指针的屏幕坐标
}MSG, * PMSG,NEAR * NPMSG, FAR * LPMSG;
```

下面介绍消息结构中各个成员的意义。

（1）message 是标识消息的消息值或消息名。每个消息都有唯一的一个数值标识，常用不同前缀的符号常量以示区别。例如，WM_表示窗口消息，BM_表示按钮控件消息，EM_表示编辑框控件消息，LB_表示列表框控件消息等。

下面是 Windows 常用的窗口消息和消息值定义，定义于 winuser.h 中：

```
#define   WM_CREATE      0X0001        //创建窗口产生的消息
#define   WM_DESTROY     0X0002        //撤销窗口产生的消息
#define   WM_PAINT       0X000F        //重画窗口产生的消息
#define   WM_CLOSE       0X0010        //关闭窗口产生的消息
#define   WM_CHAR        0X0102        //按下非系统键产生的字符消息
#define   WM_USER        0X0400        //用户自定义消息
```

WM_USER 为用户自定义消息，用户可用 WM_USER＋n 定义程序中需要的消息。

（2）wParam 和 lParam 都是 32 位消息参数，其数据类型在 windef.h 中定义如下：

```
typedef                 UINT        WPARAM;
typedef                 LONG        LPARAM;
```

其含义和数值依不同消息而不同，处理消息时常常要根据消息参数的含义进行相应的处理。消息参数包含很多信息，但应用时并不一定需要所有信息，程序中可根据需要读取相关信息进行处理。

（3）pt 表示消息进入消息队列时鼠标指针的屏幕坐标，POINT 是定义在 windef.h 中的结构体，表示屏幕上的一个点：

```
typedef struct tagPOINT {
      LONG    x;                      //表示点的屏幕横坐标
      LONG    y;                      //表示点的屏幕纵坐标
}POINT, PPOINT,NEAR * NPPOINT,FAR * LPPOINT;
```

3. 资源共享

DOS 程序在运行时独占系统的全部资源，包括显示器、内存等，直到程序结束时才释放资源。而 Windows 是一个多任务的操作系统，各个应用程序共享系统提供的资源，常见的资源包括设备上下文、画刷、画笔、字体、对话框控制、对话框、图标、定时器、插入符号、通信端口、电话线等。

Windows 要求应用程序以一种能共享资源的方式进行设计，其基本模式是这样的：

（1）向 Windows 系统请求资源。

（2）使用该资源。

（3）释放该资源给 Windows 以供其他程序使用。

最容易忽略的是第 3 步，如果忽略了这一步，会导致程序运行出现异常情况，如干扰其

C++语言程序设计教程

他程序正常运行,甚至造成立即死机(如设备上下文没有释放时)。

　　CPU 也是一种重要的资源,应用程序应避免长时间占用 CPU 资源(如一个特别长的循环);如果确实需要这样做,也应当采取一些措施,使程序能够响应用户的输入。内存也是一个共享资源,要防止同时运行的多个应用程序因协调不好而耗尽内存资源。

4. 数据类型

　　Windows 程序中用到很多数据类型,包括简单类型和结构类型,常用数据类型说明如表 10.1 所示。

表 10.1　Windows 数据类型

数 据 类 型	说　　明
BYTE	8 位无符号字符
BSTR	32 位字符指针
COLORREF	32 位整数,表示一个颜色
WORD	16 位无符号整数
LONG	32 位有符号整数
DWORD	32 位无符号整数,是 WORD 的两倍长度
UINT	32 位无符号整数
BOOL	布尔值,值为 TRUE 或 FALSE
HANDLE	句柄
LPSTR	32 位指针,指向字符
LPCSTR	32 位指针,指向字符串常量
LPTSTR	32 位指针,指向字符串,此字符串可移植到 Unicode 和 DBCS 双字符集
LPCTSTR	32 位指针,指向字符串常量,此字符串可移植到 Unicode 和 DBCS 双字符集
LPVOID	32 位指针,可指向任何类型数据
LPRESULT	32 位数值,作为窗口函数或 CALLBACK 函数的返回类型
WNDPROC	32 位指针,指向一个窗口函数
LPARAM	32 位数值,作为窗口函数和 CALLBACK 函数的参数
WPARAM	32 位数值,作为窗口函数和 CALLBACK 函数的参数

5. 句柄

　　句柄是 Windows 使用的用于标识应用程序对象的一个无重复整数,也可以将其看作是赋予对象的唯一名称,在给一个对象赋予句柄以后,就可以通过此句柄来完成对该对象的引用了。

　　句柄是一个 4B 长的整数。在 Windows 中,窗口、按钮、图标、输入输出设备等对象都需要一个唯一的标识"句柄"。常用的句柄如表 10.2。

表 10.2　常用句柄

句 柄 类 型	说　　明
HWND	标识窗口的句柄
HINSTANCE	标识当前实例的句柄
HPEN	标识画笔的句柄
HBRUSH	标识画刷的句柄

续表

句 柄 类 型	说　　明
HDC	标识设备环境的句柄
HMENU	标识菜单的句柄
HFILE	标识文件的句柄
HFONT	标识字体的句柄

6. 资源

Windows 程序中使用了如图标、位图、对话框、菜单等大量的资源，为了使程序结构化，这些资源被集中在一个资源文件中进行定义。

7. 内存管理

Windows 由内存管理程序控制系统的所有可用内存，同时提供了一些内存管理函数 API 分配和释放内存。

8. 图形设备接口

图形设备接口（GDI）是通向 Windows 可视界面的入口，它提供了一套丰富的面向图形的函数库，通过该函数库所提供的接口函数，就可以实现对窗口用户区的绘图操作。

9. 动态链接库

动态链接库（Dynamic Linkable Library，DLL）是允许应用程序共享代码和资源的可执行模块。采用动态链接库后可以单独对动态链接库进行编辑和调试，因此也有利于程序的模块化设计。

10.3　Windows 程序结构

一个简单的 Windows 程序主要包括应用程序主函数 WinMain 函数和消息处理函数，WinMain 函数的主要工作是定义窗口、注册窗口、创建窗口、显示窗口、消息循环；消息处理函数的主要工作是处理感兴趣的消息。下面的示例程序显示了一个简单的窗口程序的结构。

例 10.1　一个简单的 Windows 程序。

在 Visual C++开发环境下，创建一个空的 Win32 Application 工程 Project10_1，并把如下的文件添加到工程中。

```
//ch10_1.cpp
# include < windows.h >
LRESULT CALLBACK WndProc(HWND,UINT,WPARAM,LPARAM);      //声明窗口函数
int APIENTRY WinMain ( HINSTANCE hInstance, HINSTANCE hPrevInstance, LPSTR lpCmdLine, int
nCmdShow)//Windows 程序的入口为 WinMain 函数
    { WNDCLASS wndclass;                    //定义窗口类结构变量
      HWND hwnd;                            //定义窗口句柄
      MSG msg;                              //定义消息结构变量
      / * 定义窗口类的各属性 * /
      wndclass.style = CS_HREDRAW|CS_VREDRAW;      //改变窗口大小则重画
```

C++语言程序设计教程

```
    wndclass.lpfnWndProc = WndProc;                //窗口函数为 WndProc
    wndclass.cbClsExtra = 0;                       //窗口类无扩展
    wndclass.cbWndExtra = 0;                        //窗口实例无扩展
    wndclass.hInstance = hInstance;                //注册窗口实例句柄
    wndclass.hIcon = LoadIcon(NULL, IDI_APPLICATION);
    wndclass.hCursor = LoadCursor(NULL, IDC_ARROW);    //用箭头光标
    wndclass.hbrBackground = (HBRUSH)GetStockObject(WHITE_BRUSH);    //背景为白色
    wndclass.lpszMenuName = NULL;                  //窗口默认无菜单
    //窗口类名为 windows 窗口创建
    wndclass.lpszClassName = TEXT("window 窗口创建");
    /*注册窗口类*/
    if(! RegisterClass(&wndclass))return FALSE;
    /*创建窗口*/
    hwnd = CreateWindow(TEXT("window 窗口创建"),//窗口类名 window 窗口创建
        TEXT("window 窗口创建"),               //窗口名 window 窗口创建
        WS_OVERLAPPEDWINDOW,                    //重叠式窗口
    CW_USEDEFAULT, CW_USEDEFAULT,               //左上角屏幕坐标默认值
    CW_USEDEFAULT, CW_USEDEFAULT,               //窗口宽度和高度默认值
    NULL,                                       //此窗口无父窗口
    NULL,                                       //此窗口无主菜单
    hInstance,                                  //创建此窗口的实例句柄
    NULL);                                      //此窗口无创建参数
/*显示并更新窗口*/
ShowWindow(hwnd, nCmdShow);                      //显示窗口
UpdateWindow(hwnd);                             //更新窗口的客户区
/*消息循环*/
while(GetMessage(&msg, NULL, 0, 0)){
    TranslateMessage(&msg);                     //键盘消息转换
    DispatchMessage(&msg);                      //发送消息给窗口函数
}
return msg.wParam;                              //返回推出值
}
    /*窗口函数*/
    LRESULT CALLBACK WndProc(HWND hwnd, UINT message, WPARAM wParam, LPARAM lParam)//参数:窗口
句柄,消息,消息参数,消息参数
{ /*根据消息值转相应的消息处理*/
    switch(message){
    case WM_PAINT:                              //重画窗口客户区消息处理
        HDC hdc;                                //定义设备描述表句柄
        PAINTSTRUCT ps;                         //定义绘图星系结构变量
        hdc = BeginPaint(hwnd, &ps);            //获取要重画的窗口的设备描述表句柄
        TextOut(hdc, 10, 20, TEXT("hello world!"), strlen("hello world!"));//输出文本
        EndPaint(hwnd, &ps);                    //结束要重画的窗口
        return 0;
    case WM_DESTROY:                            //撤销窗口消息处理
        PostQuitMessage(0);                     //产生退出程序消息 WM_QUIT
            return 0;
    }
    /*其他消息交给由系统提供的缺省处理函数*/
    return DefWindowProc(hwnd, message, wParam, lParam);
}
```

其中显示窗口函数 ShowWindow 的第二个参数 nCmdShow 共有 6 个可选值:

(1) SW_HIDE 隐藏窗口。

(2) SW_SHOWNORMAL 显示并激活窗口。

(3) SW_SHOWMINIMIZE 显示并最小化窗口。

(4) SW_SHOWMAXIMIZE 显示并最大化窗口。

(5) SW_SHOWNOACTIVE 显示但不激活窗口。

(6) SW_RESTORE 恢复窗口原来的位置及尺寸。

程序运行结果如下:

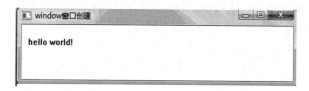

Windows 程序的基本单位不是过程和函数,而是窗口。一个窗口是一组数据的集合和处理这些数据的方法和窗口函数。从面向对象的角度来看,窗口本身就是一个对象。Windows 程序的执行过程本身就是窗口和其他对象的创建、处理和消亡过程。Windows 中的消息的发送可以理解为一个窗口对象向别的窗口对象请求对象的服务过程。因此,用面向对象方法来进行 Windows 程序的设计与开发是极其方便和自然的。

Windows 编程分两种:一种是直接调用 API,可以直接用原始的 C 或 C++编写 Windows 程序,开发工具只有 Microsoft C(C++)和 SDK(Software Developer Kit,软件开发工具包)可供使用。利用 SDK 进行 Windows 程序的设计开发非常烦琐、复杂,代码可重用性差,工作量大,即便一个简单的窗口也需要几十行程序(如示例程序 ch10_1.cpp),令开发人员望而生畏。

另一种 Windows 编程方法是利用 MFC(Microsoft Foundation ClussLibary,微软基础类库)编程。微软公司的 Visual C++是应用最广泛的开发工具之一,具有面向对象、可视化开发的优点,提供了面向对象的应用程序框架 MFC,大大简化了程序员的编程工作,提高了模块的可重用性。Visual C++还提供了基于 CASE 技术的可视化软件自动生成和维护工具应用程序向导(AppWizard)、类向导(ClassWizard)等,帮助用户直观地、可视地设计程序的用户界面,可以方便地编写和管理各种类,维护程序源代码,从而提高了开发效率。用户可以简单而容易地使用 C/C++编程。Visual C++封装了 Windows 的 API(应用程序接口)函数、USER、KERNEL、GDI 函数,隐去了创建、维护窗口的许多复杂的例行工作,简化了编程。

10.4　MFC 应用程序框架

10.4.1　MFC 程序框架解析

MFC 中的各种类结合起来构成了一个应用程序框架,其目的就是让程序员在此基础上来建立 Windows 下的应用程序,这是一种相对 SDK 来说更为简单的方法。MFC 框架定义

C++语言程序设计教程

了应用程序的框架,并提供了用户接口的标准实现方法,程序员所要做的就是通过预定义的接口把具体应用程序特有的操作填入这个框架。Microsoft Visual C++ 提供了相应的工具——应用程序向导(AppWizard)来完成这个工作:AppWizard 可以用来生成初步的框架文件(代码和资源等);资源编辑器用于帮助程序员直观地设计用户接口;ClassWizard 用来协助添加代码到框架文件。

下面以一个应用程序向导生成的单文档工程 SDIProject 为例来解析 MFC 程序的框架。

(1) 利用应用程序向导生成的工程框架如图 10.3 所示。

通过应用程序向导可以自动生成工程框架文件;通过类向导可以添加资源、变量、消息处理等;使用资源编辑器可以创建和编辑菜单、对话框、自定义控件、快捷键、位图、图标、光标、字符串和版本资源。利用 Debug 调试器可以准确找到程序中的逻辑错误。

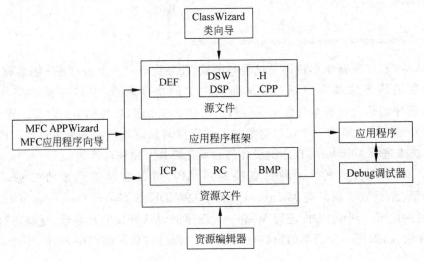

图 10.3　单文档项目 SDIProject 的工程框架图

(2) 向导生成的文件类型及功能结构。

项目包含的文件类型及功能描述如表 10.3 所示。

表 10.3　MFC 单文档项目包含的文件类型及其功能

类　　型	文 件 名 称	功 能 描 述
框架窗口类实现文件	MainFrm. h MainFrm. cpp	该组文件包含了窗口类 CMainFrame 的实现代码,主要负责创建标题栏、菜单栏、工具栏和状态栏。实现的窗口为应用程序的主窗口
文档类实现文件	MySDIDoc. h MySDIDoc. cpp	主要负责应用程序数据的保存和装载,实现文档的序列化功能。在多文档程序中,当用户执行 File 菜单中的 New 时,MFC 应用程序框架会调用 OnNewDocument() 来新建文档。Serialize() 函数负责文档数据的磁盘读写操作
视图类实现文件	MySDIView. h MySDIView. cpp	主要负责客户区文档数据的显示,以及如何进行人机交互。视图对象是用来显示文档对象的内容的,函数 GetDocument() 用于获取当前文档对象的指针 m_pDocument,另外一个很重要的函数 OnDraw() 负责将文档对象的数据显示输出到用户视图区

续表

类　型	文件名称	功能描述
应用程序类实现文件	MySDI.h MySDI.cpp	该组文件是应用程序的主函数文件,MFC 应用程序的初始化、启动运行和结束都是由应用程序对象完成
资源文件	Resource.h	在项目中,资源通过资源标识符加以区别,通常将一个项目中所有的资源标识符放在头文件 Resource.h 中定义
应用程序生成的资源文件	资源文件 MySDI.rc 和 MySDI.rc2	MySDI.rc 是 Visual C++生成的脚本文件,它使用标准的 Windows 资源定义语句,可通过资源编译器转换为二进制资源。一般利用资源编辑器对资源进行可视化编辑,也可通过 Open 命令以文本方式打开一个资源文件进行编辑。MySDI.rc2 文件一般用于定义资源编辑器不能编辑的资源
	图标文件 MySDI.ico	在 Visual C++中,可利用图形编辑器编辑应用程序的图标
	文档图标文件 MySDIDoc.ico	文档图标一般用于多文档应用程序中,在程序 MySDI 中没有显示这个图标,但编程时用户可以利用相关函数来获取该图标资源并显示图标(ID 为 IDR_MYSDITYPE)
	工具栏按钮位图文件 Toolbar.bmp	该位图文件是应用程序工具栏中所有按钮的图形表示
标准包含文件	StdAfx.h StdAfx.cpp	stdafx.h 为标准包含文件,stdafx.h 和 stdafx.cpp 用来生成预编译文件

一个 MFC 应用程序包括应用程序对象、文档模板对象、文档对象、视图对象及框架窗口对象。应用程序对象负责创建和管理文档模板对象,文档模板对象负责具体的创建和访问文档对象、视图对象及框架窗口对象,视图对象可以和文档对象及框架窗口对象互相访问。具体关系如图 10.4 所示。

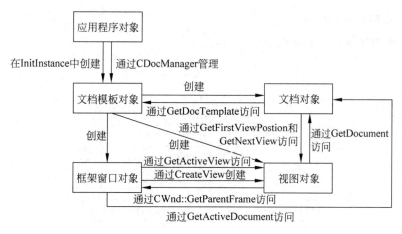

图 10.4　MFC 应用程序对象之间的关系

10.4.2　MFC 应用程序的基本类

构成 MFC 框架的是 MFC 类库。这些类或者封装了 Win32 应用程序编程接口,或者封装了应用程序的概念,或者封装了 OLE 特性,或者封装了 ODBC 和 DAO 数据访问的功能等。本书只介绍主要的几个类。

1. CObject 类

CObject 是 MFC 类库的根类。从 CObject 派生的类都具有以下特点：

(1) 在程序运行时，可获得对象的大小、类名、动态创建类的实例。

(2) 提供了把对象状态转储给调试机制的能力，类似于判断当前对象的数据成员是否有效。

(3) 具有把对象的数据存进文件或从文件中提取数据重建对象的能力。

2. CCmdTarget 类

命令类 CCmdTarget 是 CObject 的子类，它是 MFC 类库中所有具有消息映射属性的类的公共基类，封装了窗口函数。它的子类有 CWinThread 类、CWnd 类、CDocument 类，从 CCmdTarget 派生的类能在程序运行时动态创建对象，并处理命令消息。

3. CWnd 类

窗口类 CWnd 提供了 MFC 中所有窗口类的基本功能。从 CWnd 派生的类可以拥有自己的窗口，并对它进行控制。窗口框架类 CFrameWnd 和视图类 CView 是 CWnd 类的两个子类，前者是创建和维护窗口的边框、菜单栏、工具栏、状态栏，负责显示和搜索用户命令，后者负责为文档提供一个或几个视图。视图的作用是为修改、查询文档等任务提供人机交互的界面。

4. CDocument 类

文档类 CDocument 负责装载和维护文档数据，数据的变化、存取都是通过文档实现的。视图窗口通过文档对象来访问和更新数据。

5. CView 类

视图类 CView 和文档类联系在一起，在文档和用户之间起中介作用，即视图在屏幕上显示文档的内容，并把用户输入转换成对文档的操作。

6. CDocTemplate 类

文档模板类的继承关系如图 10.5 所示。

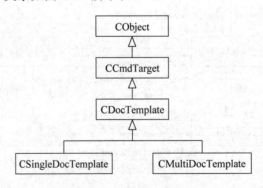

图 10.5 文档模板类继承关系

文档模板类对象由应用对象在 InitInstance() 函数中构造生成。它分为单文档模板类（CSingleDocTemplate）和多文档模板类（CMultiDocTemplate），分别对应 SDI 应用程序和 MDI 应用程序。文档模板类把文档类、文档边框类、窗口类（SDI 中的主边框窗口类或 MDI 中的子边框窗口类）、视图类联结成一个有机的整体。应用类对象通常只生成一个文档模板类对象。

7. CWinThread 类

CWinThread 类是应用程序线程支持类。MFC 支持多线程,所有的应用程序至少有一个线程。CWinThread 是所有线程类的基类,封装了应用程序操作的多线程功能。

8. CWinApp 类

应用程序类 CWinApp 是 CWinThread 的子类,封装了初始化、运行、终止应用程序的代码。

一个 MFC 应用程序并不直接操作上述类,而是以上述类为基类派生新的类,构建 Windows 应用程序的基本框架。

10.5　鼠标和键盘消息

Windows 程序是由事件驱动的,而事件驱动是由消息循环来实现的。根据处理函数和处理过程的不同,MFC 主要处理 3 类消息:

(1) 标准 Windows 消息,前缀以"WM_"开头。所有派生自 CWnd 的类都有资格接受处理 WM_ 类型消息。

(2) 控件通知消息,从控件和子窗口发送到父窗口的 WM_COMMAND 通知消息。所有派生自 CCmdTarget 的类都有资格接受处理 WM_COMMAND 消息。一般由窗口对象来处理这类消息。也就是说,这类消息的处理函数一般是 MFC 窗口类的成员函数。需要指出的是,Win32 使用新的 WM_NOFITY 来处理复杂的通知消息。WM_COMMAND 类型的通知消息仅仅能传递一个控制窗口句柄(lparam)、控制窗 ID 和通知代码(wparam)。WM_NOTIFY 能传递任意复杂的信息。

(3) 命令消息,来自菜单、工具条按钮、加速键等用户接口对象的 WM_COMMAND 通知消息,属于应用程序自己定义的消息。通过消息映射机制,MFC 框架把命令按一定的路径分发给多种类型的对象(具备消息处理能力)处理,如文档、窗口、应用程序、文档模板等对象。能处理消息映射的类必须从 CCmdTarget 类派生。

10.5.1　处理鼠标消息

鼠标消息可以分为客户区鼠标消息和非客户区鼠标消息两种类型。程序中通常处理的是客户区鼠标消息。客户区鼠标消息包括左右中键鼠标按下、抬起和双击,还有鼠标移动。对于鼠标的移动消息来说,并不是只要鼠标移动就会发生消息,而是在鼠标移动开始时设置一个标记,系统每隔一小段时间检索时,如果这个标记还在移动中那么系统就会返回当前的鼠标位置。所以如果快速移动鼠标,获得的移动消息将会很少。MFC 中定义的客户区鼠标消息类型都以 WM_开始,具体见表 10.4。

表 10.4　常用的客户区鼠标消息

鼠标消息	说　明	鼠标消息	说　明
WM_LBUTTONDBCLK	单击鼠标左键	WM_RBUTTONDBCLK	双击鼠标右键
WM_LBUTTONDOWN	按下鼠标左键	WM_RBUTTONDOWN	按下鼠标右键
WM_LBUTTONUP	释放鼠标左键	WM_RBUTTONUP	释放鼠标右键
WM_MOUSEMOVE	在客户区移动鼠标		

在 MFC 中,鼠标消息响应函数的原型一般为:

`afx_msg void OnLButtonDown( UINT nFlags, CPoint point );`

point 描述鼠标操作时相对于窗口显示区域左上角的坐标位置;nFlags 指示鼠标按键时 Shift 和 Ctrl 键的状态,在这里要用 winuser.h 中定义的位运算来测试 nFlags。常用的鼠标按键如表 10.5 所示(MK 表示鼠标按键)。

表 10.5　常用的鼠标按键

鼠 标 按 键	说　明	鼠 标 按 键	说　明
MK_LBUTTON	按下左键	MK_SHIFT	按下 Shift 键
MK_MBUTTON	按下中键	MK_CONTROL	按下 Ctrl 键
MK_RBUTTON	按下右键		

例如,如果收到了 WM_LBUTTONDOWN 消息,而且值 nFlags & MK_SHIFT 非 0,则表明左键按下时也按下了 Shift 键。

例 10.2　编写可以在用户区中绘制一个矩形的应用程序,在按下鼠标左键后,这个矩形会把它的左上角移动到鼠标位置;而当按下 Shift 键的同时,按下鼠标左键,则矩形恢复原位置。

在用户区绘制矩形就要修改视图类的 OnDraw 函数;要处理鼠标左键按下消息可以利用类向导添加对这个消息的捕获与处理;同时可以利用文档对象中数据成员来保存每次更新后的矩形信息。具体操作步骤如下:

(1) 用 MFC AppWizard 创建一个单文档应用程序 MyApp,如图 10.6 和图 10.7 所示。

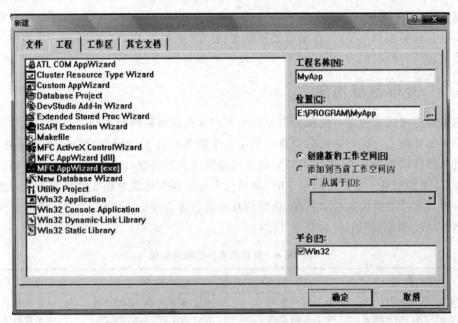

图 10.6　利用向导创建 Student 工程

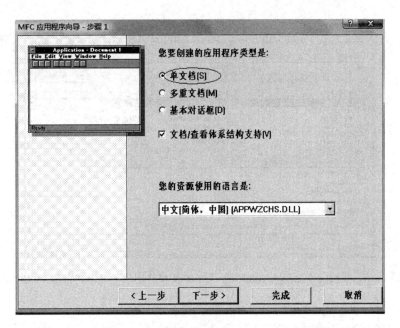

图 10.7　选择单文档应用程序类型("下一步"之后都用默认值)

　　应用程序向导为用户创建了 CMyAppView、CMyAppApp、CMainFrame 及 CMyAppDoc 4 个类,分别放在不同的. h 或. cpp 文件中。

　　(2) 打开 MyAppDoc. h 文件,在文档类 CMyAppDoc 定义中添加一个数据成员 tagRec 来存储矩形:

```
class   CMyAppDoc:public CDocument{
    ⋮
public:
    CRect m_tagRec;                                //声明一个矩形对象
};
```

　　(3) 打开 MyAppDoc. cpp 文件,在文档类 CMyAppDoc 的构造函数中,初始化数据成员:

```
CMyAppDoc::CMyAppDoc(){
    //初始化矩形对象的坐标信息
    m_tagRec. left = 30; m_tagRec. top = 30;
    m_tagRec. right = 350; m_tagRec. bottom = 300;
}
```

　　(4) 单击"查看"菜单,选择"建立类向导",为 CMyAppView 类增加 WM_LBUTTONDOWN 的消息处理,如图 10.8 所示。

　　(5) 对 MyAppView. cpp 文件中的 OnLButtonDown 成员函数增加如下代码:

```
void CMyAppView::OnLButtonDown(UINT nFlags, CPoint point) {
    CMyAppDoc * pDoc = GetDocument();           //获得文档对象的句柄
    if(nFlags&MK_SHIFT){                        //判断是否按下 Shift 键
        pDoc -> m_tagRec. left = 30;
```

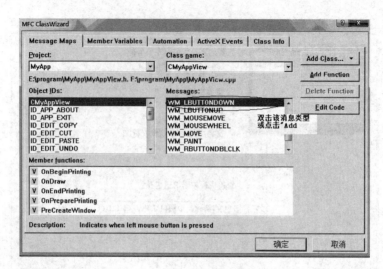

图 10.8　利用向导为 CMyAppView 类增加 WM_LBUTTONDOWN 的消息处理

```
        pDoc -> m_tagRec. top = 30;
        pDoc -> m_tagRec. right = 350;
        pDoc -> m_tagRec. bottom = 300;
    }
    else {
        pDoc -> m_tagRec. left = point. x;
        pDoc -> m_tagRec. top = point. y;
        pDoc -> m_tagRec. right = point. x + 320;
        pDoc -> m_tagRec. bottom = point. y + 270;
    }
    InvalidateRect(NULL, TRUE);              //更新视图区域的显示,会调用 OnDraw 函数
    CView::OnLButtonDown(nFlags, point);
}
```

（6）对 MyAppView. cpp 文件中的 OnDraw 成员函数增加如下代码：

```
void CMyAppView::OnDraw(CDC * pDC){
    CMyAppDoc  * pDoc = GetDocument();
    ASSERT_VALID(pDoc);
    pDC -> Rectangle(pDoc -> m_tagRec);      //根据文档对象中记录的矩形信息画图
}
```

10.5.2　处理键盘消息

MFC 响应键盘消息的函数原型如下：

```
virtual BOOL PreTranslateMessage(MSG * pMsg);
```

在 MFC 中,PreTranslateMessage()是虚函数,可以通过重载该函数来处理键盘和鼠标消息。该函数表示在消息处理（TranslateMessage()和 DispatchMessage()等）前所做的操作,如果函数返回值为 TRUE,那么消息处理立即终止,不会调用 TranslateMessage()和 DispatchMessage()来翻译和分发消息给相应的窗口;若返回值为 FALSE,就会调用翻译和分发消息函数。

该函数是 MFC 消息控制流最具特色的地方,它是 CWnd 类的虚函数,通过重载这个函数,可以改变 MFC 的消息控制流程,甚至可以作一个全新的控制流出来。

在 Win32 程序中,关于消息有如下两种传递方式:

(1) MFC 消息,MFC 会把所有的消息一条条放到一个 AFX_MSG_MAP_ENTRY 结构中,形成一个数组,该数组存放了所有的消息和与它们相关的参数。也可以说是放到消息队列里去。

(2) 采用 SendMessage()或其他类似的方式向窗口直接发送,而不经过消息队列的消息。

这两种方式中只有第一种(穿过消息队列的消息)才受 PreTranslateMessage()影响,第二种消息并不会理睬 PreTranslateMessage()的存在。

PreTranslateMessage 是消息在送给 TranslateMessage 函数之前被调用的,绝大多数本窗口的消息都要通过这里,比较常用,当需要在 MFC 之前处理某些消息时,常常要在这里添加代码。

响应键盘消息通常采用如下方法:

```
BOOL  类名::PreTranslateMessage(MSG * pMsg){
    //判断是否为键盘消息
    if (WM_KEYFIRST >= pMsg->message && pMsg->message <= WM_KEYLAST){
        //判断是否按下键盘 Enter 键
        if(pMsg->wParam == VK_RETURN){
        //添加自己的代码
        return TRUE;
        }
    }
    return 基类::PreTranslateMessage(pMsg);
}
```

在上面的代码中,首先将 pMsg->message 所表示的消息同 WM_KEYFIRST 和 WM_KEYLAST 比较,确定是键盘消息,然后通过消息参数 pMsg->wParam 的值来判断是否是回车键(VK_RETURN)。

10.5.3　消息映射的实现

讨论了消息的分类之后,再来讨论如何映射消息。

MFC 使用类向导(ClassWizard)帮助实现消息映射,它在源码中添加一些消息映射的内容,并声明和实现消息处理函数。现在来分析这些被添加的内容。

(1) 在类的定义(头文件)里,它增加了消息处理函数声明,并添加一行声明消息映射的宏 DECLARE_MESSAGE_MAP。

(2) 在类的实现(实现文件)里,实现消息处理函数,并使 IMPLEMENT_MESSAGE_MAP 宏实现消息映射。一般情况下,这些声明和实现是由 MFC 的 ClassWizard 自动来维护的。例如在 AppWizard 产生的应用程序类的源码中,应用程序类的定义(头文件)包含了类似如下的代码:

C++语言程序设计教程

```
//{{AFX_MSG(CMyAppApp)
    afx_msg void OnAppAbout();
```

消息的传递与发送是 Windows 应用程序的核心所在,任何事件的触发与响应均要通过消息的作用才能得以完成。在 SDK 编程中,对消息的获取与分发主要是通过消息循环来完成的,而在 MFC 编程中则是通过采取消息映射的方式对其进行处理的。相比而言,这样的处理方式要简单许多,这也符合面向对象编程中尽可能隐含实现细节的原则。一个完整的 MFC 消息映射包括对消息处理函数的原型声明、实现以及存于消息映射中的消息入口。这几部分分别存在于类的头文件和实现文件中。一般情况下除了对自定义消息的响应外,对于标准 Windows 消息的映射处理可以借助 ClassWizard 向导来完成。在选定了待处理的 Windows 消息后,向导将会根据消息的不同而生成具有相应函数参数和返回值的消息处理代码框架。

下面这段代码给出了例 10.2 中的一个完整的 MFC 消息映射过程:

```
// 在 MyAppView.h 文件中的声明
//{{AFX_MSG(CMyAppView)
afx_msg void OnLButtonDown(UINT nFlags, CPoint point);
//}}AFX_MSG
DECLARE_MESSAGE_MAP()
// 在 MyAppView.cpp 文件中的实现
BEGIN_MESSAGE_MAP(CMyAppView, CView)
    //{{AFX_MSG_MAP(CMyAppView)
    ON_WM_LBUTTONDOWN()
    //}}AFX_MSG_MAP
        ⋮
END_MESSAGE_MAP()
```

这里对 Windows 标准消息 WM_LBUTTONDOWN 做了消息映射,其中用到的 BEGIN_MESSAGE_MAP、END_MESSAGE_MAP 和头文件中的 DECLARE_MESSAGE_MAP 等均是用于消息映射的宏。这些宏声明了在应用程序框架中可用于在系统中浏览所有对象映射的成员变量与函数。除了以上 3 个比较常见的宏之外,MFC 还提供了其他一些用于消息映射的宏,如表 10.6 所示。

表 10.6 MFC 中的消息映射宏

宏　　名	说　　明
DECLARE_MESSAGE_MAP	在头文件声明源文件中所含有的消息映射
BEGIN_MESSAGE_MAP	标记源文件消息映射的开始
END_MESSAGE_MAP	标记源文件消息映射的结束
ON_COMMAND	将特定命令的处理委派给类的一个成员函数
ON_CONTROL	映射一个函数到一个定制控制通知消息。其中,定制控制通知消息是从一个控制发送到其父窗口的消息
ON_CONTROL_RANGE	将一个控制 ID 的范围映射到一个消息处理函数
ON_CONTROL_REFLECT	映射一个由父窗口反射回控制的通知消息
ON_MESSAGE	将一个用户自定义消息映射到一个消息处理函数
ON_NOTIFY	映射一个控制消息到一个函数

续表

宏　名	说　明
ON_NOTIFY_RANGE	映射一个控制 ID 范围内的控制消息到一个函数
ON_NOTIFY_EX	映射一个控制消息到一个函数,该成员函数返回 FALSE 或 TRUE 来表明通知是否应被传送到下一个对象以进行其他反应
ON_NOTIFY_EX_RANGE	映射一个控制 ID 范围内的控制消息到一个函数,该成员函数返回 FALSE 或 TRUE 来表明通知是否应被传送到下一个对象以进行其他反应
ON_NOTIFY_REFLECT	映射一个控制消息到一个函数。该消息将会被控制的父窗口反射回来
ON_REGISTERED_MESSAGE	映射一个唯一的消息到一个将要处理该注册消息的函数上。该消息是由 RegisterWindowMessage() 函数注册的
ON_UPDATE_COMMAND_UI	映射一个函数来处理一个用户接口更新命令消息
ON_UPDATE_COMMAND_UI_RANGE	映射一个命令 ID 的范围到一个更新消息处理函数

一般作为基类使用的 CWnd 类为 Windows 消息定义了大量窗口消息的默认处理函数,这些函数大部分只是简单地调用了 Windows 的默认过程,可以在派生类中对其进行重载。但是 MFC 应用程序框架却并没有像使用普通虚函数那样使用 Windows 消息处理函数,而是通过宏将指定的消息映射到派生类的成员函数。

10.6　案例分析

MFC 还提供了很多控件、菜单及对话框等资源,并支持多线程,本书不给出详细的描述。下面通过一个对话框程序来演示 MFC 的强大功能。

例 10.3　创建一个应用程序,在运行时如果在窗口用户区单击了鼠标左键则会出现如图 10.9 所示外观的模态对话框,要对文本框的输入进行校验,并在单击"提交"按钮后将用户的输入显示到视图区并保存到磁盘文件 c:\logoin.txt 中。

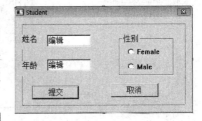

图 10.9　录入学生信息的对话框界面

(1) 打开 VC,利用应用程序向导 MFC AppWizard [exe] 创建一个单文档工程 Student。

(2) 在工作空间中 打开 Resource View 视图,插入一个对话框 (Dialog),如图 10.10 所示。右键单击对话框,选择属性,如图 10.11 所示,将 ID 值设为 IDD_DiaglogStudent,标题设为 Student。

① 从控件栏中拖拉一个静态文本控件到对话框上,修改名称为姓名。

② 从控件栏中拖拉一个静态文本控件到对话框上,修改名称为年龄。

③ 从控件栏中拖拉一个编辑框控件到对话框上,修改其 ID 为 IDC_EDIT_NAME,如图 10.12 所示;从控件栏中拖拉一个编辑框控件到对话框上,修改其 ID 为 IDC_EDIT_AGE。

④ 从控件栏中拖拉一个组框控件到对话框上,修改标题为性别。

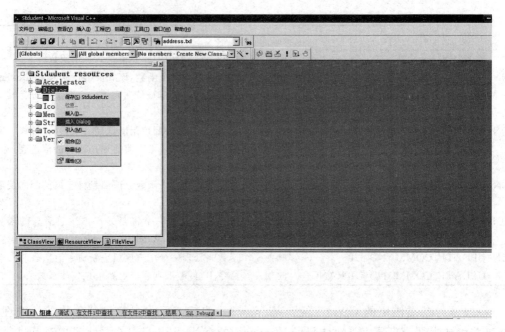

图 10.10 插入一个对话框

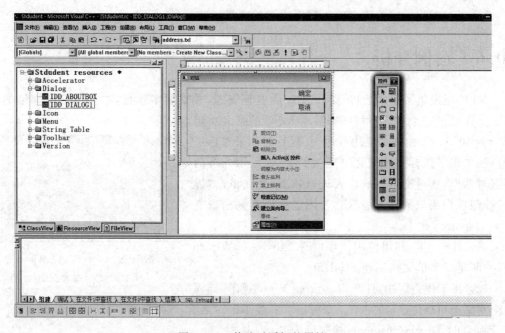

图 10.11 修改对话框的属性

⑤ 从控件栏中拖拉一个单选按钮到组框中,修改其 ID 为 IDC_RADIO_SEX,标题为 Female,并且选中组选项(很重要)。

⑥ 从控件栏中拖拉一个单选按钮到组框中,修改其标题为 Male。

⑦ 将"确定"按钮标题修改为"提交"。

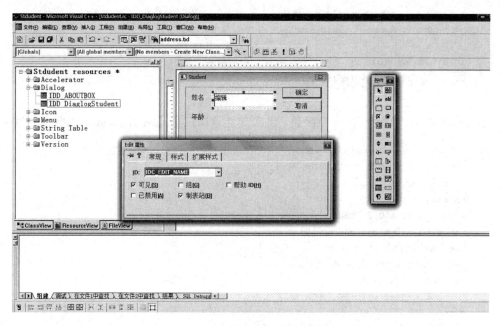

图 10.12　修改编辑框的属性

（3）通过类向导为该对话框创建类 CStudentInfo；为 IDC_EDIT_AGE 控件添加 int 型变量 m_age；为 IDC_EDIT_NAME 控件添加变量 CString 类型变量 m_name；指定其最大的字符个数为 10（为了验证控件数据校验功能）；为 IDC_RADIO_SEX 控件添加 int 型变量 m_sex。

（4）打开 StudentDoc. h 文件，在 CStudentDoc 类中增加如下的数据成员声明：

```
int      m_age;
CString      m_name;
int      m_sex;
```

（5）打开 Student. cpp 文件，修改 CStudentDoc∷CStudentDoc()函数，增加如下语句：

```
m_age = 19;
m_sex = 0;
m_name = "Wang";
```

（6）通过类向导为 CStudentView 视图类增加一个 WM_LBUTTONDOWN 的消息映射，在 StudentView. cpp 中增加＃include "StudentInfo. h"语句，修改 StudentView. cpp 文件中的函数如下：

```
void CStudentView::OnLButtonDown(UINT nFlags, CPoint point) {
    CStudentInfo   dlg;
    CStudentDoc * pDoc = GetDocument();
    dlg.m_age  = pDoc -> m_age;
    dlg.m_name = pDoc -> m_name;
    dlg.m_sex  = pDoc -> m_sex;
    if (dlg.DoModal() == IDOK){
        pDoc -> m_age  = dlg.m_age;
```

```
        pDoc -> m_name = dlg.m_name;
        pDoc -> m_sex = dlg.m_sex;
    }
    InvalidateRect(0);                    //刷新用户区
    CView::OnLButtonDown(nFlags, point);
}
```

（7）修改视图类的 OnDraw()函数，将文档类数据成员显示出来（即对话框中的数据）。

```
void CStudentView::OnDraw(CDC * pDC){
    CStudentDoc * pDoc = GetDocument();
    char buffer[10];
    CString age;
    pDC -> TextOut(0,0,"NAME: " + pDoc -> m_name);
    _itoa(pDoc -> m_age,buffer,10);
    age = buffer;
    pDC -> TextOut(0,40,"AGE: " + age);
    if(pDoc -> m_sex)
        pDC -> TextOut(0,80,"SEX: MALE");
    else
        pDC -> TextOut(0,80,"SEX: FEMALE");
    ASSERT_VALID(pDoc);
    // TODO: add draw code for native data here
}
```

（8）通过类向导，为 IDOK 按钮增加 BN_CLICKED 的消息处理函数，函数体如下（为了识别 ofstream，需要在该函数所在的文件头声明♯include ＜fstream.h＞）。

```
void CStudentInfo::OnOK() {
    UpdateData(true);
    ofstream fout("C:\\login.txt");
    fout << m_name << ' '<< m_age <<' '<< m_sex << endl;
    fout.close();
    CDialog::OnOK();
}
```

本章通过上述例子简单演示了 MFC 中常用的文本框控件及按钮控件，更多的控件资源及使用方法请查阅相关的专业书籍。

习题

1. 什么是事件驱动的程序设计？
2. 简述 Windows 程序的结构。
3. MFC 应用程序主要包括哪些类？MFC 应用程序向导自动生成哪些文件？
4. 简述 MFC 中消息映射的方法。
5. 编写可以在用户区中绘制一个矩形的应用程序，在按下鼠标右键后，这个矩形会把它的右上角移动到鼠标位置；而当按下 Shift 键的同时按下鼠标右键，则矩形恢复原位置。

6. 编写一个 Windows 应用程序,要求在窗口的用户区中绘制一个圆,当单击鼠标左键时,该圆放大;单击右键时,该圆缩小;按下 Ctrl 键的同时移动鼠标,则该圆会随鼠标的移动而移动。

7. 编写一个对话框应用程序,实现具有＋、－、﹡、/功能的简单计算器。

8. 定义一个对话框应用程序,具有用户注册功能和登录功能。用户有账户信息和密码;注册时要求账户不能重复;注册、登录成功或失败用 AfxMessageBox 提示。

附录 A   UML 类图简介

自从面向对象技术广泛应用以来,人们已经开发了许多建模方法和工具辅助设计软件系统,其中较流行的当属 UML。UML(Unified Modeling Language)是一种可视化的面向对象的建模语言,它用规范的符号描述软件模型的静态结构、动态行为以及模块组织和管理。这里无法详细讲解 UML 的细则和全部用法,仅介绍其中最基本的静态结构图—类图(class diagram),本书使用 UML 类图描述类与对象的结构以及联系。

类图可以展示软件系统的静态结构、类的内部结构以及与其他类的关系,是由类和与之相关的各种关系组成的图形。类图使用图形与符号简明地表示类的标识、成员以及访问控制属性,并用特定的线段和箭头表示多个类之间的关系。UML 中一个类的表示为一个矩形,该矩形垂直地分为 3 个区:顶部区域显示类的名字,中间区域列举类的成员数据,底部区域列出类的成员函数,如附图 A-1 所示。除了顶端类的标识部分,下面的两个部分是可选的,即当类图重点描述类的关系而不关心类的内部细节时,可以用一个标注类名的矩形代表该类。

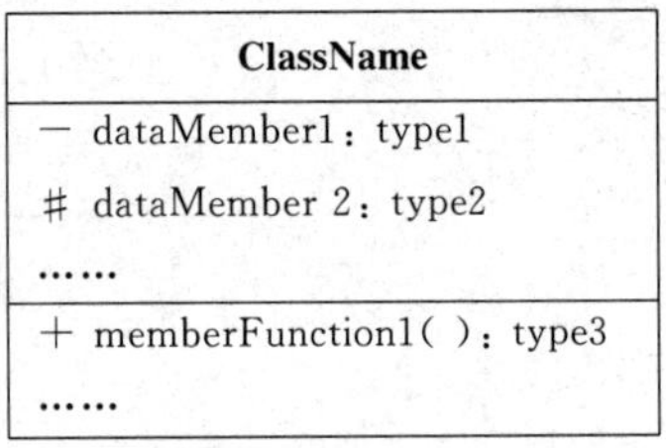

ClassName
− dataMember1: type1
♯ dataMember 2: type2
……
+ memberFunction1( ): type3
……

附图 A-1　类图示例

1. 成员列表

类图除了描述类的标识,即类名之外,还需显示类中所有的成员以及特性,根据图的详细程度不同,需给出其访问控制属性、类型、默认值和约束特性。下面介绍完整表示类成员的方法。

1) 成员数据

类图中间区域中列举该类的所有成员数据,UML 规定成员数据的表示语法为:

[访问控制属性] 名称 [多重性] [：类型] [= 默认值] [{约束特性}]

名称:标识成员数据的字符串,标识符可以为变量名、数组名或者对象名。

访问控制属性:包括"＋"、"－"和"♯",分别表示 public、private 与 protected。

类型:表示数据类型,可以是基本类型或用户自定义类型。

多重性:指明该属性可能的个数以及唯一性,如 3,1…5,0…＊等(＊表任意非负整数)。

默认值:赋予该成员数据的初值。

约束特性:对成员性质的说明字符串。

该部分至少要指定每个数据成员的名称,其余[ ]中为可选项。

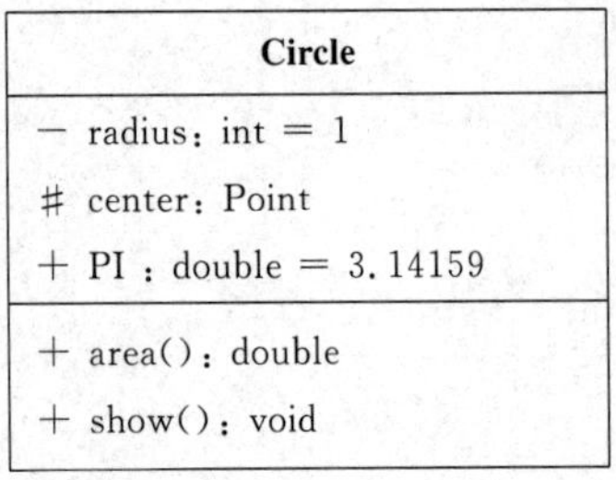

Circle
− radius: int = 1
♯ center: Point
+ PI : double = 3.14159
+ area(): double
+ show(): void

附图 A-2　圆形类图

一个描述图形圆的类图如附图 A-2 所示,Circle 类包含 3 个数据成员:描述半径的 int 类型数据 radius,这个私有成员的默认值为 1;描述圆心位置的数据 center,它是 Point 类型的保护成员,其中 Point 为描述平面坐标的类;

表示圆周率的 static 成员 PI,为该类的共享数据,类图中用有下划线的数据表示静态数据成员。此外,Circle 类中还包含两个公有的成员函数 area()和 show()。

2)成员函数

类图中最底部区域列举了类中所有的成员函数,每个函数的说明包括名称、访问控制属性、参数列表、返回值以及约束特性。最简单的形式只给出函数名,其余为可选项。UML 规定成员函数的表示语法为:

[访问控制属性] 名称 [(参数列表)] [:返回值] [{约束特性}]

名称:标识成员函数的字符串,即函数名。

参数列表:列举所有参数,多个参数用逗号分隔,每个参数的表示方法为:

[方向] 参数名:类型 = 默认值

其中参数方向可以为输入(in)、输出(out)和输入输出(inout)。

返回类型:表示函数的返回值类型,可以是基本类型或用户自定义类型。

访问控制属性与约束特性的意义同数据成员。

对于一个简化的银行账户类 BankAccont,其类图见附图 A-3。其中列举如下公有成员函数:构造函数 BankAccount,参数为 String 类型的 no 和 double 型的 money,用以初始化成员数据 countNo 和余额 balance;进行存款的操作 deposit(),传递参数为 double 类型的 amout 与 Date 类型的 date,该函数无返回值;获取账户余额的操作 getBalace(),返回 double 型的余额;输出账户信息的操作 show(),没有参数与返回值,构造型<<const>>表示它为常成员函数;获取存款利率 rate 的静态成员函数 getRate(),用构造型<<static>>来表示。

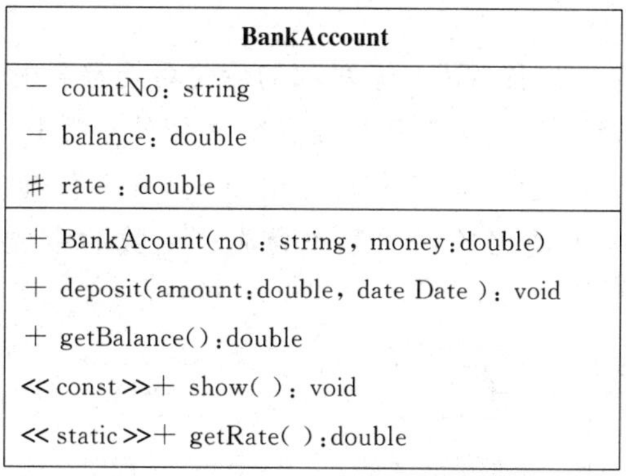

BankAccount
− countNo: string
− balance: double
rate : double
+ BankAcount(no : string, money:double)
+ deposit(amount:double, date Date): void
+ getBalance():double
<<const>>+ show( ): void
<<static>>+ getRate( ):double

附图 A-3 银行账户类图

UML 中使用尖括号"<< >>"表示构造型,即扩展原模型语义的建模元素。类图中使用的一些构造类型包括<<const>>、<<static>>和<<friend>>,此外使用构造型 <<virtual>>声明虚成员函数,纯虚函数用<>表示或描述该成员的字体为斜体。

2. 类的关系

上述图形符号可以描绘某个类的内部结构,但还不能完整地描述系统中各类对象的外部关系,如类的继承、包含与使用关系。UML 中使用带有特定符号的直线段或虚线段表示类之间的关联,这里介绍常用的几种形式,下面使用仅有类名的简化类图形式。

1) 关联关系

关联(association)是描述两个类对象之间相互作用的连接,表示不同类对象之间的结构关系。UML 中用一条线段表示两个类(或者同一类)之间的关联,如附图 A-4 所示。关联线段上可以标示出关联名、角色名及多重性等约束。

附图 A-4 类的关联关系

关联末端的重数表示关联的多重性,即关联另一端的每个对象与本端的多少个对象发生作用。重数标记的形式与含义列举在附表 A-1 中,其中 m 与 n 为自然数,且 n<m。

附表 A-1 重数的标记与说明

标　记	说　明
*	包括 0 的任何数目的对象
n	n 个对象
0…1	0 个或 1 个对象
n…m	最少 n 个对象,最多 m 个对象
n, m	n 个或多个

例如,附图 A-5 表示公司与雇员的雇佣关系,1 个公司中可能有 1 个或多个员工,两个类对象为一对多的关联。这是一种双向的关联,公司类与员工类相互作用,也可以用带箭头的线段表示单向关联,如 A→B 说明类 A 作用于类 B,但类 B 不作用于类 A。

2) 依赖关系

类的依赖(dependency)关系描述一个对象的变化可能会影响使用它的另一个对象,这种关系可以用带箭头的虚线表示,附图 A-6 表示类 A 依赖于类 B。

依赖可以理解为特殊的关联,类 A 依赖于类 B 时,A 不仅知道 B,还会使用类 B 对象的属性或者方法。当一个类使用另一个类作为成员函数的参数时,两个类为依赖关系。例如:

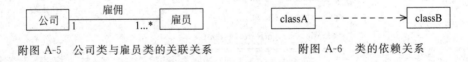

附图 A-5 公司类与雇员类的关联关系　　　　　附图 A-6 类的依赖关系

附图 A-3 中 BankAccount 类依赖 Date 类,在存款操作 BankAccount∷deposit(double amount, Date date)中 Date 类为参数类型。

3) 包含关系

类对象之间的包含关系包括组合与聚合两种形式,它们是特殊的关联关系。UML 中表示为如附图 A-7 的形式,菱形箭头指向包含子类的母类,表示类 B 包含类 A 或者类 A 属于类 B。

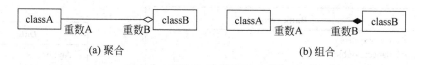

附图 A-7 类的聚合与组合关系

聚合(aggregation)用带空心菱形的线段表示,描述整体由部分构成的关系。例如,一个项目组由若干成员组成,一台计算机由 CPU、存储器和 IO 设备等部件构成,这些都是聚合的关系。此时整体与部分的关系不是强依赖的,即整体不存在部分仍然存在。比如,项目组撤销后成员不会消失。附图 A-8(a)表示汽车有 4 个轮胎。

组合(composition)是用带实心菱形的线段表示,描述整体拥有部分的关系。例如,一个圆包含一个圆心,Windows 操作系统中窗口有标题栏、工具栏、菜单、按钮和显示区。这是一种强依赖的包含关系,子类 A 对象的生命周期依赖于母类 B 对象。如果整体不存在了部分也随之消亡。例如关闭窗口后菜单、按钮等所有部件都消失。如附图 A-8(b)显示公司与部门的组合关系,一个公司中有多个部门。

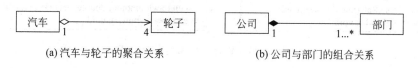

(a)汽车与轮子的聚合关系   (b)公司与部门的组合关系

附图 A-8 聚合与组合关系实例

4) 泛化关系

继承是面向对象的一个非常重要的概念,在 UML 中称为泛(generalization)关系。使用带有三角形的线段表示继承关系,如附图 A-9 所示,三角箭头由派生类 A 指向基类 B。如附图 A-10 所示,四边形类与平行四边形类,研究生类与博士生和硕士生,都是泛化的关系。

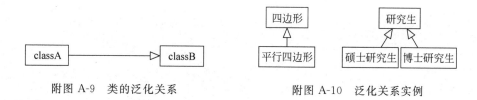

附图 A-9 类的泛化关系   附图 A-10 泛化关系实例

为了较为完整地展示类图的各种图形符号,设计一个简化的银行账户类族,由基类 BankAccount 派生储蓄账户 SavingsAccount 类与信用卡账户 CreditAccount 类。附图 A-11 显示了银行账户类族相关类的类图。基类包含纯虚函数 deposit()、withdrawl()以及虚函数 show(),该抽象基类的类名用斜体表示。在两个派生类中增加新的成员数据与成员函数,并分别定义 deposit()、withdrawl()以及 show()。由于每次存取款操作都与日期相关,BankAccount 类依赖于 Date 类,为了说明两者的关系使用了注释图示,注释可以附加在各种图形元素上进行辅助性的说明。

C++语言程序设计教程

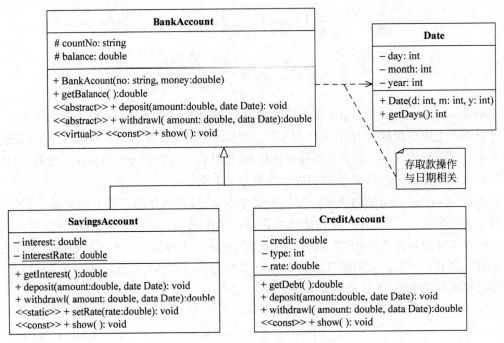

附图 A-11　银行账户相关类的类图

附录 B　预处理

在 C++ 的发展历史中,有很多的语言特征(特别是语言的晦涩之处)来自于 C 语言,预处理就是其中的一个。C++ 继承 C 语言的预处理机制。

预处理的主要作用就是把通过预处理的内建功能和一个资源进行等价替换,最常见的预处理有指令见附表 B-1。

附表 B-1　预处理指令的分类及功能

预处理类型	预处理指令	主 要 功 能
宏定义	#define	定义符号常量、函数功能、重新命名、字符串的拼接等
文件包含	#include	包含文件,即为文件的引用组合源程序正文
条件编译	#if、#ifndef、#ifdef、#endif、#unde	进行编译时进行有选择的挑选,注释掉一些指定的代码,以达到版本控制、防止对文件重复包含的功能
布局控制	#pragma	为编译程序提供非常规的控制流信息

预处理指令的格式如下:

#**directive tokens**

#符号应该是这一行的第一个非空字符,一般我们把它放在起始位置。如果指令一行放不下,可以通过“\”进行控制,例如:

#define Error if(error) exit(1)

等价于:

#define Error \
if(error) exit(1)

1. 宏定义

C++ 宏定义将一个标识符定义为一个字符串,源程序中的该标识符均以指定的字符串来代替。宏定义包括无参数宏定义和带参数宏定义两种。

(1)无参数的宏定义的一般形式为:

#**define 标识符 字符序列**

其中 #define 之后的标识符称为宏定义名(简称宏名),要求宏名与字符序列之间用空格符分隔。这种宏定义要求编译预处理程序将源程序中随后所有的标识符的出现(注释与字符串常量中的除外)均用字符序列替换之。例如:

#define　R　2.5
#define　PI　3.1415926

则在定义它们的源程序文件中,凡定义之后出现的标识符 R 将用 2.5 替换;出现的标识符 PI 将用 3.1415926 替换。

在新的宏定义中,可以使用前面已定义的宏名。例如:

```
# define CIRCLE  2 * PI * R
```

程序中的 CIRCLE 被展开为 2 * 3.1415926 * 2.5。

如有必要,宏名可被重复定义。被重复定义后,宏名原先的意义被新意义所代替。

通常,无参数的宏定义多用于定义常量。程序中统一用宏名表示常量值,便于程序前后统一,不易出错,也便于修改,能提高程序的可读性和可移植性。特别是给数组元素个数一个宏定义,并用宏名指定数组元素个数能部分弥补数组元素个数固定的不足。

注意:预处理程序在处理宏定义时,只作字符序列的替换工作,不作任何语法的检查。如果宏定义不当,错误要到预处理之后的编译阶段才能发现。宏定义以换行结束,不需要分号等符号作分隔符。

(2) 带参数宏定义进一步扩充了无参数宏定义的能力,在字符序列替换同时还能进行参数替换。带参数定义的一般形式为:

```
#define   标识符(参数表) 字符序列
```

其中参数表中的参数之间用逗号分隔,字符序列中应包含参数表中的参数。

如有宏定义:

```
# define MAX(A,B)  ((A) > (B)?(A):(B))
```

则代码 y= MAX(p+q, u+v)将被替换成 y=((p+q) >(u+v)?(p+q):(u+v))。

在定义带参数的宏时,宏名标识符与左圆括号之间不允许有空白符,应紧接在一起,否则变成了无参数的宏定义。

宏调用与函数调用有如下的区别:函数调用在程序运行时实行,而宏调用是在编译的预处理阶段进行;函数调用占用程序运行时间,宏调用只占编译时间;函数调用对实参有类型要求,而宏调用实际参数与宏定义形式参数之间没有类型的概念,只有字符序列的对应关系。函数调用可返回一个值,宏调用用于获得替换的代码。另外,函数调用时,实参表达式分别独立求值在前,执行函数体在后。宏调用是用实际参数字符序列替换形式参数。替换后,实际参数字符序列就与相邻的字符自然连接,实际参数的独立性就不一定依旧存在。例如,若希望实现表达式的平方计算,可进行下面的宏定义:

```
#define SQR(x) x * x
```

对于宏调用 P=SQR(y),能得到希望的宏展开 p = y * y。

但对于宏调用 q=SQR(u+v)得到的宏展开是 q = u+v * u+v。

显然,后者的展开结果不是程序设计者所希望的。为能保持实际参数替换后的独立性,应在宏定义中给形式参数加上括号。为了保证宏调用的独立性,作为算式的宏定义也应加括号。如 SQR 宏定义改写成:

```
# define SQR((x) * (x))
```

一般能够进行正确的宏替换,使 SQR 参与表达式运算。

2. 文件包含

这种预处理使用方式是最为常见的,若程序中引用标准库资源或相关头文件中的标识符,可以使用关键字 include 将其关联到当前程序中。文件包含指令最常见的形式为:

```
# include < iostream >           //标准库头文件
# include < iostream.h >         //旧式的标准库头文件
# include "IO.h"                 //用户自定义的头文件
# include "../file.h"            //UNIX 下的父目录下的头文件
# include "/usr/local/file.h"    //UNIX 下的完整路径
# include "..\file.h"            //DOS 下的父目录下的头文件
# include "\usr\local\file.h"    //DOS 下的完整路径
```

这里面有两处区别需要注意:

1) 用<iostream>还是<iostream.h>

使用<iostream>,而不是<iostream.h>的原因如下:首先,.h 格式的头文件早在1998 年 9 月份就被标准委员会抛弃了。其次,iostream.h 只支持窄字符集,iostream 则支持窄/宽字符集。再次,标准对 iostream 做了很多的改动,接口和实现都有了变化。最后,iostream 组件全部放入 namespace std 中,防止了名字污染。

2) <io.h>和"io.h"的区别

使用尖括号与引号包含文件,其实它们唯一的区别就是搜索路径顺序不同:对于♯include < * .h> 一般包含库文件,编译器从标准库路径开始搜索,若找不到该文件则搜索当前源文件所在目录;对于♯include " * .h"的形式,一般包含用户自定义文件,编译器从用户的工作路径开始搜索。

标准 C++头文件列表及说明如下:

```
# include < algorithm >          //STL 通用算法
# include < bitset >             //STL 位集容器
# include < cctype >             //字符处理
# include < cerrno >             //定义错误码
# include < cfloat >             //浮点数处理
# include < ciso646 >            //对应各种运算符的宏
# include < climits >            //定义各种数据类型最值的常量
# include < clocale >            //定义本地化函数
# include < cmath >              //定义数学函数
# include < complex >            //复数类
# include < csignal >            //信号机制支持
# include < csetjmp >            //异常处理支持
# include < cstdarg >            //不定参数列表支持
# include < cstddef >            //常用常量
# include < cstdio >             //定义输入/输出函数
# include < cstdlib >            //定义杂项函数及内存分配函数
# include < cstring >            //字符串处理
# include < ctime >              //定义关于时间的函数
# include < cwchar >             //宽字符处理及输入/输出
# include < cwctype >            //宽字符分类
# include < deque >              //STL 双端队列容器
# include < exception >          //异常处理类
```

```
# include < fstream >              //文件输入/输出
# include < functional >          //STL 定义运算函数(代替运算符)
# include < limits >              //定义各种数据类型最值常量
# include < list >                //STL 线性列表容器
# include < locale >              //本地化特定信息
# include < map >                 //STL 映射容器
# include < memory >              //STL 通过分配器进行的内存分配
# include < new >                 //动态内存分配
# include < numeric >             //STL 常用的数字操作
# include < iomanip >             //参数化输入/输出
# include < ios >                 //基本输入/输出支持
# include < iosfwd >              //输入/输出系统使用的前置声明
# include < iostream >            //数据流输入/输出
# include < istream >             //基本输入流
# include < iterator >            //STL 迭代器
# include < ostream >             //基本输出流
# include < queue >               //STL 队列容器
# include < set >                 //STL 集合容器
# include < sstream >             //基于字符串的流
# include < stack >               //STL 堆栈容器
# include < stdexcept >           //标准异常类
# include < streambuf >           //底层输入/输出支持
# include < string >              //字符串类
# include < typeinfo >            //运行期间类型信息
# include < utility >             //STL 通用模板类
# include < valarray >            //对包含值的数组的操作
# include < vector >              //STL 动态数组容器
```

C99 增加的部分：

```
# include < complex.h >           //复数处理
# include < fenv.h >              //浮点环境
# include < inttypes.h >          //整数格式转换
# include < stdbool.h >           //布尔环境
# include < stdint.h >            //整型环境
# include < tgmath.h >            //通用类型数学宏
```

3. 条件编译

这些指令的主要目的是编译时进行有选择的挑选,注释掉一些指定的代码,以达到版本控制、防止对文件重复包含的功能。条件编译指令根据表达式的值或者某个特定的宏是否被定义来确定编译条件。

1) #if 与 #endif 指令

两个指令通常成对出现,在满足特定情况下编译两个指令间的代码。#if 指令后跟用于判断检测的条件表达式。如果常量表达式为真,则编译后面的代码,直到出现 #else、#elif 或 #endif 为止;否则就不编译其中的代码段。#endif 用于终止 #if 预处理指令。例如：

```
# define DEBUG 0
main()
```

```
{
    #if DEBUG
    …                                           //此处不会被编译
    #endif
    …
}
```

由于程序定义 DEBUG 宏代表 0,所以 #if 条件为假,不编译后面的代码直到 #endif

2) #ifdef 和 #ifndef 指令

```
#define   DEBUG
main()
{
    #ifdef   DEBUG
    …                                           //此处会被编译
    #endif
    #ifndef   DEBUG
    …                                           //此处不会被编译
    #endif
}
```

3) #else 与 #elif 指令

#else 指令用于某个 #if 指令之后,当前面的 #if 指令的条件不为真时,就编译 #else 后面的代码。#endif 指令将终止上面的条件块。#elif 预处理指令综合了 #else 和 #if 指令的作用。例如:

```
#define   TWO
main()
{
    #ifdef   ONE
    …                                           //此处不会被编译
    #elif   defined   TWO
    …                                           //此处会被编译
    #else
    …                                           //此处不会被编译
    #endif
    }
```

4. 布局控制

布局控制的作用是设定编译器的状态或者是指示编译器完成一些特定的动作。#pragma 指令对每个编译器给出了一个方法,在保持与 C 和 C++语言完全兼容的情况下,给出主机或操作系统专有的特征。依据定义,编译指示是机器或操作系统专有的,且对于每个编译器都是不同的。

其格式一般为:

```
#pragma para
```

其中 para 为参数,下面来看一些常用的参数。

(1) message 参数,message 能够在编译信息输出窗口中输出相应的信息,这对于源代码信息的控制是非常重要的。当编译器遇到这条指令时就在编译输出窗口中将消息文本打印出来。

当我们在程序中定义了许多宏来控制源代码版本的时候,我们自己有可能都会忘记有没有正确地设置这些宏,此时我们可以用这条指令在编译的时候就进行检查。

假设希望判断自己有没有在源代码的什么地方定义了 PI 这个宏,可以用下面的方法:

```
# ifdef PI
    # pragma message("PI macro activated!")
# endif
```

(2) warning 参数,警告信息处理,如:

```
# pragma warning(disable:4507 34)       // 不显示 4507 和 34 号警告信息
# pragma warning(once:4385)             // 4385 号警告信息仅报告一次
# pragma warning(error:164)             // 把 164 号警告信息作为一个错误
```

(3) code_seg 参数,它能够设置程序中函数代码存放的代码段,当开发驱动程序的时候就会使用到。

(4) once 参数,只要在头文件的最开始处加入这条指令就能够保证头文件被编译一次,这条指令实际上在 VC6 中就已经有了,但是考虑到兼容性并没有太多地使用它。

(5) hdrstop 参数,表示预编译头文件到此为止,后面的头文件不进行预编译。可以预编译头文件以加快链接的速度,但如果所有头文件都进行预编译又可能占太多磁盘空间,所以使用这个选项排除一些头文件。有时单元之间有依赖关系,比如单元 A 依赖单元 B,所以单元 B 要先于单元 A 编译。

(6) resource 参数,把文件中的资源加入工程。

(7) comment 参数,该指令将一个注释记录放入一个对象文件或可执行文件中。

5. 预定义宏及其他指令

(1) 预定义宏:

```
__ DATE __          进行预处理的日期
__ FILE __          当前源代码文件名的字符串文字
__ LINE __          当前源代码中的行号的整数常量
__ TIME __          源文件的编译时间
__ TIMESTAMP __     源文件的编译完整时间
```

可以在代码中直接使用预定义宏,如:

```
cout << "__ DATE __ = " << __ DATE __ << endl;
cout << "__ FILE __ = " << __ FILE __ << endl;
cout << "__ LINE __ = " << __ LINE __ << endl;
cout << "__ TIME __ = " << __ TIME __ << endl;
cout << "__ TIMESTAMP __ = " << __ TIMESTAMP __ << endl;
```

(2) # error,该指令用于程序的调试,当编译中遇到 # error 指令就停止编译。

(3) # line,用于重置 __ FILE __ 和 __ LINE __。

(4) # import,常用于导入 .dll 文件。

附录 C　命名空间

在 C++ 中,名称(name)用于标示符号常量、变量、宏、函数、结构、枚举、类和对象等。为了避免在大规模程序的设计中,以及在程序员使用各种各样的 C++ 库时,这些标识符的命名发生冲突,标准 C++ 引入了关键字 namespace(命名空间/名字空间/名称空间/名域),可以更好地控制标识符的作用域。

1. 相关概念

声明域(declaration region)——声明标识符的区域。如在函数外面声明的全局变量,它的声明域为声明所在的文件。在函数内声明的局部变量,它的声明域为声明所在的代码块(例如整个函数体或整个复合语句)。

潜在作用域(potential scope)——从声明点开始,到声明域的末尾的区域。因为 C++ 采用的是先声明后使用的原则,所以在声明点之前的声明域中,标识符是不能用的,即标识符的潜在作用域,一般会小于其声明域。

作用域(scope)——标识符对程序可见的范围。标识符在其潜在作用域内,并非在任何地方都是可见的。例如,局部变量可以屏蔽全局变量,嵌套层次中的内层变量可以屏蔽外层变量,从而被屏蔽的全局或外层变量在其屏蔽的区域内是不可见的。所以,一个标识符的作用域可能小于其潜在作用域。

命名空间(namespace)——是一种描述逻辑分组的机制,可以将按某些标准在逻辑上属于同一个组的声明放在同一个命名空间中。

原来 C++ 标识符的作用域分成三级:代码块({…},如复合语句和函数体)、类和全局。现在,在其中的类和全局之上,标准 C++ 又添加了命名空间这一个作用域级别。

命名空间可以是全局的,也可以位于另一个命名空间之中,但是不能位于类和代码块中。所以,在命名空间中声明的名称(标识符),默认具有外部链接特性(除非它引用了常量)。

在所有命名空间之外,还存在一个全局命名空间,它对应于文件级的声明域。因此,在命名空间机制中,原来的全局变量,现在被认为位于全局命名空间中。

标准 C++ 库(不包括标准 C 库)中所包含的所有内容(包括常量、变量、结构、类和函数等)都被定义在标准命名空间 std 中。

2. 定义命名空间

命名空间可分为有名和无名两种形式。有名的命名空间的定义形式为:

```
namespace 命名空间名 {
    声明成员
}
```

无名命名空间的定义形式为:

```
namespace {
```

    声明成员
```
}
```

命名空间的成员是在命名空间定义中的花括号内声明的名称。可以在命名空间的定义内,定义命名空间的成员(内部定义),也可以只在命名空间的定义内声明成员,而在命名空间的定义之外,定义命名空间的成员(外部定义)。

命名空间成员的外部定义的格式为:

命名空间名::成员名 …

例如,在文件 out.h 中定义如下形式:

```
namespace Outer {                // 命名空间 Outer 的定义
    int i;                       // 命名空间 Outer 的成员 i 的内部定义
    namespace Inner {            // 子命名空间 Inner 的内部定义
        void f() { i++; }        // 命名空间 Inner 的成员 f()的内部定义,其中的 i 为 Outer::i
        int i;
        void g() { i++; }        // 命名空间 Inner 的成员 g()的内部定义,其中的 i 为 Inner::i
        void h();                // 命名空间 Inner 的成员 h()的声明
    }
    void f();                    // 命名空间 Outer 的成员 f()的声明
    // namespace Inner2;         // 错误,不能声明子命名空间
}
void Outer::f() {i-- ;}          // 命名空间 Outer 的成员 f()的外部定义
void Outer::Inner::h() {i-- ;}   // 命名空间 Inner 的成员 h()的外部定义
// namespace Outer::Inner2 {/ * … * /}    // 错误,不能在外部定义子命名空间
```

不能在命名空间的定义中声明(另一个嵌套的)子命名空间,只能在命名空间的定义中定义子命名空间。也不能直接使用"命名空间名::成员名 …"定义方式,为命名空间添加新成员,而必须先在命名空间的定义中添加新成员的声明。

另外,命名空间是开放的,即可以随时把新的成员名称加入到已有的命名空间之中去。方法是,多次声明和定义同一命名空间,每次添加自己的新成员。例如:

```
namespace A {
    int i;
    void f();
}     // 现在 A 有成员 i 和 f()
    namespace A {
     int j;
     void g();
}     // 现在 A 有成员 i、f()、j 和 g()
```

还可以用多种方法,来组合现有的命名空间,使其为我所用。例如:

```
namespace My_lib {
    using namespace His_string;          //该命名空间中声明 String 类
    using namespace Her_vector;          //该命名空间中声明 Vector 类
    using namespace Your_list::List;     //命名空间 Your_list 中声明 List 类
    void my_f(String &, List &);
}
using namespace My_lib;
```

```
Vector < String > vs[5];
List < int > li[10];
my_f(vs[2], li[5]);
```

3. 使用命名空间

1) 作用域解析运算符(::)

对命名空间中成员的引用,需要使用命名空间的作用域解析运算符::。例如:

```
# include "out.h"
# include < iostream >
int main () {
    Outer::i = 0;
    Outer::f();                              // Outer::i = -1;
    Outer::Inner::f();                       // Outer::i = 0;
    Outer::Inner::i = 0;
    Outer::Inner::g();                       // Inner::i = 1;
    Outer::Inner::h();                       // Inner::i = 0;
    std::cout << "Hello, World!" << std::endl;
    std::cout << "Outer::i = " << Outer::i << ",  Inner::i = " << Outer::Inner::i << std::
endl;
}
```

2) using 指令(using namespace)

为了省去每次调用 Inner 成员和标准库的函数和对象时,都要添加 Outer::Inner:: 和 sta:: 的麻烦,可以利用标准 C++ 的 using 编译指令来简化命名空间中的名称的使用。一般格式为:

using namespace 命名空间名[::命名空间名…];

在这条语句之后,就可以直接使用该命名空间中的标识符,而不必写前面的命名空间定位部分。因为 using 指令,使所指定的整个命名空间中的所有成员都直接可用。例如:

```
# include "out.h"
# include < iostream >
// using namespace Outer;                   // 编译错误,因为变量 i 和函数 f() 有名称冲突
using namespace Outer::Inner;
using namespace std;
int main () {
    Outer::i = 0;
    Outer::f();                              // Outer::i = -1;
    f();                                     // Outer::Inner::f(),Outer::i = 0;
    i = 0;                                   // Outer:: Inner::i
    g();                                     // Outer:: Inner::g(),Outer:: Inner::i = 1;
    h();                                     // Outer:: Inner::h(),Inner::i = 0;
    cout << "Hello, World!" << endl;
    cout << "Outer::i = " << Outer::i << ",  Inner::i = " << i << endl;
}
```

3) using 声明(using)

除了可以使用 using 编译指令(组合关键字 using namespace)外,还可以使用 using 声

C++语言程序设计教程

明来简化对命名空间中的名称的使用。格式为：

using 命名空间名::[命名空间名::…]成员名;

关键字 using 后面并没有跟关键字 namespace，而且最后必须为命名空间的成员名（而在 using 编译指令的最后，必须为命名空间名）。

与 using 指令不同的是，using 声明只是把命名空间的特定成员的名称，添加到该声明所在的区域中，使得该成员可以不需要采用（多级）命名空间的作用域解析运算符来定位而直接被使用。但是该命名空间的其他成员，仍然需要作用域解析运算符来定位。例如：

```
# include "out. h"
# include < iostream >
using namespace Outer;    // 注意,此处无::Inner
using namespace std;
// using Inner::f;        // 编译错误,因为函数 f()有名称冲突
using Inner::g;           // 此处省去 Outer::,是因为 Outer 已经被前面的 using 指令作用过了
using Inner::h;
int main () {
    i = 0;                // Outer::i
    f();                  // Outer::f(),Outer::i = -1;
    Inner::f();           // Outer::i = 0;
    Inner::i = 0;
    g();                  // Inner::g(),Inner::i = 1;
    h();                  // Inner::h(),Inner::i = 0;
    cout << "Hello, World!" << endl;
    cout << "Outer::i = " << i << ",  Inner::i = " << Inner::i << endl;
}
```

using 编译指令和 using 声明，都可以简化对命名空间中名称的访问，两者的区别如下：

using 指令使用后，可以一劳永逸，对整个命名空间的所有成员都有效，非常方便。而 using 声明，则必须对命名空间的不同成员名称，一个一个地去声明，非常麻烦。但是，一般来说，使用 using 声明会更安全。因为，using 声明只导入指定的名称，如果该名称与局部名称发生冲突，编译器会报错。而 using 指令导入整个命名空间中的所有成员的名称，包括那些可能根本用不到的名称，如果其中有名称与局部名称发生冲突，则编译器并不会发出任何警告信息，而只是用局部名去自动覆盖命名空间中的同名成员。特别是命名空间的开放性，使得一个命名空间的成员，可能分散在多个地方，程序员难以准确知道，别人到底为该命名空间添加了哪些名称。

虽然使用命名空间的方法有多种可供选择。但是不能贪图方便，一味使用 using 指令，这样就完全背离了设计命名空间的初衷，也失去了命名空间应该具有的防止名称冲突的功能。一般情况下，对偶尔使用的命名空间成员，应该使用命名空间的作用域解析运算符来直接给名称定位。而对一个大命名空间中经常要使用的少数几个成员，提倡使用 using 声明，而不应该使用 using 编译指令。只有需要反复使用同一个命名空间的多数成员时，使用 using 编译指令，才被认为是可取的。

4. 命名空间的名称

1）命名空间别名

标准 C++引入命名空间，主要是为了避免成员的名称冲突。如果用户都给自己的命名空间取简短的名称，那么这些（往往同是全局级的）命名空间本身，也可能发生名称冲突。如果为了避免冲突，而为命名空间取很长的名称，则使用起来就会不方便。这是一个典型的两难问题。标准 C++为此提供了一种解决方案——命名空间别名，格式为：

namespace 别名 = 命名空间名;

例如：对于美国电话电报公司（AT&T）定义如下命名空间：

```
namespace American_Telephone_and_Telegraph {        // 命名空间名太长
    class String {
        String(const char * );
        // ……
    }
}
American_Telephone_and_Telegraph::String s1          // 使用不方便
namespace ATT = American_Telephone_and_Telegraph;    // 定义别名
ATT::String s = new ATT::String("Bush");             // 使用方便
```

相比与命名空间 American_Telephone_and_Telegraph 和其别名 ATT，使用后者显然比前者更简洁。

2）无名命名空间

标准 C++引入命名空间，除了可以避免成员的名称发生冲突之外，还可以使代码保持局部性，从而保护代码不被他人非法使用。如果使用命名空间的主要目的是后者，而且又为替命名空间取一个好听、有意义且与别人的命名空间不重名的名称而烦恼的话，标准 C++还允许你定义一个无名命名空间。可以在当前编译单元中（无名命名空间之外），直接使用无名命名空间中的成员名称，但是在当前编译单元之外，它又是不可见的。

无名命名空间的定义格式为：

namespace {
    声明成员
}

使用形式如下：

```
namespace {
    int i;
    void f() {/ * … * /}
}
int main() {
    i = 0;          // 可直接使用无名命名空间中的成员 i
    f();            // 可直接使用无名命名空间中的成员 f()
}
```

参 考 文 献

[1] 蒋光远,田琳琳. C 程序设计快速进阶大学教程. 北京:清华大学出版社,2010.

[2] Bjarne Stroustrup. C++程序设计语言. 裘宗燕译. 北京:机械工业出版社,2002.

[3] 钱能. C++程序设计教程. 第 2 版. 北京:清华大学出版社,2005.

[4] 谭浩强. C++程序设计教程. 北京:清华大学出版社,2007.

[5] 郑莉. C++语言程序设计. 第 3 版. 北京:清华大学出版社,2010.

[6] 朱金付. C++程序设计. 北京:清华大学出版社,2009.

[7] Bruce Eckel. C++编程思想 第 1 卷:标准 C++引导. 刘宗田译. 北京:机械工业出版社,2002.

[8] Bjarne Stroustrup. C++语言的设计与演化. 裘宗燕译. 北京:机械工业出版社,2002.

[9] Harvey M. Deitel,Paul J. Deitel. C++大学教程. 邱仲潘译. 北京:电子工业出版社,2007.

[10]   Harvey M. Deitel,Paul J. Deitel. C/C++/Java 程序设计经典教程. 第 3 版. 贺军译. 北京:清华大学出版社,2002.

相关课程教材推荐

以上教材样书可以免费赠送给授课教师,如果需要,请发电子邮件与我们联系。

教学资源支持

敬爱的教师:

感谢您一直以来对清华版计算机教材的支持和爱护。为了配合本课程的教学需要,本教材配有配套的电子教案(素材),有需求的教师可以与我们联系,我们将向使用本教材进行教学的教师免费赠送电子教案(素材),希望有助于教学活动的开展。

相关信息请拨打电话 010-62770175-4505 或发送电子邮件至 liangying@tup. tsinghua. edu. cn 咨询,也可以到清华大学出版社主页(http://www. tup. com. cn 或 http://www. tup. tsinghua. edu. cn)上查询和下载。

如果您在使用本教材的过程中遇到了什么问题,或者有相关教材出版计划,也请您发邮件或来信告诉我们,以便我们更好为您服务。

地址:北京市海淀区双清路学研大厦 A-707　　计算机与信息分社 梁颖　收

邮编:100084　　　　　　　　　　　电子邮件: liangying@tup. tsinghua. edu. cn

电话:010-62770175-4505　　　　　邮购电话:010-62786544

图 书 资 源 支 持

感谢您一直以来对清华版图书的支持和爱护。为了配合本书的使用,本书提供配套的素材,有需求的用户请到清华大学出版社主页(http://www.tup.com.cn)上查询和下载,也可以拨打电话或发送电子邮件咨询。

如果您在使用本书的过程中遇到了什么问题,或者有相关图书出版计划,也请您发邮件告诉我们,以便我们更好地为您服务。

我们的联系方式:

地　　址:北京海淀区双清路学研大厦 A 座 707

邮　　编:100084

电　　话:010-62770175-4604

资源下载:http://www.tup.com.cn

电子邮件:weijj@tup.tsinghua.edu.cn

QQ:883604(请写明您的单位和姓名)

扫一扫
资源下载、样书申请
新书推荐、技术交流

用微信扫一扫右边的二维码,即可关注清华大学出版社公众号"书圈"。